"十二五"职业教育国家规划教材

经全国职业教育教材审定委员会审定

普通高等职业教育计算机系列规划教材

Oracle 11g 数据库
项目应用开发
（第 2 版）

李 强 主 编

罗先录 韩思捷 孔宇彦 副主编

U0386223

电子工业出版社

Publishing House of Electronics Industry

北京 · BEIJING

内 容 简 介

本书以网上购物系统（其应用环境适用于单一店铺的销售方式）的 Oracle 11g 数据库应用技术需求为驱动，通过几位软件开发公司的技术工程师来模拟和还原 Oracle 数据库技术的应用情境，借助工作过程中的 10 个情境来实现该系统中的数据库应用需求，从而通过实际动态的系统应用开发过程中的数据库操作来进行 Oracle 11g 数据库基础技能的学习，包括 Oracle 11g 数据库的安装与配置，Oracle 11g 的基本管理操作，SQL 的应用以及 PL/SQL 的应用。

本书应用案例全部采用网上购物系统中真实有效的数据库操作技能点来实现，具有业务清晰、直观、操作简单、即用即所得的真实效果。本书由具有多年 Oracle 数据库开发经验以及高校 Oracle 数据库技术教学工作经验的老师主编，具有多年 Oracle 大学培训经验的 OCM 专家级认证专家参编，使本书具有职业教育教学和职业技能培训双特色。

本书既可作为高职高专软件类相关专业的教材，也可供具有一定的数据库基础知识的 Oracle 数据库技术学习爱好者参考。

图书在版编目（CIP）数据

Oracle 11g 数据库项目应用开发 / 李强主编. —2 版. —北京：电子工业出版社，2015.7
"十二五"职业教育国家规划教材

ISBN 978-7-121-24136-9

Ⅰ. ①O… Ⅱ. ①李… Ⅲ. ①关系数据库系统—高等职业教育—教材 Ⅳ. ①TP311.138

中国版本图书馆 CIP 数据核字（2014）第 191761 号

策划编辑：徐建军（xujj@phei.com.cn）
责任编辑：郝黎明
印　　刷：北京虎彩文化传播有限公司
装　　订：北京虎彩文化传播有限公司
出版发行：电子工业出版社
　　　　　北京市海淀区万寿路 173 信箱　邮编　100036
开　　本：787×1 092　1/16　印张：19.25　字数：492.8 千字
版　　次：2011 年 2 月第 1 版
　　　　　2015 年 7 月第 2 版
印　　次：2018 年 6 月第 3 次印刷
定　　价：39.00 元

凡所购买电子工业出版社图书有缺损问题，请向购买书店调换。若书店售缺，请与本社发行部联系，联系及邮购电话：（010）88254888，88258888。

质量投诉请发邮件至 zlts@phei.com.cn，盗版侵权举报请发邮件至 dbqq@phei.com.cn。

本书咨询联系方式：（010）88254570。

前　言

　　一个现代企业如何在竞争日益激烈的市场环境中保持优势？其关键之一是对企业相关数据信息的有效收集、及时处理和准确分析，而这些都依赖于数据库技术。作为全球最大的数据库产品提供商，Oracle 公司持续不断地为顺应市场发展的需要，提供了最新的数据库产品。该公司在推出基于网格计算的 Oracle 10g 以后，将其 Oracle 11g 数据库产品推向市场，该产品一经推出就受到业内人士的广泛关注，并成为数据库产品市场的又一领航产品。

　　近年来的高等职业教育发展实践表明：高等职业教育作为一种客观存在的教育类型，其办学思想的基本定位是，以就业导向为目标定向、以校企合作的办学形式和工学结合的人才培养模式为出发点。人才培养的核心是课程建设，在课程设计中要实现以就业导向的目标定向，就要进行基于工作过程的典型工作任务分析，在经过筛选、归纳、总结、抽象以及提升的基础上，再结合适用的载体后，形成了课程中的多个学习情境，每个学习情境包含相关的知识点、技能点以及职业素养的培养。

　　本书根据 Oracle 数据库技术学习特点，结合基于工作过程系统化的课程模式改革，由具有多年企业工作背景、多年高职 Oracle 数据库技术教学经验的高级工程师和 Oracle 大学培训学院具有 OCM 认证的资深培训专家共同设计与开发，设计了一套基于网上购物系统项目载体的 10 个情境，并通过软件开发公司的技术工程师来模拟和还原 Oracle 数据库技术的应用情景，借助开发部项目经理 Smith 和开发部数据库应用工程师 Jack 两人的工作过程来实现该系统中的数据库应用需求的全过程，从而通过实际动态的系统应用开发过程中的数据库操作来进行 Oracle 11g 数据库基础技能的学习和训练，包括 Oracle 11g 数据库的安装与配置、Oracle 11g 的基本管理操作、SQL 的应用以及 PL/SQL 的应用等。

　　情境 1 从企业应用数据库技术的常见问题开始，分析了选择数据库产品的要素，并简单介绍了目前市场主流的各大数据库产品的特点。读者通过本情境的学习，对于如何为企业选择合适的数据库产品获得了客观的认识。

　　情境 2 和情境 3 为读者提供了为企业搭建合适的 Oracle 数据库应用环境的操作过程，并且通过这些操作过程了解 Oracle 数据库的体系结构，为全面开始 Oracle 数据库技术的应用做好了铺垫。

　　情境 4 通过为网上购物系统提供一个完整而全面的用户权限管理方案来学习 Oracle 数据库安全管理中的用户管理、权限管理，这是数据库管理员必须具备的基本管理技能。

　　情境 5～情境 8 通过网上购物系统的数据库系统实施介绍了如何在 Oracle 数据库中管理表对象、管理表中数据以及根据系统业务规则处理表中的数据，这 4 个情境为读者的 SQL 应用和 PL/SQL 应用技能进行了系统的学习与实践。

　　情境 9 和情境 10 根据网上购物系统中的数据导入导出、备份与恢复的需求，进行了应用系统中最重要也是最常见的数据库管理技能的学习与实践。

　　在情境设计中，根据基于工作过程系统化的模式，将 Oracle 数据库应用技术分解到典型的工作任务中，每个情境根据具体的任务清单完成操作，操作过程通过分析设计、实现、总结、提高、实训等环节完成对技能的全面学习与实践，使读者学习时感觉身临其境，所学即所用，提高学习的主动性。

由于 Oracle 数据库系统是一个庞大而复杂的大型数据库系统，它的实现技术要比一般的关系数据库系统复杂得多，因此为了在有限的篇幅和时间内更好地掌握 Oracle 数据库的各种专业技能，本书要求读者具有基本的数据库基础。

本书由广东东软学院组织设计、开发与编写，由李强担任主编，负责情境 1、情境 6～情境 8 的编写；由罗先录担任副主编，负责情境 3、情境 4 的编写；由通过 OCM 认证的 Oracle 培训学院韩思捷担任副主编，负责情境 2、情境 9、情境 10 的编写；由孔宇彦担任副主编并负责情境 5 的编写。郑若忠教授对全书进行了审稿，并提出了宝贵的修改意见。同时，在本书编写过程中，编者不仅参考了 Oracle 数据库官方文档及相关书籍，而且也参考了网上论坛的一些未留名的高手手记，参加本书编写的还有彭之军和植挺生，在此一并表示衷心的感谢。

为了方便教师教学，本书配有电子教学课件及案例源代码，请有此需要的教师登录华信教育资源网（www.hxedu.com.cn）注册后免费进行下载，有问题时请在网站留言板留言或与电子工业出版社联系（E-mail:hxedu@phei.com.cn），也可与编者联系（E-mail:li.qiang@neusoft.com）。

由于项目式教学法正处于经验积累和改进过程中，同时，因编者水平有限和时间仓促，书中难免存在疏漏和不足，希望同行专家和读者能给予批评和指正。

编　者

目　录

如何选择数据库产品

背景：如何为企业应用系统选择后台数据库产品？

答案：合适的才是最好的。

项目开始进行需求调研了，在谈到使用哪个数据库软件时，客户咨询 Smith，现在一般企业应用系统使用什么数据库呢？目前市场流行的是哪些数据库管理系统呢？Smith 回答：现在主流的中大型数据库产品有 Oracle、SQL Server、DB2、Sybase 等，也有一些小型的，如 Access、MySQL 等，具体应用系统该用什么数据库产品，不是单纯考虑产品的价格或者性能因素，而需要考虑很多综合因素，首先在了解数据库基础以后，还应该进一步了解这些数据库产品的特点吧。

1.1 数据库基础

1.1.1 数据库技术发展概述

（1）数据库技术起源于 20 世纪 60 年代，与计算机技术的起源类似，首先应用于军事领域，以网络模型数据库系统规范报告 DBTG 为标志，使数据库系统开始走向规范化和标准化。

（2）在 20 世纪 70 年代到 80 年代得到了比较迅速的发展，其中，影响至今的关系数据库系统基本理论得到了全面的研究与诠释，David Marker 所著的《关系数据库理论》一书，标志着数据库在理论上的成熟，同时数据库设计的基本过程基本稳定，分为需求分析、概念设计、逻辑设计和物理设计等。

（3）从 20 世纪 80 年代以后的数十年来，数据库技术和计算机网络技术的发展相互渗透，相互促进，已成为当今计算机领域发展迅速、应用广泛的两大领域。

（4）到 20 世纪 90 年代，随着基于 PC 的客户机/服务器计算模式和企业软件包的广泛采用，数据管理的变革基本完成。数据管理不再仅仅是存储和管理数据，而转变成用户所需要的各种数据管理的方式，数据库技术进入数据仓库时代。数据仓库技术是为了有效地把操作型数据集成到统一的环境中以提供决策型数据访问的各种技术和模块的总称，所做的一切都是为了让用户更快更方便地查询所需要的信息，提供决策支持。

（5）在近几年，随着云时代的来临，大数据也吸引了越来越多的关注，大数据的特点有 4 个层面：第一，数据体量巨大，从 TB 级别，跃升到 PB 级别；第二，数据类型繁多，如网络日志、视频、图片、地理位置信息等；第三，价值密度低，商业价值高，以视频为例，连续不间断监控过程中，可能有用的数据仅仅有一两秒；第四，处理速度快，一秒定律。最后这一点也和传统的数据挖掘技术有着本质的不同。业界将其归纳为 4 个"V"——Volume，Variety，Value，Velocity。物联网、云计算、移动互联网、车联网、手机、平板计算机、PC 以及遍布地球各个角落的各种各样的传感器，无一不是数据来源或者承载的方式。

1.1.2　基本概念与常用术语

1）信息和数据

"数据"和"信息"这两个词常常被用做同义词，但是它们有不同的意义。

信息（Information）是现实世界在人们头脑中的反映，它以文字、数据、符号、声音、图像等形式记录下来，经传递和处理，为人们的生产、建设、管理等提供依据。

数据（Data）是指输入到计算机中并能被计算机进行处理的数字、文字、声音、图像、视频等符号。数据是对客观现象的表示，本身没有意义。

在计算机数据库中需要存储的是数据。信息通常是对数据进行结合、比较与计算的结果。

以测试成绩为例。如果一个班级中的每名学生都得到一个分数，则通过这些分数可以计算出班级平均分数，然后通过班级平均分数又可以计算出学校的平均分数。数据库软件可以将记录/存储的数据和统计数据转换成有用的信息。

数据：每名学生的测试分数都是一项数据。信息：班级的平均分数或学校的平均分数。

2）数据库

数据库（Database）是依照某种数据模型来组织、存储和管理数据的仓库。同时这些数据以一定方式存储在一起、能为多个用户共享、具有尽可能小的冗余度、与应用程序彼此独立。从发展的历史来看，数据库是数据管理的高级阶段，它是由文件管理系统发展起来的。其主要特点是实现了数据共享、减少了数据的冗余度、提高了数据的独立性、数据实现了集中控制、增强了数据一致性和可维护性、提供了故障恢复等。

3）数据库管理系统

数据库管理系统（DBMS）是位于用户和操作系统之间的一层数据管理软件，它由系统运行控制程序、语言翻译程序和一组公用程序组成。其功能主要包括以下方面：数据的定义功能、数据的操纵功能、数据库的控制功能、数据库的维护功能、数据字典。现在常见的 DBMS 有 MS SQL Server、Oracle、Sybase、DB2、MySQL、Access、Visual FoxPro、Informix、PostgreSQL。下面会对主要的产品进行介绍。

4）数据库系统

数据库系统（DBS）是由数据库及其管理软件组成的系统。它是为适应数据处理的需要而发展起来的一种较为理想的数据处理系统，也是一个实际可运行的存储、维护和应用系统提供数据的软件系统，是存储介质、处理对象和管理系统的集合体。广义地讲，它包括硬件、操作系统、数据库、数据库管理系统、应用程序和各类相关人员（开发人员、数据库管理员、用户等）。

5）数据模型

数据模型（Data Model）按不同的应用层次分成 3 种类型：分别是概念数据模型、逻辑数据模型、物理数据模型。

概念模型（Conceptual Data Model）是面向数据库用户的实现世界的模型，主要用来描述世界的概念化结构，它使数据库的设计人员在设计的初始阶段，摆脱计算机系统及 DBMS 的具体技术问题，集中精力分析数据以及数据之间的联系等，与具体的数据管理系统无关。概念数据模型必须转换成逻辑数据模型，才能在 DBMS 中实现。

概念模型用于信息世界的建模，一方面，应该具有较强的语义表达能力，能够方便直接表达应用中的各种语义知识；另一方面，它还应该简单、清晰、易于用户理解。

在概念数据模型中有 E-R 模型、扩充的 E-R 模型、面向对象模型及谓词模型，目前最常用的是 E-R 模型，常用 Sybase 公司的 PowerDesign 工具来建立 E-R 图，Oracle 公司也推出了专门用于 E-R 建模的 Data Modeler 工具，这个工具的特点是方便好用、免费。

逻辑模型（Logical Data Model）是用户从数据库看到的模型，是具体的 DBMS 所支持的数据模型，如网状数据模型（Network Data Model）、层次数据模型（Hierarchical Data Model）、关系数据模型（Relational Data Model）等。此模型既要面向用户，又要面向系统，主要用于数据库管理系统的实现。

物理模型（Physical Data Model）是面向计算机物理表示的模型，描述了数据在存储介质上的组织结构，它不但与具体的 DBMS 有关，还与操作系统和硬件有关。每一种逻辑数据模型在实现时都有其对应的物理数据模型。DBMS 为了保证其独立性与可移植性，大部分物理数据模型的实现工作由系统自动完成，而设计者只设计索引、聚集等特殊结构。

层次模型、网状模型和关系模型是 3 种重要的数据模型。这 3 种模型是按其数据结构而命名的。前两种采用格式化的结构。在这类结构中实体用记录型表示，而记录型抽象为图的顶点。记录型之间的联系抽象为顶点间的连接弧。整个数据结构与图相对应。对应于树形图的数据模型为层次模型；对应于网状图的数据模型为网状模型。其中应用最广泛的是关系模型，关系数据库是指对应于一个关系模型的所有关系的集合。

关系数据库管理系统就是管理关系数据库的管理软件，简称 RDBMS。

1.1.3　关系数据库

关系模型的数据结构非常单一。在关系模型中，现实世界的实体以及实体间的各种联系均用关系来表示。关系数据库（Relational Database）是建立在关系数据库模型基础上的数据库，借助于集合代数等概念和方法来处理数据库中的数据。

在用户看来，关系模型中数据的逻辑结构是一张二维数据表。关系中的每一行称为一个元组，或一个记录；每一列称为一个属性，或者字段。对于每一个关系可以给它一个唯一标识这个关系的名称，称为关系名或者表名。对于每一列唯一标识该列的名称，称为属性名或字段名。

关系数据完整性有 4 种类型：实体完整性、域完整性、引用完整性和用户定义完整性。

（1）实体完整性将行定义为特定表的唯一实体。实体完整性强制标识表的符列或主键的完整性（通过索引、UNIQUE 约束、PRIMARY KEY 约束或 IDENTITY 属性标识）。

（2）域完整性是指给定列的输入有效性。强制域有效性的方法有：限制类型（通过数据类型）、格式（通过 CHECK 约束和规则）或可能值的范围（通过 FOREIGN KEY 约束、CHECK 约束、DEFAULT 定义、NOT NULL 定义和规则）。

（3）在输入或删除记录时，引用完整性保持表之间已定义的关系，引用完整性基于外键与主键之间或外键与唯一键之间的关系（通过 FOREIGN KEY 和 CHECK 约束），引用完整性确保键值在所有表中一致。这样的一致性要求不能引用不存在的值，如果键值更改了，那么在整个数据库中，对该键值的所有引用要进行一致的更改。

（4）用户定义完整性使用户得以定义不属于其他任何完整性分类的特定业务规则。所有的完整性类型都支持用户定义完整性（CREATE TABLE 中的所有列级和表级约束、存储过程和触发器）。

1.2 主流的数据库管理系统

主流的数据库软件产品是根据权威市场调查中的产品市场占有额度来评价的，目前，商品化的数据库管理系统以关系型数据库为主导产品，在目前国内的数据库产品市场，甚至是全球的数据库产品市场上，有几大主流的关系型数据库产品，下面将一一简单介绍。

1. Oracle

Oracle 数据库系统是美国 Oracle（甲骨文）公司提供的以分布式数据库为核心的一组软件产品，是目前最流行的大型通用关系型数据库之一。它的一个主要特点是能在所有主流操作系统平台上运行（包括 Windows、Linux、UNIX 等），支持所有的工业标准，提供给用户一个高性能、低成本的完整解决方案，并且一直在不断地根据信息技术的需求研究开发与之配套的新功能，新版本之间完全向下兼容，版本移植和平台的移植风险较少，受到各大企业客户的青睐并得到广泛的应用。目前市场使用的 Oracle 数据库版本有 Oracle 8、Oracle 8i、Oracle 9i、Oracle 10g、Oracle 11g 等，最近推出的新产品是 Oracle 12c，从版本后缀特点可以看出该数据库产品的技术发展路线。

2. Sybase

Sybase 公司在 1987 年推出了 Sybase 数据库，它也是一款支持多操作系统平台的通用关系型数据库。早年 Sybase 是最流行的数据库产品之一，于是 Sybase 与微软形成了战略伙伴关系，微软购买了 Sybase 数据库产品技术，并且在此基础上迅猛发展，形成了目前市场最主流的关系型数据库产品之一——SQL Server 数据库。

3. SQL Server

上面提到，微软的 SQL Server 数据库是购买了 Sybase 公司的 Sybase 数据库之后发展起来的大型通用关系型数据库产品，1995 年正式发布的 SQL Server 6.0 是一款小型商业数据库，1998 年发布了基于 Web 的 SQL Server 7.0 数据库，2000 年发布了企业级的 SQL Server 2000 数据库，因为其功能全面、简单易用，此版本是目前市场上应用比较广泛的版本；为了进一步与微软开发套件集成，2005 年发布了引入了 .NET Framework 的 SQL Server 2005，并在此基础上，于 2008 年推出了最新版本 SQL Server 2008。SQL Server 数据库只支持 Windows 操作系统服务器，没有开放性，而且在业界，Windows 操作系统的安全性并不是很好，但是因为提供了简单易用的图形化操作界面，深受一些用户的喜爱，在很多高校或者培训结构，一般作为入门的数据库系统学习。

4. DB2

DB2（注意，其中的 2 并非产品版本号，而是产品名称）是 IBM 公司开发的一个适用于多平台、大型的关系型数据库产品，因为其具有良好的开放性和并行性，DB2 在企业级的应用最为广泛，在全球的 500 家最大的企业中，几乎 50% 以上用 DB2 数据库服务器，目前广泛应用于金融、电信、保险等较为高端的领域，尤其在金融系统备受青睐。1996 年发布了 DB2 v2 并改名为 DB2 UDB（DB2 通用数据库）。2008 年发展到 v9，将数据库领域带入到 XML 时代。

5. MySQL

MySQL 在开发源代码世界和 Web 团体社区中都是非常有名的流行数据库系统，也是免费数据库软件的代表，因为其免费、面向大众、通俗的解决方案，吸引了大量的企业用户和开发用户，多应用在小型的 Web 网站应用系统上，但是不太适合大规模、要求高可靠性的应用系统。

6. 国产数据库

前面介绍的都是国外的数据库产品，也在应用市场上占据了主要位置，这里介绍几大国产数据库产品。

OpenBASE 是东软集团有限公司软件产品事业部推出的我国第一款自主知识产权的商品化数据库管理系统，该产品由东软集团有限公司软件产品事业部研发并持有版权。十多年来，OpenBASE 已逐渐形成了以大型通用关系型数据库管理系统为基础的产品系列。2007 年东软正式推出了 OpenBASE 的最新版本 OpenBASE v6.0。在新版本中对 OpenBASE 之前各版本的功能进行了扩充和优化，功能、性能、可用性和可靠性方面都得到了较大提高。目前该产品已广泛应用于办公自动化、医院、房地产、多媒体教学、电子商务、信息安全等数十个领域。

DM（达梦）数据库有限公司是从事数据库管理系统研发、销售和服务的专业化公司，其前身华中理工大学（现华中科技大学）达梦数据库与多媒体研究所成立于 1992 年，是国内最早从事数据库研究的科研机构。DM 数据库是大型通用数据库管理系统，从 1988 年起，先后有 6 代数据库产品问世，从第一个自主版权的数据库管理系统 DM1 到最新的 DM6，目前广泛应用在消防、物流与财务系统中。

图 1-1 是一个全球权威调查机构于 2008 年所调查的各大数据库产品的市场占有率分布图，仅供读者参考。

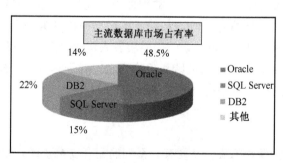

图 1-1　数据库产品市场占有率

总结： 客户听了 Smith 的介绍以后，虽然对几种主流的数据库产品有了一个大致的印象，可是他对于如何为他的应用系统选择合适的数据库系统还是没有具体的思路，于是 Smith 为客户分析了选择数据库产品的几个主要指标。

1.3　选择数据库软件产品的要素

我们的目标是选择一个最合适的数据库产品，通常从以下几个方面来考虑。

1. 性能

考虑性能时一般要面向大量操作和用户的应用系统，在大型数据库产品上考虑，但是大型数据库产品 Oracle、DB2、SQL Server 这 3 款数据库中哪一个是性能最好、处理速度最快、可扩展性最好的呢？这个问题在数据库领域也被讨论和争论很多年了，每个公司也会投入大量的资金来证明自己是最优的，在过去的这些年所获得的性能上的改进说明，这 3 个公司的中任何一个都有足够的能力来提供比大多数应用程序所需要的更好的速度、可扩展性以及性能，而且一套数据库产品的最佳性能需要最优的硬件、平台和维护人员辅佐。所以对于大多数的企业来讲这些性能已经足够了。

2. 平台

因为每个数据库产品与操作系统平台结合度情况都不一样，所以企业对于平台的选择也会对数据库产品的选择有所影响。在数据库产品中，IBM 的 DB2 毫无疑问占领了大型机的市场；SQL Server 致力于为 Windows 操作系统提供最优解决方案，不支持其他平台；Oracle 支持多平台操作系统，并且提供较低风险的移植。所以企业用户可以结合目前的现有资源或者企业的发展目标定位数据库的平台，从而选择相应的数据库软件。

3. 价格

价格是目前一些中小企业需要重点考虑的问题，也是一个很复杂的因素。因为这个价格不仅仅是指数据库产品的购买价格，还包括服务器配置、产品系统的维护、个人许可、额外工具、开发成本以及技术支持等费用，特别是人力资源成本是企业需要提前预知的长期成本。

以 SQL Server 数据库系统和 Oracle 数据库系统来说，从数据库服务器的要求方面考虑，Oracle 数据库系统的要求高过 SQL Server，故硬件成本较高；从人力成本的角度考虑，根据应用市场情况分析，一个 Oracle 数据库管理员的成本远远高出 SQL Server 数据库管理员（目前市场上也出现很多维护服务外包公司，专门提供服务人员为企业提供高质量的系统管理和维护服务），故人力成本较高；从软件本身的购买价格而言，对于具有一定规模的企业级应用需求，Oracle 数据库软件产品的价格也是高过 SQL Server 的。

4. 可用资源

部署一套完整的用户解决方案，需要有一系列的配套支持资源，如服务器（应用程序服务器、数据库服务器）和人力资源，人力资源包括系统操作用户和系统维护人员，其中维护人员包括应用程序维护人员以及数据库管理员。故在资源系统中，与数据库相关的是数据库服务器和数据库管理员，对于一般系统而言，会考虑现有的服务器是否能够满足新系统的需求？现有的维护人员是否能够满足新系统的需求？如果原系统的相关配套在满足系统现有需求的基础上还有一定的可发展空间，则是可以考虑沿用原有的数据库系统的。

5. 建议方案

如果是一般的小型 Web 网站应用，使用目前免费的 MySQL 是一个可以考虑的选择，因为其简单易用，维护成本等综合成本相对较低；如果是数据应用处理稍大，但也不是海量数据，对数据库的可靠性和稳定性要求不是很高，同时希望维护成本不高，可以考虑选择 SQL Server；如果要实现的是较高端的企业应用，并且需要处理的并发数据量较大，同时对数据库的可靠性、安全性和可扩展性有很高的要求，那么 Oracle 应当是一个不错的选择，但应用 Oracle 的维护成本相对较高。

客户综合了各种因素，并且组织网上购物系统甲方项目组相关人员专门召开了一个邀请 Smith 参加的小型讨论会，综合企业实际情况与需求，会议研究决定，选择 Oracle 公司的 Oracle 11g 作为本系统的数据库软件。因此，Smith 决定再次针对 Oracle 数据库产品对客户进行更详细全面的介绍。

思考与提高： 2009 年，电子商务创新领跑者阿里巴巴首次提出"去 IOE"战略模式，"去 IOE"指的是摆脱对 IT 部署中原有的 IBM 小型机、Oracle 数据库以及 EMC 存储的过度依赖。"去 IOE"的过程也是技术发展的过程，如以淘宝为基础形成了优秀的 MySQL 数据库团队，也建立了自己开发数据库 OceanBase 的团队。当时考虑"去 IOE"并不仅仅出于对成本的考量，成本只是最容易看得到的东西，最重要的是满足企业未来长期发展的需要。互联网时代，每一家企业都必须拥抱互联网，传统 IT 架构的软硬件已经无法满足企业在这方面的发展。阿里巴巴的成功经验表明原来依赖 IBM、Oracle 和 EMC 的系统是可以构建在 Commodity PC 上的，这为大多数企业在云计算上搭建 IT 系统扫清了障碍，使它们可以彻底拥抱云计算，拥抱互联网。

1.4 Oracle 11g 数据库产品

Oracle 数据库是 Oracle 公司出品的历史比较悠久的十分优秀的关系型数据库管理系统。当前，Oracle DBMS 以及相应的开发工具和其他相关产品几乎在全世界各个工业领域中都会用到。无论是大型企业中的数据仓库应用，还是中小型企业中的联机事务处理业务，都可以找到成功使用 Oracle 数据库的典范。

1.4.1 Oracle 公司介绍

Oracle 公司是世界上最大的数据库厂商，向遍及大约 145 个国家的用户提供数据库、工具和应用软件以及相关的咨询、培训和支持服务。Oracle 公司总部设在美国加利福尼亚州的红木城，全球员工超过 40000 名。Oracle 公司 1989 年正式进入中国市场，成为第一家进入中国的世界软件巨头，标志着刚刚起飞的中国国民经济信息化建设得到了 Oracle 公司的积极响应，Oracle 首创的关系型数据库技术也从此开始服务于中国用户。

Oracle 公司的产品线包括数据库、应用服务器、开发工具包、电子商务套件以及产品的培训认证（OCA、OCP、OCM）。下面主要针对数据库产品进行介绍。

1.4.2　Oracle 数据库产品发展阶段

1979 年，Oracle 公司首先推出了基于 SQL 标准的第一代关系数据库产品，并取名为 Oracle；

之后十来年经历了多次更新与发展，到 Oracle 8 版本时，已经成为一套比较稳定的大型关系型数据库系统了，这个版本也为支持 Internet、网络计算等奠定了基础；

从 Oracle 8 之后，为了适应 Internet 技术的飞速发展，Oracle 公司于 1999 年推出世界上第一个 Internet 数据库 Oracle 8i，这一版本中添加了大量为支持 Internet 而设计的特性，同时，这一版本为数据库用户提供了全方位的 Java 支持；

2001 年，Oracle 又推出了新一代 Internet 电子商务基础架构 Oracle 9i，在 Oracle 9i 的诸多新特性中，最重要的就是 Real Application Clusters（RAC）；

2004 年，Oracle 公司发布了最新数据库产品——Oracle 数据库 10g，它与同日发布的 Oracle 应用服务器 10g 和 Oracle 企业管理器一起构成了全球首个面世的集成式网格计算架构软件——Oracle 网格计算，这一版本的最大的特性就是加入了网格计算的功能；

在此基础上的 3 年之后，Oracle 公司趁势发布了 11g，Oracle11g 提供了高性能、伸展性、可用性、安全性，并能更方便地在低成本服务器和存储设备组成的网格上运行，Oracle 11g 也是 Oracle 公司 30 年来发布的最重要的数据库版本，根据用户的需求实现了信息生命周期管理（Information sLifecycle Management）等多项创新；

值得一提的是，随着近两年云计算技术的白热化发展，Oracle 公司的战略是提供广泛的软件和硬件产品以及服务等的组合来支持公有云、私有云和混合云，从而让客户能够选择最适合自己的方式。故甲骨文公司于 2013 年重磅发布了 Oracle Database 12c。

1.4.3　Oracle 认证体系

由于 Oracle 产品的特殊性，作为全球最大的数据库厂商，Oracle 在行业中有着不容置疑的地位，而数据库又是整个 IT 行业中的关键和核心应用，特别是大型企业级数据库，更是高端中的高端。因此，获得 Oracle 认证成为很多数据库技术人员的职业追求。

Oracle 大学（Oracle University）是 Oracle 公司专门负责培训业务的部门，它为从事 Oracle 领域的工作人员，包括数据库管理员、开发人员以及管理人员设计了一系列课程。这些专业的课程能使受训者更快地掌握 Oracle 技术。

Oracle 的最新认证体系包括 3 个层次：主要面向高校学生的 Oracle 操作专员认证（OCA），Oracle 专业认证（OCP）和 Oracle 专家级认证（OCM），具体如图 1-2 所示。

Oracle 专员认证：这项较初级的认证是 Oracle 专为那些仅通过 OCP 中两项考试的人员设计的初级技能水平考试，是使用 Oracle 产品的基础。要获得 OCA 证书，需要通过的考试如图 1-3 所示，可以选择 IZO-007、IZO-047、IZO-051 任意一门，加上一门 IZO-042，考试通过即可以获得 OCA 的认证证书，此证书适合高校在校学生。

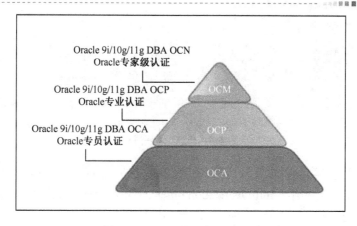

图 1-2　Oracle 数据库认证体系

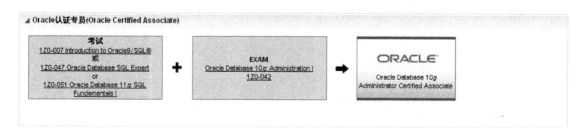

图 1-3　OCA 认证流程

Oracle 专业认证：要取得进阶的 OCP，必须先通过 OCA 的两科考试，以及至少参加过一门由 Oracle 认证讲师教授的课堂训练课程或线上讲师训练课程，并通过 OCP 一科考试（1Z0-043）才能拥有 OCP 认证，如图 1-4 所示，以证实在 Oracle 数据库管理领域内的熟练程度。通过这种考试之后，说明此人可以管理大型数据库，或者能够开发可以部署到整个企业的强大应用系统。获得 OCP 证书后，认证者将有机会申请更高的职位，并增强老板对自己的信任和支持。

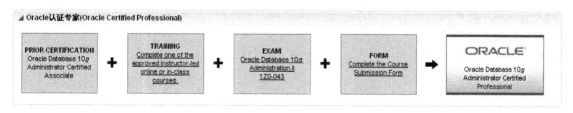

图 1-4　OCP 认证流程

Oracle 专家级认证：这项新的 Oracle 认证要求参试人员必须参加 Oracle 大学的 Oracle 培训，它是 20 世纪 90 年代前 Oracle 专家认证的一个分支，OCM 要求参试人员必须获得 OCP 认证，参加 Oracle 大学的两门高级课程，通过预先测试，并通过 Oracle 试验室的实践测试，具体如图 1-5 所示。

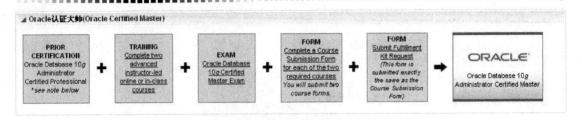

图 1-5　OCM 认证流程

　　以上信息根据技术的发展和市场的需求随时发生更新，想要获取更多详情和最新情况，请参考 Oracle 大学的官方网站（http://education.oracle.com/）上的认证栏目，其中有最新的考证通知、要求及学习资料。

Oracle 11g 数据库软件的安装与配置

背景：上周 Smith 与客户确认了企业数据库系统使用 Oracle 11g，将数据库的环境搭建需求交给工程师 Jack，同时为 Jack 提供了如下的任务清单 2。

2.1 任务分解

2.1.1 任务清单

任务清单 2

公司名称：××××科技有限公司

项目名称：网上购物系统　　　　　　　　项目经理：Smith

执行者：Jack　　　　　　　　　　　　　时间段：1 天

任务清单：

1. 从 Oracle 官方网站上下载基于 Linux 或者 Windows 平台（本书使用 Windows 平台）的 Oracle 11g Release 2（简称为 Oracle 11g R2）企业版。
2. 在 Windows 服务器上安装 Oracle 11g R2 服务器软件。要求安装 Oracle 服务器软件的同时创建数据库。相关的目录需求如下。
   ① %ORACLE_BASE%目录：C:\app\Administrator。
   ② %ORACLE_HOME%目录：C:\app\Administrator \product\11.2.0\dbhome_1。
   ③ 数据库的名称为 orcl，数据库相关文件所在的目录为 C:\app\Administrator\oradata。
3. 在数据库服务器端配置监听器。
4. 在 Windows 客户端上安装 Oracle 11g R2 客户端软件。
5. 在客户端配置到服务器端的连接。

2.1.2 任务分解

本情境中包含了如下典型任务。

（1）Oracle 数据库基本架构的学习。

（2）安装 Oracle 数据库服务器的前提条件的学习。

（3）安装 Oracle 数据库服务器并创建数据库。

（4）配置服务器端的监听器。

（5）安装 Oracle 数据库客户端。

（6）在客户端配置远程连接。

2.2　Oracle 11g/10g 介绍

2.2.1　11g/10g 网格计算

Oracle 公司由 Larry Ellison、Bob Miner 和 Ed Oates 于 1977 年创建。它以提供数据库产品以及相关服务起家，经过 30 多年的发展，已经成为全世界最大的信息管理软件及服务供货商，仅次于微软公司，为全球第二大独立软件供应商，向遍及全球的用户提供数据库、工具和应用软件以及相关的咨询、培训和支持服务。

Oracle 公司的最著名的产品就是以 Oracle 公司名称而命名的数据库产品：Oracle 数据库。它也是全球最流行的关系型数据库产品，最近几年以来，其数据库产品在全球的市场份额始终位居第一。在 Oracle 数据库产品的基础上，Oracle 公司还开发了企业级的业务系统软件，称为 Oracle Application 或者 E-Business Suite（EBS）。目前在全球来说，EBS 的市场占有率仅次于 SAP 公司生产的业务系统软件。值得一提的是，Oracle 公司甚至开发了自己的操作系统：Unbreakable Enterprise Linux。

但是 Oracle 公司的发展之路远未停止：2008 年，Oracle 公司收购 BEA 公司，从而一举成为中间件领域的领导者。然而，最轰动的还是在 2009 年的 4 月，Oracle 公司宣布了对 Sun 公司的收购。Sun 公司是 Java 这一目前最流行的开发语言之一的生产商，是开源软件的主导者。Sun 公司同时也是一家仅次于 IBM 和 HP 的主机、存储以及磁带等 IT 硬件设备的供应商。随着这一收购的全面展开，Oracle 公司已经发展为一家 IT 全业务的公司。从主机到存储，从操作系统到数据库软件，再到企业级应用软件，从开发语言（Java）到开发平台（Weblogic），Oracle 公司囊括了 IT 业务的所有环节。毫无疑问，Oracle 公司已经开创了一个 IT 行业的全新时代。

对于 Oracle 公司最重要的产品——Oracle 数据库来说，从 1977 年的推出到目前为止的 30 多年里，其版本发生了很多变化，经历了从最早的 R2 到目前最新的 11g R2 版本。尽管就目前来说，10g R2 是目前主流的数据库版本，应用最为广泛，但是自从 2007 年 7 月 Oracle 公司正式发布 11g R1 以来，一直到 11g R2 版本，其功能和特性相比 10g 来说有了更大的增强。随着时间的推移以及用户对 11g R2 的熟悉，11g R2 必将取代目前主流的 10g R2，成为全世界最流行的数据库平台。

注意：11g 是在 10g 的基础上发展起来的，相对于 10g 来说，在自动化管理、变革管理和错误管理方面有了很大的提高。本书重点在于介绍数据库的基础概念，因此本书所叙述的内容也同样适用于 10g。

Oracle 11g/10g 中的 g 就是网格的意思，也就是说，11g/10g 是一款支持网格运算的数据库。11g/10g 所使用的网格计算架构可以将网络上的多个服务器的资源（包括 CPU、内存和硬盘等）整合使用，将它们组合为一个整体对外提供运算服务，并能将所有服务器合并为一个整体来管理。

通过使用网格技术，可以购买多台价格便宜的 PC 服务器来组成一个网格，并让它们作为一个整体为企业服务，这样就不需要再购买特定的小型机甚至大型机来作为数据库服务器了。这样不仅使服务器的购买成本下降，系统运行过程中的维护成本也大幅下降。因为对于小型机以及大型机来说，由于其内部结构的封闭性，必须要服务器的生产厂家派专人进行维护，其费用非常昂贵。而 PC 服务器则相对简单很多，同时，由于多台 PC 服务器组成了一个网格，因此万一其中一台服务器出现了故障，其他服务器仍然能够提供数据服务，数据运算并不会终止，因此整个系统的稳定性也能够满足企业的需求。

在 11g/10g 的网格运算技术中，最能体现其网格特性的就是实时应用集群（Real Application Cluster，RAC）了。在 RAC 中，网络上的多台服务器同时管理同一个数据库。多台服务器可以同时对外提供服务，接收用户的连接请求、执行用户发出的命令等。假如一台服务器同时最多可以处理 1000 个用户的请求，则配置了 4 台服务器的 RAC 环境可以同时处理 4000 个用户的请求，从而使得 RAC 的处理容量相对单台服务器来说有了很大的提高。同时，RAC 中的一台或多台服务器出现故障时，只要还有一台服务器在运行，整个 RAC 数据库的服务就不会停止，其可用性也大大提高了。

由于网格中的服务器结点个数增加了，势必会导致对整个数据中心的管理更加复杂。为了解决这个问题，Oracle 公司专门推出了一款图形化的产品来简化对整个数据中心的管理。该工具称为企业管理网格控制器（Enterprise Manager Grid Control）。Grid Control 通过浏览器来运行，能够将整个数据中心的数据库、硬件资源、应用程序组成一个逻辑整体来管理，并能监控不同数据库上的性能情况。

注意：通常把网格中的硬件设备、操作系统以及数据库等组成的一个整体称为数据中心。

2.2.2　Oracle 体系结构

事实上，Oracle 数据库中的"数据库"，严格来说，应该称为 Oracle 服务器（Oracle Server）。因为在 Oracle 的概念体系中，Oracle 服务器由两大部分组成：一部分称为 Oracle 数据库；另一部分则称为 Oracle 实例。Oracle 数据库和 Oracle 实例共同组成了一个用于管理信息的系统，通过对外提供一个开放的、复杂的、安全的、集成的服务，从而达到用户能够进行存储、检索、管理数据的目的。

1）Oracle 数据库

Oracle 数据库是指位于硬盘上实际存放数据的文件，这些文件组织在一起，成为一个逻辑整体称为 Oracle 数据库。因此，在 Oracle 看来，"数据库"是指硬盘上的文件的逻辑组合，必须与内存里的实例合作，才能对外提供数据管理的服务。

2）Oracle 实例

Oracle 实例是指位于物理内存里的数据结构。它由一个共享的内存池以及多个后台进程组成，共享的内存池可以被所有进程访问。用户如果要存取数据库（即硬盘上的文件）里的数据，必须通过实例才能实现，不能直接读取硬盘上的文件。

Oracle 服务器要想对外提供数据管理的服务，就必须先启动实例。实例启动时，会在内存里分配一块共享空间，这部分空间称为 SGA。按照 Oracle 官方的说法，称为 System Global Area，也有部分人更倾向于把 SGA 称为 Shared Global Area。从这块内存区域的名称上就可以看出它是被所有进程共享的。分配 SGA 以后，Oracle 会启动一组后台进程，这时就说数据库实例已经启动了。

实例启动以后，Oracle 软件会将已启动的实例与某个数据库关联，这个过程称为 mount。当实例成功的 mount 到某个数据库时，就可以打开该数据库所包含的物理文件了，即用户可以向这些文件中读写数据了。

任何一个时刻，一个实例只能与一个数据库相关联，一个实例只能 mount 或打开一个数据库。这种情况就是所谓的单实例数据库；而一个数据库同时可以被多个实例关联，被多个实例 mount 或打开。这种情况就是所谓的 RAC 数据库。

Oracle 数据库所包含的文件主要分为两大类：一类是关键文件；另一类是非关键文件。关键文件如果丢失，Oracle 数据库必须进行介质恢复以后才能继续使用。而如果非关键文件丢失，则只需要重建即可，不需要进行介质恢复，同时在重建之前，数据库仍然可以继续使用。

关键文件主要包含以下 3 类。

（1）数据文件：实际存放用户数据的地方，是数据库文件的主要组成部分。

（2）联机日志文件：存放了数据库里发生的所有变化的过程。可以理解为有一部摄像机，将数据库里的数据所发生的变化全都按照时间的先后顺序拍摄下来。在现实生活中，拍摄的内容存放在录像带中，而在 Oracle 数据库，则存放在联机日志文件中。该文件主要用于数据库的恢复。

（3）控制文件：存放了数据库的自我描述的信息，如数据文件放在哪里、联机日志文件放在哪里等。控制文件中还存放了当前数据库运行状态的信息。可以把控制文件想象为 Oracle 数据库的中枢神经，管理控制着整个数据库的正常运行。

非关键文件主要包含以下几类。

（1）参数文件：包含启动实例时参照的各个参数信息。

（2）密码文件：如果使用密码认证了 SYSDBA 权限，则该密码文件中存放了以系统管理员身份登录数据库时所需的密码。

（3）归档日志文件：该文件是联机日志文件的副本。当一个联机日志文件写满以后，可以选择将该写满了的联机日志文件复制到指定的路径，从而将数据库的变化永久保留下来。

（4）告警和跟踪文件：数据库认为比较重要的事件都会记录到告警和跟踪文件中。同时，DBA 也可以选择主动生成一些跟踪文件，用来跟踪指定事件的整个过程。

（5）备份文件：对数据库所包含的文件进行备份以后生成的文件，包括 RMAN（专用的备份工具）所产生的特殊格式的备份文件以及用操作系统的复制命令生成的备份文件。

Oracle 实例的总体结构可以用图 2-1 所示。它由 SGA 区和后台进程（每个椭圆形表示一个后台进程）。

SGA 本身是一块内存区域，根据作用的不同，在该区域中又可以再次细分为多个不同的内存池。

（6）共享池：其主要作用是提高 SQL 语句以及 PL/SQL 代码的执行效率。在该池里会缓存曾经执行过的 SQL 语句，以及 SQL 语句的执行计划；也缓存执行过的 PL/SQL 代码块，以及从 PL/SQL 源码编译后得到的 Oracle 能够执行的机器码（也称 Pcode）。另外，该区域还包括在编译 SQL 语句或 PL/SQL 代码时所参照的数据字典的信息。

注意：所谓数据字典是指描述数据的数据，如表的名称、列的名称、用户的权限等。

（7）大池：一个可选的内存池，其主要作用在于分担共享池的压力。在某些情况下，如备份恢复操作、I/O 从属进程、并行查询等，如果没有配大池，则这些操作所需要的内存会从共享池里进行分配，这时会增加共享池的负担。

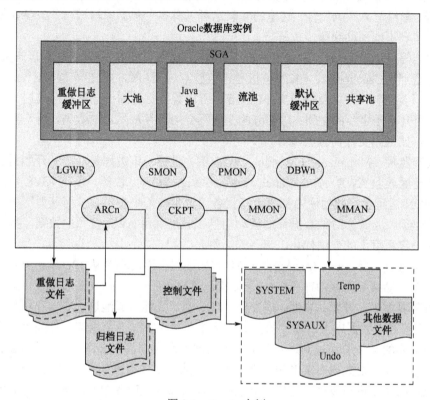

图 2-1　Oracle 实例

（8）Java 池：用于存放 Java 程序的调用方法。

（9）数据缓冲区：用于缓存曾经读取过的数据，如果用户要修改某个数据，则先在该区域里进行修改，然后写入数据文件。通常来说，这是 SGA 里最大的内存区域。应该尽可能地延长数据驻留在该区域里的时间，这样下次访问同样的数据时就可以直接读取内存，而不需要去读磁盘上的数据文件。

（10）重做日志缓冲区：这块区域里的数据就是联机日志文件的数据来源。数据库里的变化都是先存放在这块区域，然后被写到联机日志文件里的。

（11）流池：数据库中的流在工作时所需要用到的内存区域。

对于 Oracle 实例的另一个组成部分，即后台进程来说，可以把它们理解为一系列程序，它们驻留在内存里。只要满足某种条件（如每隔一定时间等），就会启动，去做某些事情。主要的后台进程包括以下 7 个。

（1）系统监控（System Monitor，SMON）进程：其主要任务是在实例启动时，判断该实例上次是否是正常关闭的，如果是非正常关闭的，则进行实例恢复。另外，它还会进行合并相邻空间等。

（2）进程监控（Process Monitor，PMON）进程：其主要作用是监控用户的进程。如果某个连接的用户由于某种原因非正常终止了，则 PMON 会负责清理该用户所占用的资源，如事务锁、用户占用的内存等。

（3）数据库写（Database Writer，DBWn）进程：其主要作用是将缓冲区里那些被更新过、但是还没有写入数据文件的数据写入数据文件。在图 2-1 中，可以看到数据从缓冲区，经由 DBWn 进程，最终写入数据文件。这里的 n 表示可以有多个数据库写进程。DBWn 是一个很底层的进程，用户不能主动唤醒该进程。

（4）日志写（Log Writer，LGWR）进程：将日志缓存里的内容写入联机日志文件。

（5）检查点（Checkpoint，CKPT）进程：检查点进程启动时，会唤醒 DBWn 进程，并将检查点位置写入控制文件以及数据文件的头部（所谓数据文件的头部就是指数据文件的开始部分，大概占用几十千字节的空间，这部分的空间不会用于存放用户的数据，而是存放有关数据文件的信息，如数据文件何时创建等）。

（6）管理监控（Management Monitor，MMON）进程：该进程是从 10g 开始引入的，其主要作用在于定时收集 AWR（Automatic Workload Repository）快照。所谓 AWR 快照，就是每隔 1h，MMON 进程会把数据库内部的运行状态记录到若干个表里，从而获得历史上每个整点（如 7 点、8 点、9 点等）时的数据库的活动信息。通过利用 AWR 快照的数据，数据库能实现自动管理和一定程度上的自动优化。

（7）内存管理（Memory Manager，MMAN）进程：该进程是从 10g 开始引入的，其主要作用在于实现自动共享内存管理（Automatic Shared Memory Management，ASMM）。通过利用 ASMM，不需要再手工设置共享池、缓冲区、Java 池、大池、流池这 5 个内存组件的大小，而由 MMAN 进程根据数据库上所发生的业务负载而自动调整这 5 个内存组件的大小。

上面所描述的 7 个进程对于数据库实例的正常工作来说都是必需的，也就是说，其中任何一个进程停止工作，则数据库实例都将强制关闭，从而导致数据库服务器停止对外服务。

除了上述的 7 个进程以外，还有一个进程也是大部分生产库中都应该启动的，即归档进程（ARCn），这是一个可以启动也可以不启动的进程。该进程的作用在于将当前写满了的联机日志文件复制到指定的目录中，也就是所谓的归档过程。通过归档，能够把数据库的变化永久保留下来。在图 2-1 中，可以看到，当 LGWR 进程将日志缓存中的数据写入当前的联机日志文件时，如果发现该日志文件写满，无法再写入了，则 LGWR 会切换到下一个可用的联机日志文件上接着写，这个过程称为日志切换。如果数据库配置了 ARCn 进程，则当 LGWR 进行日志切换时，会唤醒 ARCn 进程对当前已经写满的日志文件进行归档。这里和 DBWn 一样也有一个 n，同样表示数据库可以启动多个 ARCn 进程来进行归档。

2.2.3 Oracle 数据库存储

Oracle 数据库实际上是位于物理磁盘上的多个文件的逻辑集合，主要包括数据文件、联机日志文件和控制文件。用户的数据实际存放在数据文件里。

想象一下，如果要获取某些具体数据的时候，如检索客户表里客户编号为 58 的客户信息，那么应该怎么做？

客户信息是位于数据文件里的，则最简单的方法是从第一个数据文件的起点开始，依次读取每个文件的最小组成单位（因为文件是由多个更小的逻辑单元组成的。如果位于文件系统上，则文件系统块就是它的最小组成单位，每个数据文件都由许多个文件系统块组成；如果直接放在磁盘上，如裸设备或 ASM 磁盘上，则磁盘块就是它的最小组成单位，这时每个数据文件就是由多个磁盘块组成的）里所包含的数据，判断其中是否存在客户信息。如果没有，则读取下一个最小组成单位；如果有客户信息，则读取其客户编号，判断该客户编号是否等于 58，如果不是，则读取下一个最小组成单位，如果是，则返回该客户信息。以此类推，直到该文件全都读取完毕为止，然后继续读取下一个数据文件，重复此过程，直到读完所有的数据文件。这样，才能找到所有雇员号为 58 的雇员信息。

很显然，这种方式是低效的。特别是当数据文件很多，总数据量很大，如上百 GB 时，再加上并发用户数很多，很多用户都查找数据，那么这种查找数据的方式是几乎不可能完成的任务。这里仅仅举了一个查询的例子，如果再引入修改数据，则后果更不可想象。

Oracle 数据库肯定不会采用这种方式。为了更好地管理物理磁盘上的数据文件，Oracle 引入了逻辑存储的概念。所谓逻辑存储，可以理解为，Oracle 把数据在物理文件里所存放的位置等信息都以数据行的形式存放在相关的表里。

为了更有效地管理逻辑结构，Oracle 对整个物理结构在逻辑上进行了分组。其分组结构如图 2-2 所示。

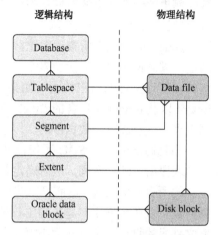

图 2-2　Oracle 存储结构

第一，最大的逻辑分组称为数据库（Database）。它由前面说到的 3 种关键文件组成，即数据文件、控制文件、联机日志文件的逻辑组合就称为数据库。

第二，在数据库这个最大的逻辑单元下，又可以划分多个较小的组，称为表空间（Tablespace），表空间对应的物理结构就是数据文件。也就是说，可以把一个或多个数据文件在逻辑上组合起来，作为一个表空间而存在。为了便于理解，可以把表空间与数据文件的关系想象为文件系统中的文件夹与文件的关系。在文件系统中，可以把多个相关的文件共同放到某个文件夹下。对于表空间也是如此，例如，可以按照业务逻辑来划分表空间，把财务类的数据存放到一个名为 FINANCE_TBS 的表空间里，然后可以在该表空间下放置一个或多个数据文件。一个表空间可以对应多个数据文件，而一个数据文件则只能对应一个表空间。

第三，在表空间下，在逻辑上又可以分成多个更小的逻辑单元，称为段（Segment）。所谓的段，是指大家比较熟悉的表、索引。例如，在财务类相关的 FINANCE_TS 表空间下可以创建多个与财务业务相关的表，每个表存放不同的财务数据，如表 A 存放会计科目，表 B 存放应收账明细记录等。我们知道，A 和 B 里的数据实际是存放在数据文件里的。那么，在数据文件里有关 A 的所有的物理数据所对应的逻辑结构就称为段 A，表 B 则对应段 B。一个段可以分布在多个数据文件里，如一个很大的表可达到 10GB，可以把这个大表分布到 10 个数据文件里，每个数据文件里分别放 1GB 的数据。当然，前提是该表段所能存放的数据文件必须都属于该表段所在的表空间。

第四，在段下，还可以划分成多个更小的逻辑单元，称为区（Extent）。Extent 表示的是在逻辑上连续的一段空间，段的增加和减小都是以 Extent 为单位。也就是说，当往一个表里不停地插入记录，导致该表段所占的物理空间变大时，其增长的单位是整数倍个的 Extent，不可能一次增加非整数倍的 Extent，如 0.5 个 Extent 或 3.6 个 Extent。同样，当删除记录，导致表段缩小时，也以 Extent 为单位。由于 Extent 是逻辑上连续的空间，所以一个 Extent 不能跨越多个数据文件，否则如果一个 Extent 分布在多个数据文件里，就不是连续的空间了。

第五，在 Extent 下，还可以划分成多个最小的逻辑单元，称数据块（Block）。数据块是不能再细分的逻辑单元，它是数据库向操作系统发出一次 I/O 请求的最小单位，也就是一次 I/O 至少要获取一个数据块，也可以一次 I/O 获取多个数据块，但是不可能一次 I/O 获取非整数倍个的数据块，如 0.5 个数据块，或者 4.6 个数据块等。数据库的数据块的可选大小为 2KB、4KB、8KB、16KB 或 32KB。

在物理层面上，一个数据文件也是由许多个文件系统块或磁盘块组成的。我们应该配置为数据库里的一个数据块对应到多个文件系统块或磁盘块，这样在进行 I/O 时效率就能高一些，因为向操作系统请求一次 I/O 时，就获得多个文件系统块或磁盘块的数据量。

Oracle 会把以上所描述的这些逻辑结构、逻辑结构之间的对应关系（如某个表在某个表空间里，同时该表对应的段由多个 Extent 组成，而每个 Extent 又由多个 Block 组成），以及逻辑结构与物理文件的对应关系（如某个表的表空间包含哪些数据文件、该表对应的段所包含的 Extent 以及 Extent 所包含的 Block 位于数据文件里的什么地方等）都会存放在数据库的核心数据表里，这些表称为数据字典。

当我们发出一条 SQL 语句，要求返回某个表里的数据时，数据库就能在数据字典里，先确定表段所在的表空间，从而确定其所在的数据文件。然后，可以在数据字典里找到该表段所包含的所有的 Extent，进而可以找到每个 Extent 所含的数据块，以及数据块的地址。这样，数据库就可以在数据字典里先确定该表段所包含的所有数据块，以及这些数据块对应到的、在数据文件里的物理地址，从而根据这些数据块地址到数据文件里去查找数据。

2.3 任务 1：在 Windows 操作系统下安装与配置 Oracle 11g 服务器软件

2.3.1 安装之前的准备

在安装 Oracle 数据库软件之前，需要进行一系列的准备工作，包括对硬件资源和软件资源两方面的准备。

对于硬件资源来说，主要针对的是硬盘和内存。由于从 10g 开始，增加了一个基于网页的管理工具（Database Control），因此相对以前版本来说，会需要更多的内存资源。根据 Oracle 官方的建议，如果要流畅地使用该管理工具，至少需要为其准备 1GB 的内存（注意，这 1GB 的内存并不参与 Oracle 数据库本身的运行）。

对于硬盘来说，至少需要 1.5GB 的虚拟内存区域。所谓虚拟内存区域，是指用于将物理内存里那些暂时用不到的数据临时交换到硬盘中，从而在物理内存中释放出一定的空间给那些当前急需内存的进程使用。Oracle 建议虚拟内存区域为物理内存大小的 2 倍。

对于硬盘空间来说，Oracle 官方有一些建议，如表 2-1 所示。

表 2-1 硬盘建议参数

参 数	临时空间	C:\Program Files\Oracle	Oracle 软件主目录	空间总容量
大 小	500MB	3.1MB	2.8GB	3.3GB

对于临时目录下的空间来说，至少需要 500MB 空间。在 Windows 中，确认临时目录在哪

里，使用命令行窗口下输入以下命令即可：

```
C:\>echo %HOMEDRIVE%%HOMEPATH%\Local Settings\Temp
C:\Documents and Settings\Administrator\Local Settings\Temp
```

从以上输出中可以看到，当前的临时目录为 C:\Documents and Settings\Administrator\Local Settings\Temp。

在 Windows 中安装 Oracle 数据库的时候，会在 C:\Program Files 目录下创建 Oracle 子目录，并在该子目录下创建 Inventory 目录。该目录表示 Oracle 数据库的信息库，安装任何 Oracle 公司出品的软件时，都会在该 Inventory 目录下注册所安装的 Oracle 产品。这样 Oracle 的安装程序能确认当前在该主机上安装了哪些 Oracle 的软件产品，以及这些软件所安装的目录。

对于 Oracle 数据库本身所需要的磁盘空间来说，在 Windows 平台上，所需空间大概在 2.8GB 左右。

对于软件资源方面的准备工作来说，则需要确认 Oracle 11g R2 支持哪些 Windows 操作系统。根据 Oracle 的官方文档，支持以下 Windows 系统。

（1）Windows Server 2003 - all editions。

（2）Windows Server 2003 R2 - all editions。

（3）Windows XP Professional。

（4）Windows Vista – Business，Enterprise and Ultimate editions。

（5）Windows Server 2008 – Standard，Enterprise，Datacenter，Web and Foundation editions. The Server Core option is not supported。

（6）Windows 7 – Professional，Enterprise and Ultimate editions。

2.3.2　开始安装 Oracle 数据库软件

这里主要介绍在 Windows XP Professional 上安装 Oracle 11g R2 的过程（事实上，在不同版本的 Windows 上安装 Oracle 11g R2 的准备工作以及安装过程几乎没有任何变化，完全可以参照本章所描述的步骤安装在 Windows Server 2003 等 Windows 操作系统上）。

在安装之前，假定硬件已经满足了前面所说的要求。

Oracle 公司允许用户免费下载 Oracle 数据库，下载下来的 Oracle 数据库只能用于学习，不能用于任何商业用途。Windows 版本的 Oracle 安装介质的下载地址如下：http://www.oracle.com/ technology/software/products/database/oracle11g/112010_win32soft.html。

下载 Oracle 公司的任何软件之前，必须在 Oracle 官方网站上注册一个可用账号，并使用该账号登录到 Oracle 官方网站才能下载所需要的软件。注册账号的地址如下：https://profile.oracle.com/jsp/reg/createUser.jsp?src=135736&act=74。

下载的 Windows 版本的安装程序包含两个压缩文件包：win32_11gR2_database_1of2.zip 和 win32_11gR2_database_2of2.zip。在解压时，注意要把它们解压到相同的目录下，如都解压到 D:\ora11gR2_install 目录下。这两个压缩文件包被解压后会在 D:\ora11gR2_install 目录下创建 database 子目录。而 database 子目录下的目录结构如图 2-3 所示。

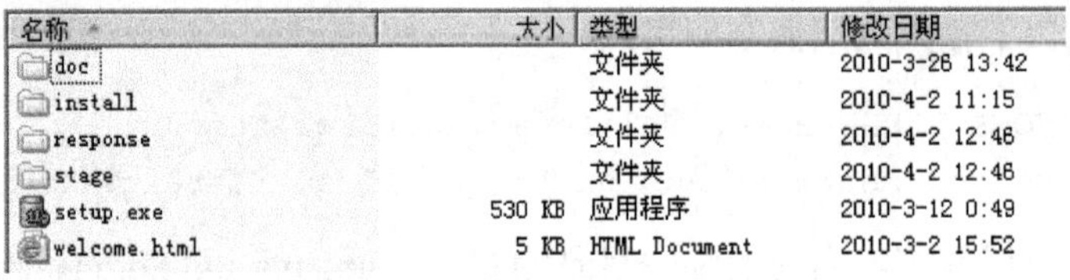

名称	大小	类型	修改日期
doc		文件夹	2010-3-26 13:42
install		文件夹	2010-4-2 11:15
response		文件夹	2010-4-2 12:46
stage		文件夹	2010-4-2 12:46
setup.exe	530 KB	应用程序	2010-3-12 0:49
welcome.html	5 KB	HTML Document	2010-3-2 15:52

图 2-3　Oracle 安装程序目录结构

双击 setup.exe 文件从而进入 OUI（Oracle Universal Installer）界面，开始进行 Oracle 11g R2 数据库的安装，如图 2-4 所示。

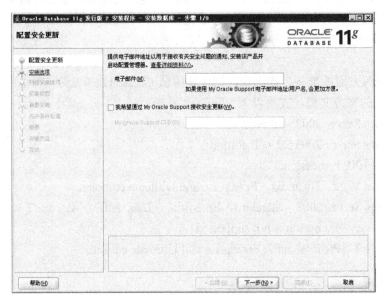

图 2-4　配置安全更新

注意，在图 2-4 所示的界面中，不要选中"我希望通过 My Oracle Support 接收安全更新(W)"复选框，然后单击【下一步(N)】按钮，会进入一个告警界面，如图 2-5 所示。

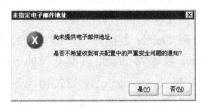

图 2-5　告警界面

在该告警界面上单击【是(Y)】按钮，则弹出安装选项对话框，如图 2-6 所示。

选中"创建和配置数据库(C)"单选按钮，表示在安装 Oracle 数据库的同时创建数据库。单击【下一步(N)】按钮，弹出"系统类"对话框，如图 2-7 所示。

选中"服务器类"单选按钮，表示所要创建的数据库属于服务器类型的应用。单击【下一步(N)】按钮，弹出"网格安装选项"对话框，如图 2-8 所示。

这里选中"单实例数据库安装(S)"单选按钮。"Real Application Clusters 数据库安装(R)"单选按钮表示多个实例同时访问同一个数据库，这属于比较高级的 Oracle 数据库特性，不在本书的讨论范围之中。单击【下一步(N)】按钮，弹出"选择安装类型"对话框，如图2-9所示。

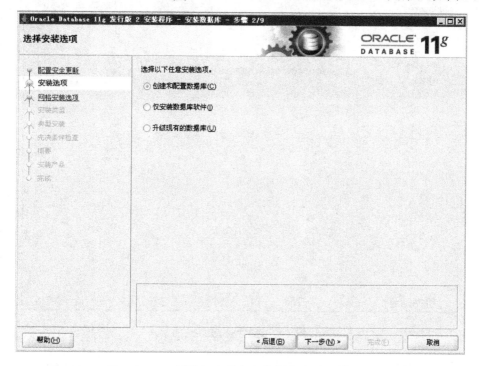

图 2-6　选择安装选项

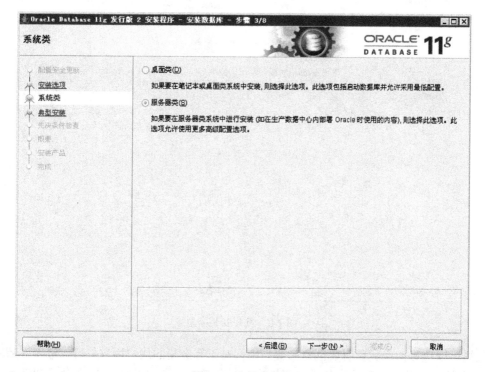

图 2-7　选择系统类

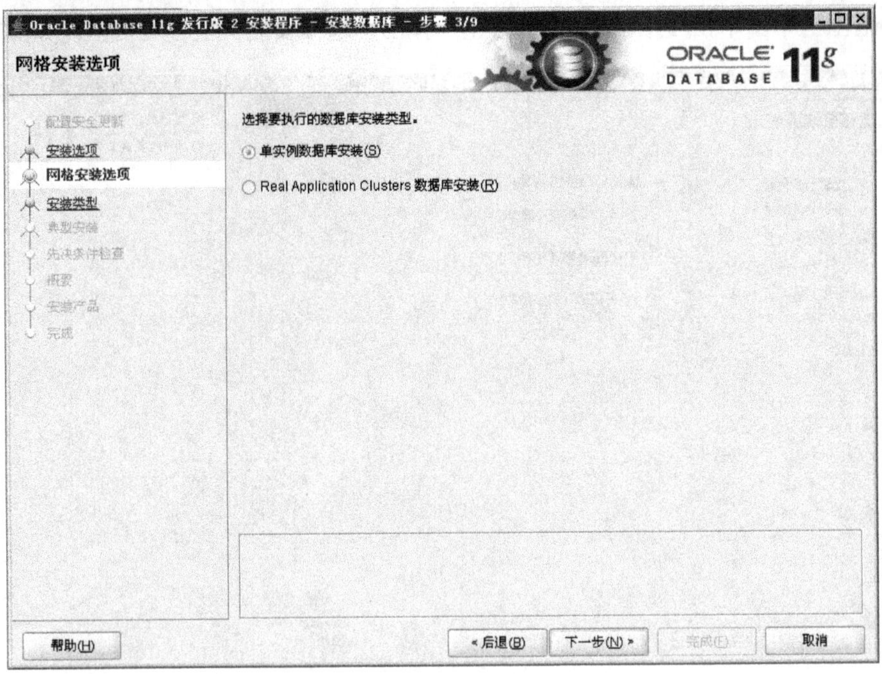

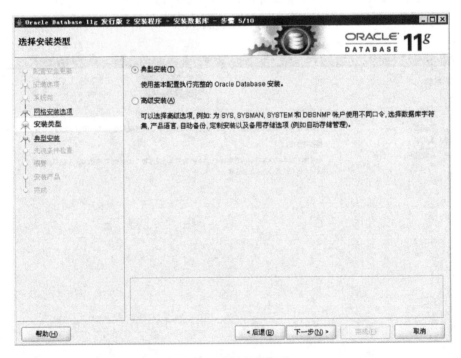

图 2-8　选择网格安装选项

图 2-9　选择安装类型

这里可以选择如何配置所要创建的数据库，对于有经验的用户而言，可以选中"高级安装（A）"单选按钮，从而为数据库软件选择语言、数据库的自动备份等。但是对于初学者来说，应选中"典型安装（T）"单选按钮，从而帮助用户快速创建一个新的数据库。单击【下一步（N）】

按钮，弹出"典型安装配置"对话框，如图2-10所示。

图2-10　典型安装配置

该对话框比较复杂，首先需要指定 Oracle 软件安装到哪个目录下。"Oracle 基目录"表示 Oracle 产品相关的文件所在的基本目录，该目录也称 ORACLE_BASE 目录。该目录下的文件包括 Oracle 软件和 Oracle 的其他文件等。而"软件位置"则表示 Oracle 数据库文件所在的目录，"软件位置"属于"Oracle 基目录"的子目录，该目录也称 ORACLE_HOME 目录。在这里，用户可以根据各自的需要对 Oracle 数据库所要安装的目录进行修改。本例中，保留默认值即可。

注意：ORACLE_BASE 和 ORACLE_HOME 表示环境变量。Windows 操作系统中的相关环境变量会自动写入注册表里，因此通常不需要设置这些环境变量。而 Linux 以及 UNIX 则需要手工设置这些环境变量。

其次，在"存储类型(T)"下拉列表中选择"文件系统"选项，表示数据库相关的各种文件都放在文件系统的相关目录里，然后需要在"数据库文件位置(D)"文本框中指定数据库的相关文件放在哪个目录里，这里保留默认的路径。

第三，需要在"数据库版本(E)"下拉列表中选择所要安装的 Oracle 数据库版本。这里可选的版本如下。

① 企业版：这是为企业级应用而设计的。它用于关键任务和对安全性要求较高的联机事务处理（OLTP）和数据仓库环境。如果选择此安装类型，则会安装所有功能选项。因此这里选择"企业版"选项。

② 标准版：这是为部门或工作组级应用设计的，也适用于中小型企业 (SME)。它用于提供核心的关系数据库管理服务和选项，有些功能选项不会被安装。

③ 标准版 1：这是为部门、工作组级或 Web 应用设计的。从小型企业的单服务器环境到

高度分散的分支机构环境，所安装的选项包括了生成对业务至关重要的应用程序所必需的所有工具。该选项安装的功能比"标准版"少。

④ 个人版：该选项与"企业版"安装类型所安装的软件相同（除管理包以外），但是，它只支持单用户开发和部署环境。"个人版"不会安装 Oracle RAC。

第四，需要在"全局数据库名(G)"文本框中指定数据库的名称，该名称也是数据库的实例名。同时，需要指定数据库超级用户（sys）以及管理员用户（system）的密码。sys 用户为数据库的超级用户，拥有所有权限；而 system 用户比 sys 用户权限少，如不能关闭和启动数据库等。

在输入密码时需要注意，从 11g R2 开始，密码都要求比较复杂，需要包含大小写字母以及数字，如果输入过于简单的密码则会产生告警。因此这里输入的密码为 Welcome1。单击【下一步(N)】按钮，弹出"执行先决条件检查"对话框，如图 2-11 所示，在该对话框中，OUI 会开始进行安装前的检查工作。

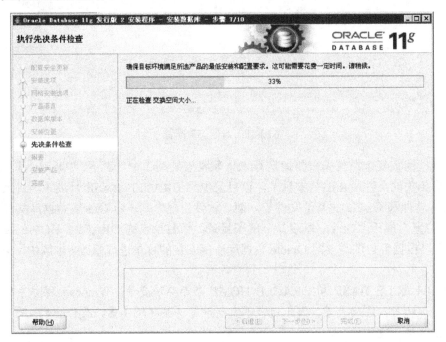

图 2-11　执行先决条件检查

在该阶段，OUI 会检查物理内存大小是否足够、虚拟内存大小是否足够、Oracle 所在的硬盘空间大小是否足够、操作系统版本是否支持等配置要求。如果检查没有通过，则会显示哪一部分的组件没有通过检查，为何没有通过检查等，用户需要根据提示信息进行相应的调整，然后再次进行检查，以此类推，直到所有需要检查的组件都通过为止。当所有的前提条件都满足以后，会弹出"概要"对话框，如图 2-12 所示。

单击【完成(F)】按钮，OUI 开始安装 Oracle 数据库，在安装 Oracle 数据库的过程中会显示安装的进度，当软件安装完毕以后，OUI 会开始创建数据库。数据库创建完毕以后，弹出如图 2-13 所示对话框。

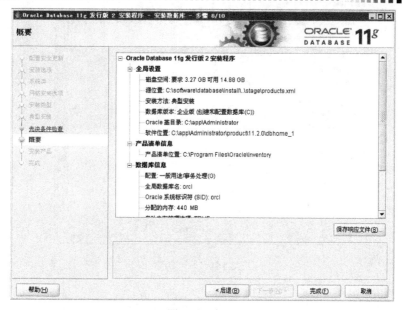

图 2-12　概要

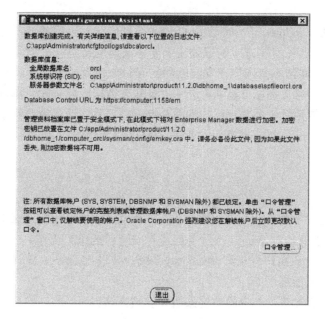

图 2-13　配置信息

在图 2-13 所示的对话框中，可以看到全局数据库名、SID 以及初始化参数文件所在的路径。同时，还可以看到 Database Control 的 URL，可以根据该 URL 地址，登录到 Database Control 管理界面。

可以单击"口令管理…"按钮，从而弹出如图 2-14 所示的对话框。

在"口令管理"对话框中，可以为不同的数据库用户解锁，同时输入新的密码。在这里，为 HR 用户解锁，并输入新的口令。注意，新的口令同样必须包含大写字母及数字，因此这里为 HR 用户输入的新的口令为"Welcome1"。修改完毕以后单击【确定】按钮退出"口令管理"对话框，并单击图 2-13 中的【退出】按钮，从而完成 Oracle 数据库及数据库的创建工作。

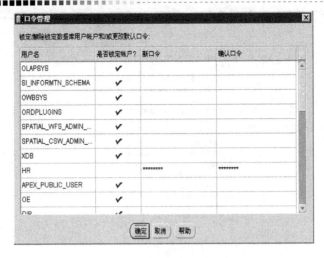

图 2-14　口令管理

2.3.3　思考与提高

　　前面已介绍了在 Windows 平台上安装 Oracle 数据库时，采用的选项是在安装软件的同时创建一个新的数据库。这种安装方式的好处在于能够快速地搭建一个学习、开发或者测试环境。而一般在实际项目中，通常不会选择在安装软件的同时创建新的数据库。因此，在了解了 Oracle 安装的大致过程以后，可以在图 2-6 中，选中"仅安装数据库软件(I)"单选按钮。选中该单选按钮以后，显示的安装界面与本书介绍的界面会有一些区别。请读者自行学习其他安装与配置方式，同时可以结合 Oracle 的在线帮助文档来了解这些界面的含义。

2.3.4　实训练习

　　请读者根据本任务中的介绍，开始准备安装与配置 Oracle 11g 服务器软件。

　　（1）对照 2.3.1 小节，对 Windows 服务器进行安装前的检查工作。

　　（2）以 Administrator 用户登录到 Windows 系统，并进入 Oracle 11g 安装介质所在的目录，然后双击 setup.exe，从而启动 OUI。

　　（3）通过输入或接受表 2-2 中的设置来选择安装方法。

表 2-2　安装选择

选　　项	设　　置
安装选项	创建和配置数据库
安装类型	企业版
数据库主目录	C:\app\oracle11g
全局数据库名	orcl
数据库文件目录	C:\app\oracle11g\oradata

　　（4）数据库创建完毕以后，对 HR 用户进行解锁，并指定一个新的密码。

2.4　任务2：安装与配置 Oracle 11g/10g 客户端软件

如果客户端需要远程连接到位于服务器的数据库，如从笔记本计算机上运行某个应用程序，从而访问位于公司服务器上的数据库，这时必须下载并安装 Oracle 数据库客户端软件。该客户端软件需要单独下载并安装，Windows 版本的客户端软件的下载地址如下：http://www.oracle.com/technology/software/products/database/oracle11g/112010_win32soft.html。

在安装客户端软件之前，也需要先确定软硬件是否满足安装客户端软件的要求。对于硬件资源来说，主要包括内存和硬盘两部分。

① 对于内存来说，需要 512MB 的物理内存，建议使用 1GB 物理内存。

② 对于硬盘空间来说，根据安装时所选择的客户端组件的不同，需要 180MB 左右（最小安装）到 1.2GB 左右（安装所有的组件）的可用磁盘空间。

对下载的客户端软件解压以后，双击 setup.exe 文件从而启动 OUI，开始安装客户端软件，如图 2-15 所示。

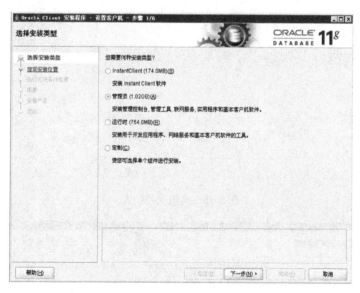

图 2-15　选择安装类型

在该对话框中，需要选择所要安装的客户端组件。其中，各选项的含义如下。

① InstantClient（174.0MB）（S）：只安装通过 OCI（Oracle Call Interface）调用接口来访问数据库的那些应用程序所需的 OCI 共享库文件，需要的磁盘空间远远少于其他客户机安装类型。

② 管理员（1.02GB）（A）：安装 Oracle Enterprise Manager 独立控制台、Oracle 网络服务以及允许应用程序或个人连接到 Oracle 数据库的客户端软件。它还会安装可用于开发应用程序的开发工具。

③ 运行时（754.0MB）（R）："管理员"（1.02GB）（A）类似，安装的组件包括 Oracle 网络服务以及允许应用程序或个人连接到 Oracle 数据库的客户端软件。它还会安装可用于开发应用程序的开发工具，不会安装 Oracle Enterprise Manager 独立控制台。

④ 定制（C）：由用户自己选择所要安装的组件。

在这里选中"管理员（C）"单选按钮来安装客户端软件，然后单击【下一步(N)】按钮，弹出语言选择对话框，保留默认设置，并单击【下一步(N)】按钮，弹出"指定安装目录"对话框，如图 2-16 所示。

在该对话框中，需要指定 Oracle 客户端软件安装到哪个目录下。"Oracle 基目录"表示 Oracle 客户端软件相关的文件所在的基本目录。这些文件包括 Oracle 客户端软件和 Oracle 的其他客户端配置文件等。而"软件位置"则表示 Oracle 数据库客户端软件的相关文件所在的目录，"软件位置"属于"Oracle 基目录"的子目录。可以根据需要进行相应的设置，设置完毕以后单击【下一步(N)】按钮，OUI 会开始进行安装前的检查工作，如图 2-17 所示。

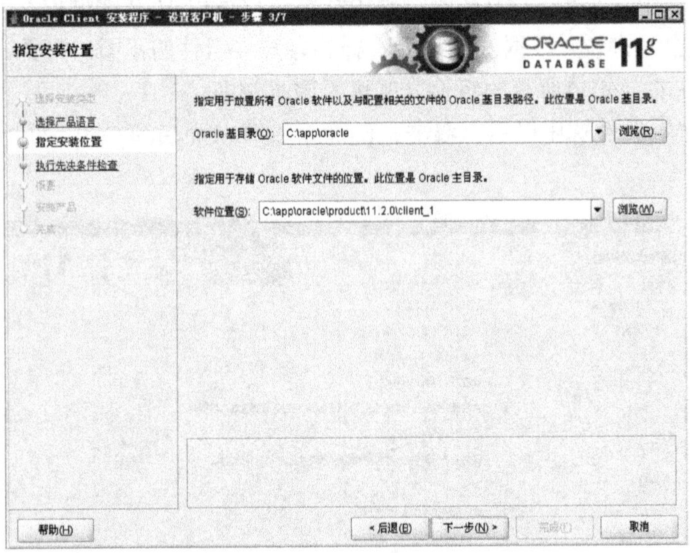

图 2-16　指定安装位置

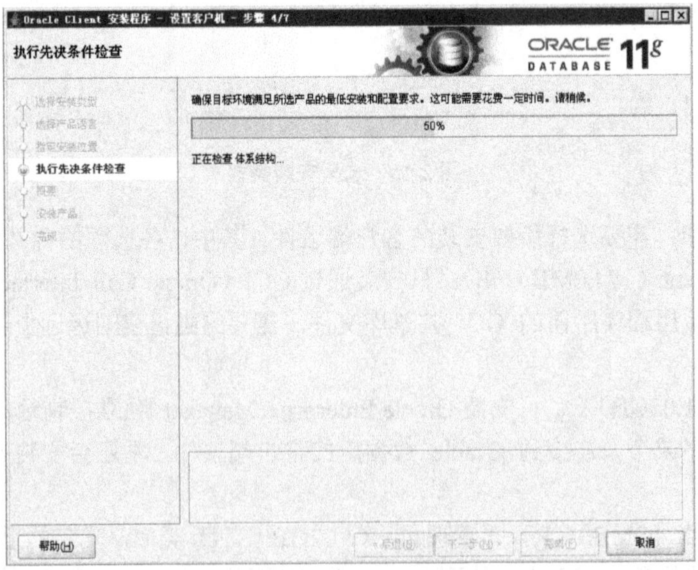

图 2-17　执行先决条件检查

在该阶段，OUI 会检查物理内存大小是否足够、Oracle 客户端软件所在的硬盘空间大小是否足够等。检查通过以后，会弹出"概要"对话框，如图 2-18 所示。

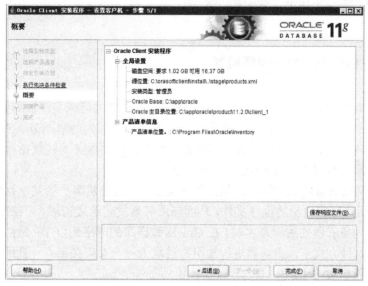

图 2-18　概要

单击【完成(F)】按钮，于是 OUI 开始安装 Oracle 客户端软件，如图 2-19 左图所示，OUI会在该对话框中显示安装 Oracle 客户端软件的进度。当所有相关的文件都安装到指定目录以后，则会弹出图 2-19 右图所示的对话框，该则说明 Oracle 11g R2 客户端软件安装成功，单击【关闭(C)】按钮，从而退出 OUI 界面。

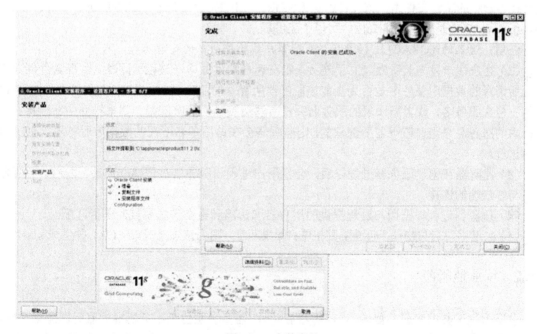

图 2-19　安装产品

这样就成功地在 Windows 上安装好了 Oracle 11g R2 的客户端软件，然后就可以在该客户端上连接一个或多个 Oracle 数据库服务器了。

2.5 任务 3：访问远程服务器

2.5.1 Oracle 11g/10g 网络配置概述

在安装好 Oracle 客户端软件以后，必须完成相应的配置才能成功连接到数据库服务器上。Oracle 在管理客户端与服务器端的连接过程中，是通过一个称为网络服务（Net Service）的概念来完成的。Net Service 负责建立从客户端或者中间层的应用服务器到数据库服务器之间的连接，以及在客户端与数据库服务器端之间传递数据。

在客户端，网络服务就是一组二进制的程序文件，当需要从客户端发起到服务器端的连接的时候，就会调用这些二进制的程序文件，从而向服务器发起连接请求。而在数据库服务器端，网络服务通过名为监听器的进程来实现。在 Oracle 数据库的网络配置中，最常见的连接方式为专用连接方式。这种方式下，服务器进程与用户进程为一一对应关系。一旦用户进程中断，其对应的服务器进程也被终止。

客户端与服务器端建立连接的过程大致可以分为 5 个阶段。

（1）客户端发起连接。通过为客户端的网络服务程序文件提供连接时所使用的用户名、用户密码以及连接字符串等信息，从而建立与监听器的连接。连接字符串的作用在于为网络服务程序文件提供有关监听器的相关信息，包括监听器所在的服务器地址、监听器所使用的协议、监听器所监听的端口号以及客户端所需要要连接的数据库服务名等信息。连接字符串相关的信息保存在客户端的特定文件里，该文件默认为%ORACLE_HOME%\network\admin\tnsnames.ora。tnsnames.ora 文件是一个文本文件，可以手工编辑。

注意：这里的%ORACLE_HOME%表示客户端软件所在的安装路径。

（2）客户端一旦与监听器建立了连接，则在客户端生成用户进程。同时，监听器会判断客户端所请求的数据库服务名是否为当前该监听器所管理的服务名。如果客户端传来的连接字符串里不包含服务名，或者所请求的服务名并没有注册到当前监听器里，则报错并中断连接；如果请求的服务名是当前监听器所管理的，则监听器会在该服务名所在的数据库服务器上创建服务器进程。

（3）监听器在创建服务器进程以后，会将用户进程与服务器进程建立连接。之后，监听器退出与客户端的连接。

（4）服务器进程根据用户进程提供的用户名和密码到数据字典里判断是否匹配。

（5）如果用户名与密码不匹配，则报错；如果匹配，则为该连接分配 PGA，并生成 session。

2.5.2 配置监听器

监听器位于数据库服务器端，当监听器启动时，需要参照位于服务器端的监听器配置文件，该文件默认为%ORACLE_HOME%\network\admin\listener.ora。监听器配置文件是一个文本文件，可以手工编辑，也可以使用图形界面进行配置，该图形界面通常也称为 netca。

单击 Windows 任务栏中的【开始】按钮，然后选择"Oracle-OraDb11g_home1->配置和移植工具->Net Configuration Assistant"选项，从而启动 netca 图形界面。

启动 netca 图形界面以后，按照如图 2-20 所示的流程来配置监听器。

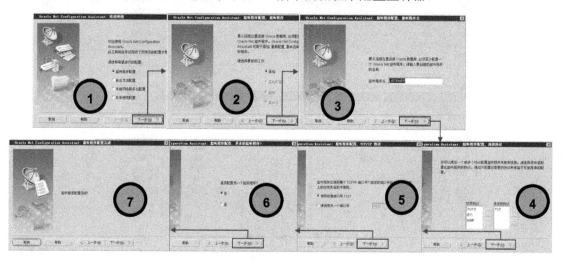

图 2-20　使用 netca 配置 listener.ora 文件

（1）netca 运行后，弹出对话框，选中第一个单选按钮（配置监听）后，单击【下一步(N)】按钮，弹出对话框。

（2）在第二个对话框中，由于没有 listener.ora 文件，因此只能选中"添加"单选按钮，表示添加一个监听器。单击【下一步(N)】按钮，弹出第三个对话框。

（3）在第三个对话框中，选择该监听采用何种协议。通常都是 TCP 协议。单击【下一步(N)】按钮，弹出第四个对话框。

（4）在第四个对话框中，输入监听器的名称。监听器默认的名称为 LISTENER，可以修改该监听器的名称。确定名称以后，单击【下一步(N)】按钮，弹出第五个对话框。

（5）在第五个对话框中，输入监听器在哪个端口上进行监听。监听器默认在 1521 端口上监听用户的连接请求。也可以选中第二个单选按钮，并输入新的监听端口。单击【下一步(N)】按钮，弹出第六个对话框。

（6）在第六个对话框中，确认不再配置另外一个监听，单击【下一步(N)】按钮以后，netca 开始配置 listener.ora 文件。配置完毕以后，netca 会立即启动该监听器。启动以后，弹出第七个对话框，显示监听器配置完毕。单击【下一步(N)】按钮后退出 netca 界面。

在 Windows 中，监听器会作为一个服务来使用，因此监听器的启动和关闭可以通过 Windows 的"服务"窗口来实现，如图 2-21 所示。

在"服务"窗口中，选中包含"Listener"字样的服务名，单击" ▶ "按钮启动监听器，或者单击" ■ "按钮关闭监听器。

监听器启动以后，数据库实例里的 PMON 进程会把当前实例的名称作为服务名而注册到同一台服务器上的、默认的、在 1521 端口上监听的监听器（即名为 LISTENER 的监听器）里。也就是说，默认情况下，监听器里只注册了一个服务名，即数据库的实例名。

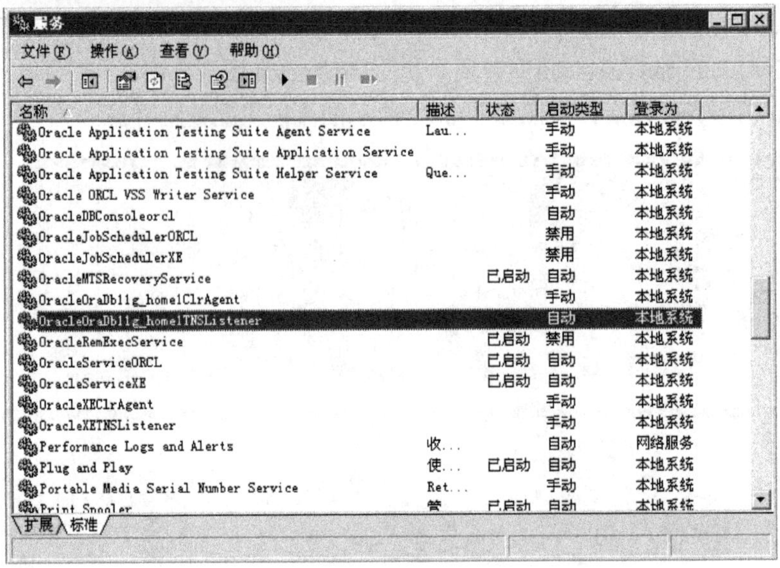

图 2-21 使用"服务"窗口启动监听器

2.5.3 思考与提高

在配置完监听器以后，可以打开配置后的 listener.ora 文件（该文件所在的路径为%ORACLE_HOME%\network\admin）。一个典型的 listener.ora 文件的内容如下所示，其中包含了对各字段的说明。

```
SID_LIST_LISTENER =
  (SID_LIST =
    (SID_DESC =
      (SID_NAME = CLRExtProc)
      (ORACLE_HOME = C:\app\Administrator\product\11.2.0\dbhome_1)
      (PROGRAM = extproc)
      (ENVS = "EXTPROC_DLLS=ONLY:C:\app\Administrator\product\11.2.0\dbhome_1\
bin\oraclr11.dll")
    )
  )

LISTENER =
  (DESCRIPTION_LIST =
    (DESCRIPTION =
      (ADDRESS = (PROTOCOL = TCP)(HOST = computer)(PORT = 1521))
      (ADDRESS = (PROTOCOL = IPC)(KEY = EXTPROC1521))
    )
  )
```

实际上，netca 做的事情仅仅是向 listener.ora 文件里写入这些内容。所以只要理解该文件里各个字段的含义，就可以手工编辑该文件。

先来看 LISTENER 部分，这部分说明了与监听器相关的最重要的信息。其中，LISTENER 表示监听器的名称，这也是默认监听器的名称。而 ADDRESS = (PROTOCOL = TCP)(HOST = computer)(PORT = 1521)这一部分则说明了监听器所在的地址，其中所采用的协议为 TCP 协议（由 PROTOCOL = TCP 说明）；监听器所在的主机名为 computer（由 HOST = computer 说明）；监听器在 1521 端口号上监听连接请求（由 PORT = 1521 说明）。

至于 ADDRESS = (PROTOCOL = IPC)(KEY = EXTPROC1521)部分，如果要在 PL/SQL 程序里调用外部 C 语言写的函数，则需要用到该地址上的监听信息。

对于 SID_LIST_LISTENER 部分，表示注册到监听器里的服务名的相关信息。在使用 netca 创建出来的监听器配置信息中，默认只有一个服务名，也就是 SID_DESC 部分，该服务名表示对外部 C 语言写的函数进行调用时所使用的服务名。

注意：在本书中不讨论如何从 PL/SQL 程序中调用外部 C 语言写的函数。

在了解了 listener.ora 文件的内容以后，完全可以不通过 netca 的图形界面，而通过直接编辑该文件的内容来创建监听器。例如，可以在数据库服务器上创建一个新的监听器，该监听器的名称为 LSNR2，该监听器在名称为 computer 的服务器上运行，在 1523 端口上监听客户端的连接请求。

注意：同一个端口只能被一个监听器监听。

对于这样的一个监听器，只需要把如下内容添加到 listener.ora 文件中即可。

```
LSNR2 =
  (DESCRIPTION_LIST =
    (DESCRIPTION =
      (ADDRESS = (PROTOCOL = TCP)(HOST = computer)(PORT = 1523))
    )
  )
```

使用这种方式添加监听器时，Windows 不会在"服务"窗口里添加该监听器。必须使用监听器的命令行工具来启动该监听器，即：

```
C:\lsnrctl start lsnr2
```

当使用 lsnrctl 命令启动了新的监听器以后，该命令会自动在 Windows 的"服务"窗口里添加该监听器。

2.5.4　配置客户端

在客户端，使用 Oracle 的网络服务去连接监听器时，一般采用本地命名方式。在该方式下，需要在客户端配置一个本地命名解析文件。该文件默认为%ORACLE_HOME%\network\admin\tnsnames.ora。

单击 Windows 任务栏中的【开始】按钮，然后选择"Oracle-OraClient11g_home1->配置和移植工具->Net Configuration Assistant"选项，从而启动 netca 图形界面。

启动客户端的 netca 图形界面以后，参考图 2-22 来了解如何配置客户端的命名解析。在图 2-22 中：

（1）在第一个对话框中选中"本地网络服务名配置"单选按钮，单击【下一步(N)】按钮，弹出第二个对话框。

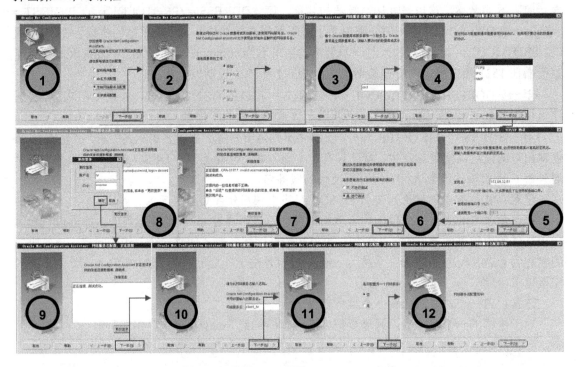

图 2-22　使用 netca 配置 tnsnames.ora 文件

（2）在第二个对话框中，选中"添加"单选按钮，单击【下一步(N)】按钮，弹出第三个对话框。

（3）在第三个对话框中，输入要连接的服务名，也就是注册到所要连接的监听器里的服务名，在这里输入默认的 orcl 作为服务名。单击【下一步(N)】按钮，弹出第四个对话框。

（4）在第四个对话框中，选择连接监听器时采用的协议，通常都是 TCP，默认也是 TCP，保留默认值，然后单击【下一步(N)】按钮，弹出第五个对话框。

（5）在第五个对话框中，输入要连接的监听器所在的主机名（可以用 IP 地址来表示）和监听器的端口号。可以选择默认的 1521 端口号，或者输入非默认的端口号。单击【下一步(N)】按钮，弹出第六个对话框。

（6）在第六个对话框中，选择是否进行连接测试。这里选中"是"单选按钮，单击【下一步(N)】按钮，则弹出第七个对话框。

（7）在第七个对话框中，Oracle 会尝试连接所配置的监听器中的服务名，并显示连接是否成功。如果不成功，可能是因为用户名、密码不匹配的问题。因为在进行测试连接时，Oracle 默认采用的用户名为 system，密码为 manager。不成功的原因可能是密码不正确。因此，可以单击【更改登录】按钮，弹出第八个对话框。

（8）在第八个对话框中，输入数据库中存在的用户名和密码，再进行连接测试，如这里输入的用户名为 hr，口令为 Welcome1，单击【确定】按钮，则开始测试连接，如第九个对话框所示。

（9）在第九个对话框中，连接测试成功以后，继续单击【下一步(N)】按钮，进入第十个对话框。

（10）在第十个对话框中，输入"网络服务名"，该字段的含义是，在客户端连接时，所采用的连接字符串的名称，该名称可以为任意字符，如这里输入 client_hr。确认以后，单击【下一步(N)】按钮，则弹出第十一个对话框。

（11）在第十一个对话框中，netca 会询问是否要进行其他配置。选中"否"单选按钮，并单击【下一步(N)】按钮，则在第十二个对话框中显示配置完成的提示。

在使用 netca 图形对话框配置了客户端到服务器端的连接以后，其本质是修改了%ORACLE_HOME%\network\admin\tnsnames.ora 文件，可以打开该文件，其内容如下所示。

```
CLIENT_HR =
  (DESCRIPTION =
   (ADDRESS_LIST =
    (ADDRESS = (PROTOCOL = TCP)(HOST = 152.68.32.61)(PORT = 1521))
   )
   (CONNECT_DATA =
    (SERVICE_NAME = orcl)
   )
  )
```

在该文件中，CLIENT_HR 表示在客户端连接到服务器的数据库时所使用的连接字符串，该名称可以为任意字符。ADDRESS = (PROTOCOL = TCP)(HOST = 152.68.32.61)(PORT = 1521) 部分则说明所要连接到的监听器所在的地址。其中，PROTOCOL = TCP 表示所要连接的监听器使用 TCP 协议进行监听；HOST = 152.68.32.61 表示所要连接的监听器所在的主机名称或者 IP 地址；PORT = 1521 表示所要连接的监听器的监听端口号。SERVICE_NAME = orcl 表示客户端所要连接到的服务名，该服务名必须已经注册到所要连接的监听器里，默认数据库的实例名会作为服务名而注册到监听器里。

在了解了 tnsnames.ora 文件以后，可以直接编辑该文件，从而完成到服务器端的连接配置。例如，需要在客户端配置一个名为 CLIENT_ORCL 的连接字符串，所要连接的监听器所在的主机为 152.68.32.62，该监听器使用 TCP/IP 协议在 1521 端口上进行监听，所要连接的服务名为 orcl，则只需要添加如下内容到 tnsnames.ora 文件里即可。

```
CLIENT_ORCL =
  (DESCRIPTION =
   (ADDRESS_LIST =
    (ADDRESS = (PROTOCOL = TCP)(HOST = 152.68.32.62)(PORT = 1521))
   )
   (CONNECT_DATA =
    (SERVICE_NAME = orcl)
   )
  )
```

2.5.5 实训练习

（1）在数据库服务器上创建一个监听器，名为 LISTENER，该监听器在 1521 端口上监听客户端的 TCP/IP 协议的连接请求。

（2）启动 LISTENER 监听器。

（3）在客户端配置连接设置，使用以下信息定义连接。

连接名：orcl。

连接的服务名：orcl。

主机名：配置的监听器所在的主机名称或 IP 地址。

协议：TCP/IP。

端口：1521。

（4）测试在客户端所做的连接配置是否生效。

2.6　技能拓展：在 Linux 下安装 Oracle 11g 服务器软件

2.6.1　安装 Oracle 11g 服务器软件

相对于在 Windows 下安装 Oracle 数据库来说，在 Linux 下安装 Oracle 数据库要复杂一些。首先需要以 root 用户登录到 Linux 操作系统，创建 oinstall 组和 dba 组以及 oracle 用户，如下所示。

```
# groupadd oinstall
# groupadd dba
# useradd -g oinstall -G dba oracle
# passwd oracle
```

以 oracle 用户登录到操作系统，并开始安装 Oracle 数据库。

```
# su - oracle
```

如果安装的是 11g R2 之前版本的 Oracle 数据库，则在安装之前，需要设置 Linux 操作系统的内核参数，如共享内存段等。但是从 11g R2 开始，在安装 Oracle 数据库的过程中，如果 OUI 发现操作系统的内核参数不符合要求，OUI 会自动生成一个脚本，只需要以 root 用户执行该脚本，就可以调整相关的内核参数了。因此，在安装 11g R2 数据库的时候，只需要创建好 oracle 用户和相关用户组，并设置好环境变量，就可以开始安装 Oracle 数据库了。

以 root 用户登录到 Linux 的桌面环境，打开一个 terminal，然后设置 DISPLAY 环境变量。使用该环境变量来定向传输图形界面上的提示信息和响应信息。如果在另外一台主机上登录服务器，从而远程运行安装程序，则需要将 DISPLAY 设置为本地主机的 IP 地址。例如，如果客户端的 IP 地址为 152.68.32.12，则将 DISPLAY 设置为

```
# export DISPLAY=152.68.32.12:0.0
```

或者可以发出如下命令：

```
# xhost +
```

这表示任何客户端都可以接收服务器图形界面的提示信息和响应信息，这可能会带来一定的安全隐患。

切换为 oracle 用户，并进入 Oracle 11g R2 安装介质所在的目录，运行 runInstaller，打开 OUI 进行安装。

```
$ /media/database/runInstaller
```

整个安装过程与在 Windows 平台上的安装过程大致相同，这里不再赘述。只针对那些与 Windows 不同的部分进行详细描述。

（1）取消选中"我希望通过 My Oracle Support 接收安全通知"复选框，单击【下一步(N)】按钮，在随后弹出的有关 E-mail 地址为空告警对话框中单击【Yes】按钮。

（2）选中"创建和配置数据库"单选按钮，单击【下一步(N)】按钮。

（3）选中"服务器类(S)"单选按钮，单击【下一步(N)】按钮。

（4）选中"单实例数据库安装(S)"单选按钮，单击【下一步(N)】按钮。

（5）选中"典型安装(T)"单选按钮，单击【下一步(N)】按钮。

（6）在"典型安装配置"对话框中，在设置 Oracle 基本目录（ORACLE_BASE）所在的路径时，指定/u01/app/oracle，该路径也是 Oracle 官方推荐的路径。在设置 Oracle 软件位置（ORACLE_HOME）时，指定为/u01/app/oracle/product/11.2.0/dbhome_1，该路径也是 Oracle 官方推荐的设置。"存储类型"选择文件系统，并指定数据库文件位置为/u01/app/oracle/oradata，这也是 Oracle 官方推荐的路径。数据库版本选择"企业版"。OSDBA 组选择"dba"，这样当属于 dba 组的用户（如 oracle 用户）登录到 Linux 操作系统以后，会自动成为数据库的超级用户，登录到数据库的时候不需要输入密码，只需要输入"/ as sysdba"即可。全局数据库名设置为 orcl，并设置密码为 Welcome1，单击【下一步(N)】按钮。

注意：应该预先创建/u01 目录，并把该目录的读写权限赋予 oracle 用户。

（7）指定 Oracle 软件产品清单列表的路径，如图 2-23 所示。几乎所有的 Oracle 软件都会有 Inventory 目录，这样当 OUI 在安装任何 Oracle 软件的时候都会先到 Inventory 目录下确认当前主机上已经安装了哪些软件，并判断当前所要安装的软件是否与已经安装在当前主机上的软件相冲突。在这里，我们保留缺省值，然后单击【下一步(N)】按钮。

（8）OUI 开始检查操作系统是否满足安装 Oracle 11g R2 的要求。如果不满足，则会显示哪些条件不满足，并产生相关的脚本，如图 2-24 所示。

可以单击【修补并再次检查(F)】按钮，这时会弹出另外一个对话框，如图 2-25 所示。按照该界面的提示，以 root 用户登录到 Linux 操作系统，并执行/tmp/CVU_11.2.0.1.0_oracle/runfixup.sh 脚本，该脚本主要作用在于修复相关的内核参数的配置，执行完该脚本以后，单击【确定】按钮，从而再次进行 OUI 的检查工作。OUI 检查失败的原因除了内核参数设置以外，还有可能是由于没有安装相关的 Linux 软件包，如 libaio-devel-0.3.106-3.2 等包没有安装，这时应该插入 Linux 的安装程序，并安装相应的包以后，再单击【重新检查(C)】按钮，进行重新检查。除了软件包没有安装以外，还有可能是由于物理内存不足等导致检查失败，这种情况下，可以直接选中右上角的"全部忽略(I)"复选框，从而忽略这些检查失败的条件，并单击【下一步(N)】按钮，弹出"概要"对话框。

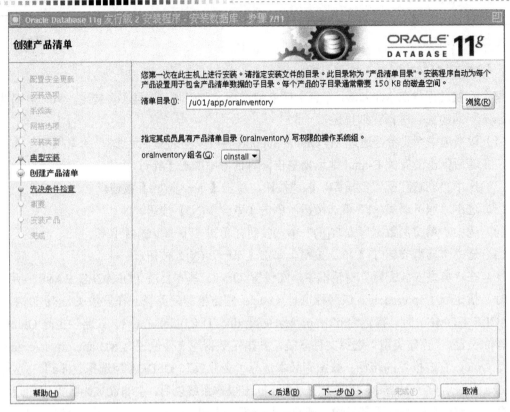

图 2-23　创建产品清单

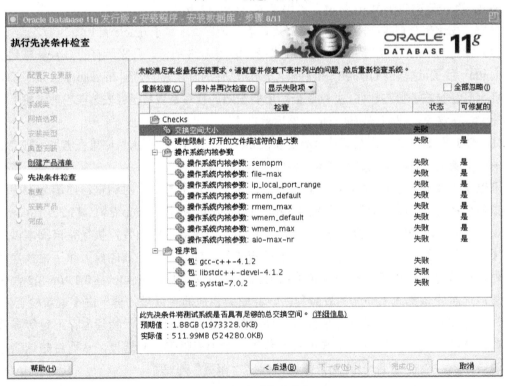

图 2-24　先决条件检查

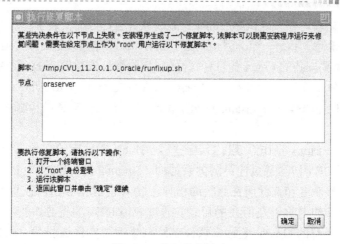

图2-25　执行修复脚本

（10）在"概要"对话框中，对 Oracle 软件所安装的路径进行确认后，单击【完成(F)】按钮，开始安装软件。

（11）安装软件完毕以后，会创建数据库，数据库创建完毕后会显示全局数据库名、SID及初始化参数文件所在的路径等信息。可以单击"口令管理…"按钮，对 HR 用户进行解锁，并指定密码 Welcome1。

单击【确定】按钮以后，会弹出如图 2-26 所示对话框，以 root 用户执行两个脚本。orainstRoot.sh 脚本会修改相关文件的权限，而 root.sh 脚本会创建一些工具脚本。

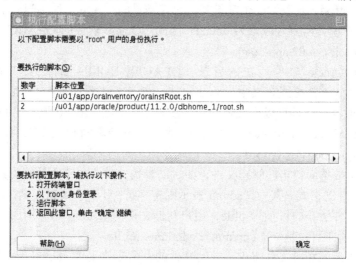

图2-26　执行配置脚本

这两个脚本执行完毕以后，单击【确定】按钮，从而完成最终的 Oracle 数据库的安装以及数据库的创建工作。

2.6.2　思考与提高

在 Linux 上安装 Oracle 数据库的时候需要注意很多方面。首先，在 Linux 操作系统上安装

Oracle 11g R2 软件之前，需要确认相应的操作系统软件包都已经安装了。对于不同版本的 Linux 来说，其所需要的软件包不太一样。因此，在安装 Linux 操作系统的时候，应该保留默认安装的软件包，不要修改所要安装的 Linux 的各种软件包。因为默认安装的 Linux 软件包已经包含了 11g R2 所需要的大部分软件包。可以对照 Oracle 的官方文档 http://download.oracle.com/docs/cd/E11882_01/install.112/ e10840/pre_install.htm#CIHFICFD，手工检查还缺少哪些软件包，把所缺少的软件包。

其次，在安装完 Linux 操作系统以后，在规划 Oracle 数据库的文件系统之前，先应该了解 OFA 的概念。所谓 OFA 指的是最佳灵活体系结构（Optimal Flexible Architecture）。它是 Oracle 公司提出的一个文件命名和文件所在路径的指导，OFA 能够指导如何设置 Oracle 软件所在目录、数据库相关文件的名称以及所在的目录。通过遵循 OFA 的指导，使得整个系统得到灵活性和扩展性。如果所有的 Oracle 数据库软件都能够遵循并实践该指导，则任何一个数据库管理人员接手一个新的数据库时，都会很容易地了解其所接手的数据库，并了解整个物理文件的结构。

OFA 的核心是命名机制，从而指导怎么定义目录名及目录结构。在 UNIX/Linux 下，OFA 主要包括以下几个方面。

（1）UNIX/Linux 下对于 mount 点的命名应该采取/pm 的格式。p 表示字符常量；m 表示固定长度（通常为2）的数字。例如，Oracle 相关的文件所在的 mount 点通常为/u01、/u02、/u03 等。

（2）对于 Oracle 软件的基本目录（即 ORACLE_BASE 目录）的命名应该采取/pm/h/u 的格式。/pm 表示 mount 点；h 表示一个常量名，比较常见的是 app；而 u 则表示目录的所有者，对于 Oracle 软件来说其所有者应该为 oracle。因此，Oracle 软件的 ORACLE_BASE 目录通常应该为/u01/app/oracle、/u02/app/oracle 等。

（3）具体到 Oracle 软件所在的目录（ORACLE_HOME 目录），其命名则应该采取/pm/h/u/product/V/db_1 的格式。其中，product 是一个字符常量；而 V 则表示版本号。因为不同版本的 Oracle 数据库软件可以安装在同一台主机上，例如，10.2.0 版本的 Oracle 软件所在的目录应该为/u01/app/oracle/product/10.2.0/db_1；而 11.2.0 版本的 Oracle 软件，所在的目录应该是/u01/app/oracle/product/11.2.0/db_1。

（4）对于某个数据库特定的管理文件，如启动参数文件、转储文件等，其所在的目录名应为/pm/h/u/admin/d/a 的格式。其中，admin 表示固定字符；d 表示数据库名；a 表示子目录的名称，如启动参数文件所在的目录为 pfile，用户转储文件为 udump 等。例如，假设数据库名为 orcl，则参数文件所在目录是/u01/app/oracle/admin/orcl/pfile。

（5）对于数据库的相关文件来说，控制文件的命名应该采用 controln.ctl 的格式，其中，n 表示两位长度的数字，如 01、02、03 等。联机日志文件的命名应该采用 redon.log 的格式，其中，n 表示两位长度的数字，如 01、02、03 等。而数据文件的命名应该采用 tn.dbf 的格式，其中，t 表示表空间名，n 表示两位长度的数字，如 01、02、03 等。例如，对于名为 users 的表空间来说，其中包含数据文件可以为 users01.dbf、users02.dbf、users03.dbf 等。

在了解了 OFA 的概念以后，应该尽量遵循 OFA 的原则来部署 Linux 或 UNIX 的文件系统。

在 Linux 上安装 Oracle 时，Oracle 的安装图形界面不仅可以使用户使用图形界面，以交互式方式来安装 Oracle 软件，同时，OUI 还为用户提供了所谓"静默安装"方式。所谓"静默安装"表示不进入图形界面，完全使用字符的方式进行安装。"静默安装"的原理在于用户预先编辑一个文件，该文件称为响应文件。把图形界面中需要输入的所有信息以参数的形式写入该响应文件，那么在 OUI 运行的时候，指定使用该响应文件进行安装，则当 OUI 需要输入信息的时候，如 Oracle 软件所在的目录等，就会从该响应文件里获取所需要的信息。通常只会在 Linux 或者 UNIX 平台上使用"静默安装"。

　　"静默安装"的好处在于可以定时地、大批量地对 Oracle 软件进行发布。例如，需要在一间容纳 50 个人的教室里部署 50 套 Oracle 数据库软件，从而实现教学目的，此时可以预先编辑响应文件，并利用"静默安装"功能，一次性同时安装 50 套 Oracle 软件到教学计算机上。

　　"响应文件"的编辑是比较容易出错的，因为相关参数比较多，容易遗漏或者写错。为此，OUI 为用户提供了一个简便的方法。例如，使用一台计算机，以正常方式启动 OUI，进入如图 2-12 所示的界面以后，单击【保存响应文件(S)】按钮，就会生成一个响应文件的样例。可以根据需要对该响应文件的样例进行编辑，保存以后，就得到了自己的响应文件。假设响应文件为/home/oracle/my_install.rsp，则使用类似下面的命令，以"静默方式"启动 OUI。

```
./runInstaller -silent -force -noconfig -responseFile /home/oracle/my_
install.rsp
```

网上购物系统的数据库环境设置

背景：数据库的环境搭建好以后，要为项目进入正式的开发阶段进行一些准备工作，即配置好数据库的资源，Smith 将网上购物系统设计说明书中的设计好的数据库结构初稿交给 Jack，并提供任务清单给 Jack。

3.1 任务分解

3.1.1 任务清单

任务清单 3

公司名称：××××科技有限公司

项目名称：网上购物系统　　　　　　　　项目经理：Smith

执行者：Jack　　　　　　　　　　　　　时间段：　3 天

任务清单：

1. 根据网上购物系统的需求，创建对应的数据库并验证。

2. 根据用户数据统计分析结果，使用企业管理中心管理网上购物系统所需的表空间。

3. 使用 SQL Plus 工具，使用 SQL 语句来管理网上购物系统所需的表空间。

3.1.2 任务分解

要完成任务清单中的任务，在工作过程中会涉及数据库的创建、修改和删除；表空间的创建、修改和删除等典型工作任务，故本情境中包含了如下典型工作任务。

（1）创建数据库。

（2）数据库的启动与关闭。

（3）与数据库交互工具的使用。

（4）Oracle 数据库体系结构。

（5）创建表空间。

（6）管理表空间。

3.2 任务1：创建网上购物系统的数据库

3.2.1 创建数据库

在情境2（2.2.3小节）中，已说明了在Windows平台上安装Oracle数据库软件的时候，选择的选项是在安装软件的同时创建一个数据库orcl。这种安装方式的好处在于能够快速地搭建一个学习、开发或者测试环境。在实际应用中，通常不会选择在安装软件的同时创建要用的数据库。因此，在情境2的图2-6中，选中"仅安装数据库软件(I)"，然后可以使用Oracle提供的GUI工具Database Configuration Assistant（简称DBCA）来交互式地执行创建数据库的步骤。当然，也可以使用SQL Plus命令提示行来执行创建数据库的脚本。通常DBA将上述两种方法结合使用，首先使用DBCA生成参数文件、口令文件和脚本，然后进行查看和编辑这些文件，最后从SQL Plus命令提示行中运行这些文件和脚本。

从"开始"菜单中选择"Oracle-OraDB11g_home1->配置和移植工具->Database Configuration Assistant"选项，启动DBCA，如图3-1所示。

图3-1　启动DBCA

在进入的欢迎界面中，单击【下一步(N)】按钮。
在步骤1中选中"创建数据库"单选按钮，单击【下一步(N)】按钮，如图3-2所示。
在步骤2中选中"定制数据库"单选按钮，单击【下一步(N)】按钮，如图3-3所示。

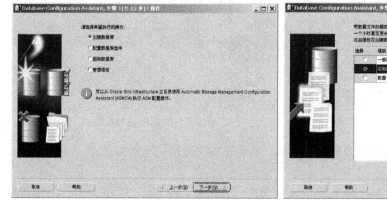

图3-2　选择希望执行的操作

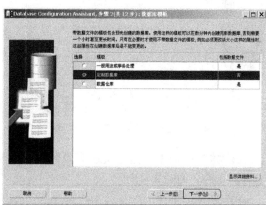

图3-3　选择创建数据库的模板

在步骤 3 的"全局数据库名"文本框中输入 orcl，"SID"文本框中会自动生成 orcl，单击【下一步(N)】按钮，如图 3-4 所示。

注意： 如果创建的数据库还要使用同一 SID，则在情境 2 创建的 orcl 需要先删除。其方法很简单，在安装好数据库服务器的机器上启动 DBCA，在图 3-2 中选中"删除数据库"单选按钮，单击【下一步(N)】按钮，再在步骤 2 中单击【完成(F)】按钮即可删除原来的数据库 orcl。

在步骤 4 中选中"配置 Enterprise Manager"复选框和"配置 Database Control 以进行本地管理"单选按钮，不要选中"启用预警通知"和"启用到恢复区的每日磁盘备份"复选框，单击【下一步(N)】按钮，如图 3-5 所示。

图 3-4 确定数据库的全局名和实例名

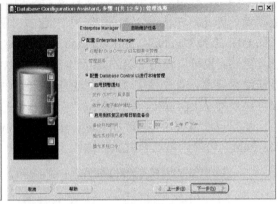

图 3-5 数据库管理选项

在步骤 5 中选中"所有账户使用同一管理口令"复选框，输入 Welcome1，单击【下一步(N)】按钮，如图 3-6 所示。

在步骤 6 中选择存储类型为"文件系统"，并在"存储位置"选项组中选中"使用模板中的数据库文件位置"单选按钮，单击【下一步(N)】按钮，如图 3-7 所示。

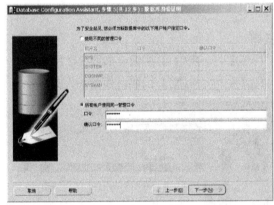

图 3-6 设定数据库默认账户的口令

图 3-7 数据库存储机制

在步骤 7 中选中"指定快速恢复区"复选框，不要选中"启用归档"复选框，单击【下一步(N)】按钮，如图 3-8 所示。

在步骤 8 中选中"Enterprise Manager 资料档案库"复选框，在【标准数据库组件】按钮弹出的提示对话框中取消所有选项的设置，单击【下一步(N)】按钮，如图 3-9 所示。

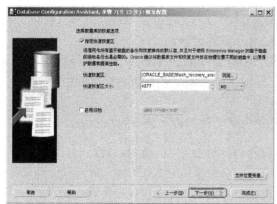

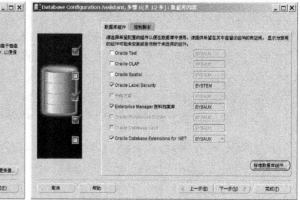

图 3-8　恢复配置　　　　　　　　　　图 3-9　选择需要配置的组件

在步骤 9 中保留内存、调整大小、字符集、连接模式的默认选项，单击【下一步(N)】按钮，如图 3-10 所示。

在步骤 10 中保留数据库存储的默认选项，单击【下一步(N)】按钮，如图 3-11 所示。

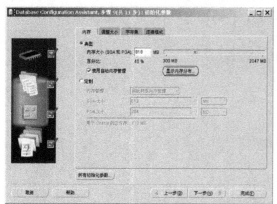

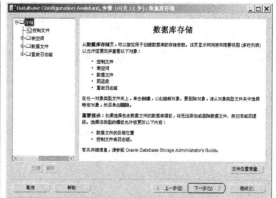

图 3-10　初始化参数　　　　　　　　　图 3-11　数据库存储

在步骤 11 中选中"创建数据库"和"生成数据库创建脚本"复选框，取消选中"另存为数据库模板"复选框，单击【完成(F)】按钮，如图 3-12 所示，会弹出一个确认对话框，给出了要创建的实例和数据库的详细信息，然后会弹出创建进度对话框，这段时间根据计算机硬件的速度而定，花费 15～50 分钟。

图 3-12　创建数据库选项

在随后弹出的完成报告对话框中，提供了本次创建的日志文件位置、数据库信息、Enterprise Manager 的 URL、和账户有关简单提示，参见 2.2.2 小节的内容。

在完成创建数据库之后，可以在 C:\app\adminstrator\admin\orcl\scripts 文件夹下找到 DBCA 生成的脚本文件。了解在此文件夹中的文件后，详细认识 Oracle 创建数据库过程中的细节。

Oracle 在创建数据库过程中，做了如下事情。

（1）创建一个参数文件和一个口令文件；静态参数文件即该目录下的 init.ora，如下所示。

```
############################################################
Copyright (c) 1991, 2001, 2002 by Oracle Corporation
############################################################
##########################################
# NLS
##########################################
nls_language="SIMPLIFIED CHINESE"
nls_territory="CHINA"
##########################################
# Miscellaneous
##########################################
compatible=11.2.0.0.0
diagnostic_dest=C:\app\administrator
memory_target=857735168
##########################################
# Security and Auditing
##########################################
audit_file_dest= C:\app\administrator\admin\orcl\adump
audit_trail=db
remote_login_passwordfile=EXCLUSIVE
##########################################
# Database Identification
##########################################
db_domain=""
db_name=orcl
##########################################
# File Configuration
##########################################
control_files=("C:\app\administrator\oradata\orcl\control01.ctl",
"C:\app\administrator \flash_recovery_area\orcl\control02.ctl")
db_recovery_file_dest= C:\app\administrator \flash_recovery_area
db_recovery_file_dest_size=5218762752
##########################################
# Cursors and Library Cache
```

```
###########################################
open_cursors=300
###########################################
# System Managed Undo and Rollback Segments
###########################################
undo_tablespace=UNDOTBS1
###########################################
# Processes and Sessions
###########################################
processes=150
###########################################
# Cache and I/O
###########################################
db_block_size=8192
```

其中，db_block_size 决定了数据库块的大小，并立即用来格式化 SYSTEM 和 SYSAUX 表空间，创建数据库之后，这个参数再也不能改变，而且除了这个参数之外，创建数据库后，其他参数几乎都可以改变。

control_files 参数指示了创建的控制文件的位置，前面指出了本次创建的数据库两个控制文件的位置和名称。

（2）在内存中构建一个 Oracle 实例（参见 2.1.2 小节），这一步会执行该目录下的 orcl.bat。

```
mkdir C:\app\administrator \admin\orcl\adump
mkdir C:\app\administrator \admin\orcl\dpdump
mkdir C:\app\administrator \admin\orcl\pfile
mkdir C:\app\administrator \cfgtoollogs\dbca\orcl
mkdir C:\app\administrator \flash_recovery_area
mkdir C:\app\administrator \flash_recovery_area\orcl
mkdir C:\app\administrator \oradata\orcl
mkdir C:\app\administrator \product\11.2.0\dbhome_1\database
set ORACLE_SID=orcl
set PATH=%ORACLE_HOME%\bin;%PATH%
C:\app\administrator\product\11.2.0\dbhome_1\bin\oradim.exe  -new  -sid
ORCL -startmode manual -spfile
C:\app\administrator \product\11.2.0\dbhome_1\bin\oradim.exe -edit -sid
ORCL -startmode auto -srvcstart system
C:\app\administrator\product\11.2.0\dbhome_1\bin\sqlplus /nolog
@C:\app\administrator \admin\orcl\scripts\orcl.sql
```

这个脚本文件设置了 ORACLE_SID，用 oradim.exe 为实例创建了 Windows 服务，并自动启动实例，这时可以在"控制面板"窗口中看到 Oracle 实例服务 OracleServiceORCL 脚本，并可以启动 orcl.sql。此脚本内容如下。

```
set verify off
ACCEPT sysPassword CHAR PROMPT 'Enter new password for SYS: ' HIDE
ACCEPT systemPassword CHAR PROMPT 'Enter new password for SYSTEM: ' HIDE
ACCEPT sysmanPassword CHAR PROMPT 'Enter new password for SYSMAN: ' HIDE
```

```
    ACCEPT dbsnmpPassword CHAR PROMPT 'Enter new password for DBSNMP: ' HIDE
    HostC:\app\administrator\product\11.2.0\dbhome_1\bin\orapwd.exe
file=C:\app\administrator\product\11.2.0\dbhome_1\database\PWDorcl.ora
force=y
    @ C:\app\administrator \admin\orcl\scripts\CreateDB.sql
    @ C:\app\administrator \admin\orcl\scripts\CreateDBFiles.sql
    @ C:\app\administrator \admin\orcl\scripts\CreateDBCatalog.sql
    @ C:\app\administrator \admin\orcl\scripts\labelSecurity.sql
    @ C:\app\administrator \admin\orcl\scripts\emRepository.sql
    @ C:\app\administrator \admin\orcl\scripts\netExtensions.sql
    @ C:\app\administrator \admin\orcl\scripts\lockAccount.sql
    @ C:\app\administrator \admin\orcl\scripts\postDBCreation.sql
```

（3）上述脚本文件的后面调用了其他脚本文件，用来创建数据库。在调用第一个脚本文件 CreateDB.sql 中运行 CREATE DATABASE 命令，生成控制文件、联机重做文件、用于 SYSTEM 和 SYSAUX 表空间的两个数据文件和一个数据字典；本例生成了两个控制文件和三组（每组各一个）联机重做文件。CreateDB.sql 如下所示。

```
SET VERIFY OFF
connect "SYS"/"&&sysPassword" as SYSDBA
set echo on
spool C:\app\administrator \admin\orcl\scripts\CreateDB.log append
startup nomount pfile=" C:\app\administrator \admin\orcl\scripts\init.ora";
CREATE DATABASE "orcl"
MAXINSTANCES 8
MAXLOGHISTORY 1
MAXLOGFILES 16
MAXLOGMEMBERS 3
MAXDATAFILES 100
DATAFILE 'C:\app\administrator\oradata\orcl\system01.dbf' SIZE 700M REUSE
AUTOEXTEND ON NEXT  10240K MAXSIZE UNLIMITEDEXTENT
MANAGEMENT LOCAL
SYSAUX DATAFILE ' C:\app\administrator \oradata\orcl\sysaux01.dbf' SIZE
600M REUSE AUTOEXTEND ON NEXT  10240K MAXSIZE UNLIMITED SMALLFILE
DEFAULT TEMPORARY TABLESPACE TEMP TEMPFILE 'C:\app\administrator\oradata
\orcl\temp01.dbf' SIZE 20M REUSE AUTOEXTEND ON NEXT 640K
MAXSIZE UNLIMITED SMALLFILE
UNDO TABLESPACE "UNDOTBS1" DATAFILE ' C:\app\administrator
\oradata\orcl\undotbs01.dbf' SIZE 200M REUSE AUTOEXTEND ON NEXT 5120K
MAXSIZE UNLIMITED
CHARACTER SET ZHS16GBK
NATIONAL CHARACTER SET AL16UTF16
LOGFILE GROUP 1 (' C:\app\administrator \oradata\orcl\redo01.log') SIZE
51200K,
    GROUP 2 (' C:\app\administrator \oradata\orcl\redo02.log') SIZE 51200K,
    GROUP 3 (' C:\app\administrator \oradata\orcl\redo03.log') SIZE 51200K
```

```
USER SYS IDENTIFIED BY "&&sysPassword" USER SYSTEM IDENTIFIED BY
"&&systemPassword";
spool off
```

（4）随后调用的 CreateDBFiles.sql 脚本会创建用户默认数据的表空间，CreateDBCatalog.sql 脚本生成数据字典视图和补充的 PL/SQL 程序包。

（5）随后调用的 emRepository.sql 脚本生成 Enterprise Manager Database Control，最后调用的 postDBCreation.sql 会进行整理。

至此，数据库创建过程和"后面"发生的事情我们进行了比较详细的描述。可以用情境 2 已经安装并配置好的客户端进行测试，查看数据库是否创建正确。在客户端安装的 Oracle 中选择启动 SQL Plus（图 3-13），或者直接在命令提示符下输入 sqlplus。

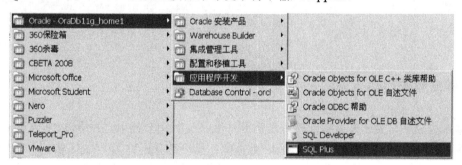

图 3-13　选择 SQL Plus

在提示输入用户名后输入 system@orcl，orcl 即为情境 2 中配置的客户端可以连接的服务名，在输入口令提示符后输入 Welcome1 口令，并输入一条 SQL 语句测试该数据库的状态。结果表明本次数据库创建并运行成功，如图 3-14 所示。或者在命令行提示符下设置 ORACLE_SID 环境变量，然后输入 sqlplus system@orcl，输入口令和同样的 SQL 语句，均可测试该数据库的状态，如图 3-15 所示。在本情境任务 2 中会详细介绍 SQL*Plus 的使用。

图 3-14　"SQL Plus"窗口

或者使用 Oracle 的 Administration Assistant for Windows 来测试。在 Windows "开始"菜单中选择"程序→Oracle→配置和移植工具→Administration Assistant for Windows 选项"，打开后，选择左侧树形结构的 Oracle Managed Objects→Computers→机器名→"数据库"，就会看到下面

有刚建立的数据库 orcl，如图 3-16 所示。

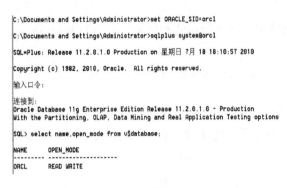

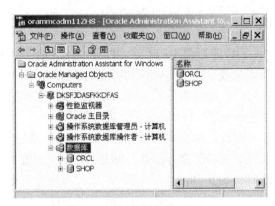

图 3-15　设置 SID　　　　　　　　　　图 3-16　新建数据库

3.2.2　数据库的启动与关闭

　　数据库的启动与关闭是数据库管理员需要详细了解的细节技术。如情境 2 介绍，Oracle 服务器由两大部分组成：一部分称为 Oracle 数据库；另一部分则称为 Oracle 实例，实例与数据库是分离的，能够互相独立存在。因此，Oracle 数据库的启动是分阶段进行的。首先在内存中构建实例，然后加载数据库，最后打开数据库。关闭数据库就是一个对应启动的逆过程。这样，数据库的启动和关闭过程在如下 4 个状态之间进行转换：

①　SHUTDOWN。
②　NOMOUNT。
③　MOUNT。
④　OPEN。

SHUTDOWN 是一个关闭状态，其余 3 个是启动后的状态。目前的数据库处于创建后的自动运行状态，所以从关闭当前数据库开始了解这 4 个状态的转换。

　　1）SHUTDOWN

　　当数据库处于 SHUTDOWN 状态时，内存中不存在实例，所有与数据库相关的文件都关闭。如果需要关闭在上一节建立并自动启动的数据库 orcl，则必须以 sys 用户作为 SYSDBA 登录。在 SQL Plus 中输入"SQL>conn sys@orcl as sysdba"，在输入口令提示符后输入 Welcome1 口令。因为在创建数据库时选择了 system 和 sys 用户使用同一口令。注意，关闭数据库后不要停止"控制面板"窗口中的 OracleServiceORCL 服务。

　　（1）正常关闭：SHUTDOWN NORMAL。

　　本选项是默认选项，发出这个命令后，数据库将不允许新的连接，并将等待所有当前连接的用户解除与数据库的连接。下一次数据库启动不需要任何实例的恢复过程。但是，正常的数据库关闭没有实际意义，因为即使只剩下 Database Control 在运行，也存在用户与数据库的连接。对刚建立的数据库，没有其他连接的情况下可以关闭：

```
SQL> shutdown normal
数据库已经关闭。
```

```
已经卸载数据库。
ORACLE 例程已经关闭。
立即关闭：SHUTDOWN IMMEDIATE
```

（2）使用这个选项时，不允许新的用户连接，当前所有连接的会话都会被终止，也不允许启动新的事务，任何活动的事务都将回滚，随后数据库关闭。下一次启动时，不需要任何实例的恢复过程。这种关闭通常适用于马上要断电、数据库或者某应用程序功能不正常、用户不能注销等情况。

```
SQL> shutdown immediate
数据库已经关闭。
已经卸载数据库。
ORACLE 例程已经关闭。
```

（3）事务处理关闭：SHUTDOWN TRANSACTIONAL。

使用这个选项时，不允许新的用户连接，没有存在于某个事务中的现有会话会被终止，不允许启动新的事务，但是允许完成当前活动事务，完成所有事务后，所有用户连接都将解除，随后数据库关闭。下一次启动时，不需要任何实例的恢复过程。

```
SQL> shutdown transactional
数据库已经关闭。
已经卸载数据库。
ORACLE 例程已经关闭。
```

（4）终止关闭：SHUTDOWN ABORT。

使用这个选项和前面 3 个选项不一样。前面 3 个选项通常被称为"干净的"、"一致的"或者"有序的"关闭，即所有已经提交的事务都位于数据库中，不存在需要回滚的、被挂起的未提交事务，并且所有数据文件和日志文件同步。而本选项相当于断电，可以立即关闭数据库。这时不允许新的用户连接，也不能启动新的事务，立即终止当前 SQL 语句处理，不回滚提交的事务，隐式解除所有用户连接。这种关闭通常用于马上要断电、实例启动不正常、数据库或者某应用程序功能不正常、用户不能注销等情况。此时，任何数据都不会写入磁盘，任何文件句柄都不会被关闭，同时也不会采用有序方式终止正在进行的事务，所以下一次启动时，需要实例的恢复过程。这个命令并不会损坏数据库，只是使数据库处于不一致的状态。因此，以这种方式关闭数据库之后，建议不要执行备份之类的操作。

```
SQL> shutdown abort
ORACLE 例程已经关闭。
```

2）NOMOUNT

启动数据库时，可在 SQL Plus 中输入"SQL>conn /as sysdba"，因为此时内存中尚无实例，也没有 system 表空间，不能使用其他用户名和口令登录，只能使用操作系统身份验证来连接数据库。这时可以输入"SQL> startup nomount"，从而将数据库从 SHUTDOWN 状态转换到NOMUNT 状态。

```
SQL> startup nomount
ORACLE 例程已经启动。
Total System Global Area   535662592 bytes
```

```
Fixed Size                  1375792 bytes
Variable Size             272630224 bytes
Database Buffers          255852544 bytes
Redo Buffers                5804032 bytes
```

这个状态转换过程称为实例启动，实例在内存中根据参数文件被构建，SGA 被分配，同时 Oracle 会启动一组后台进程并打开后台跟踪文件。这时实例和数据库之间没有连接，这在创建数据库之前就是这样。如果在创建数据库之前，把情境 2 取消选中"安装时同时创建的数据库"单选按钮之后，也是这样的状态。同样，启动数据库时可以停留在这样的状态。所以本状态通常用于数据库创建或者控制文件的重新创建和修复等操作。

在这个状态下，可以重建控制文件、数据库，可以查看一些与实例、参数、SGA、进程等有关的视图，如 v$instance、v$parameter、v$sga、v$process、v$option、v$version。

3）MOUNT

在 SQL Plus 中输入"SQL> alter database mount;"，可以将数据库从 NOMOUNT 状态转换成 MOUNT 状态；也可以在 SHUTDOWN 状态下在 SQL Plus 中输入"SQL> startup mount"，数据库可以直接转换到 MOUNT 状态。

```
SQL> startup mount
ORACLE 例程已经启动。
Total System Global Area  535662592 bytes
Fixed Size                  1375792 bytes
Variable Size             272630224 bytes
Database Buffers          255852544 bytes
Redo Buffers                5804032 bytes
数据库装载完毕。
```

这个状态转换过程称为加载，在此过程中，实例查找参数文件中 Control file 参数所指定的控制文件，并打开控制文件，然后从控制文件中取得数据库的结构信息，并确定这些文件是否存在。如果控制文件被损坏或者丢失，甚至任何多元化的副本损坏或者丢失，都将导致加载过程失败。只有所有控制文件的副本都可合并一致时，加载才能成功，加载不成功则会停留在 NOMOUNT 状态，此时需要在 NOMOUNT 状态下修复控制文件。所以与加载过程紧密相关的就是控制文件。加载期间还会从控制文件中读取所有数据文件和联机重做日志文件的名称和位置，但并不打开这些文件。如果这些文件有损坏或丢失，数据库会停留在本状态，此时需要在 MOUNT 状态下修复相应文件。所以本状态通常用于 DBA 的重命名数据文件、添加取消或者重命名重做日志文件、允许和禁止重做日志存档、执行完整的数据库恢复等操作。

在这个状态下，可以查看一些与控制文件、数据文件、联机重做日志文件等有关的视图，如 v$controlfile、v$databasefile、v$logfile、v$thread、v$ databasefile_、header。

4）OPEN

在 SQL Plus 中输入"SQL> alter database open;"，可以将数据库从 MOUNT 状态转换成 OPEN 状态。也可以在 SQL Plus 中输入"SQL> startup"，则数据库可以从 SHUTDOWN 状态直接转换到 OPEN 状态。

```
SQL> startup
ORACLE 例程已经启动。
```

```
Total System Global Area  535662592 bytes
Fixed Size                  1375792 bytes
Variable Size             272630224 bytes
Database Buffers          255852544 bytes
Redo Buffers                5804032 bytes
```
数据库装载完毕。
数据库已经打开。

在 OPEN 状态时，所有数据库文件都被定位和打开，并且终端用户可以使用数据库。

3.2.3　使用命令创建数据库

在 Oracle 中创建数据库，通常有两种方法。一种方法是使用 DBCA，这是一个图形界面工具，使用起来方便且很容易理解，因为它的界面友好、美观，而且提示也比较齐全。前面已经在 3.2.1 小节中用 DBCA 创建了数据库，并详细了解了 Oracle 创建数据库过程中的细节。根据这些分析，可以使用命令来手工创建数据库。

用 create database 命令可以建立一个数据库，但这样所有参数都是默认的，也不是用户希望的值。手工建库比起使用 DBCA 建库来说，是比较麻烦的，但是如果学好了手工建库，就可以更好地理解 Oracle 数据库的体系结构。下面手工创建一个新的数据库，名称为 shop。

（1）打开命令行工具，创建必要的相关目录，建立如下目录。

```
C:\>mkdir C:\app\adminstrator\admin\shop\scripts
```

（2）在 C:\app\adminstrator\admin\orcl\scripts 复制原来数据库 orcl 的 init.ora 文件到 C:\app\adminstrator\admin\shop\scripts 中，并修改下面几项。

```
audit_file_dest= C:\app\adminstrator\admin\shop\adump
db_name=shop
control_files=("C:\app\adminstrator\oradata\shop\control01.ctl",
" C:\app\adminstrator\flash_recovery_area\shop")
```

（3）在 C:\app\adminstrator\admin\orcl\scripts 中复制原来数据库 orcl 的 orcl.bat 文件到 C:\app\adminstrator\admin\shop\scripts 中，重命名为 shop.bat，并修改 shop.bat 中的文件夹建立名称如下。

```
mkdir C:\app\adminstrator\admin\shop\adump
mkdir C:\app\adminstrator\admin\shop\dpdump
mkdir C:\app\adminstrator\admin\shop\pfile
mkdir C:\app\adminstrator\cfgtoollogs\dbca\shop
mkdir C:\app\adminstrator\flash_recovery_area\ shop
mkdir C:\app\adminstrator\oradata\shop
```

删除上次数据库建立时已经存在的其余目录，将剩余部分修改如下。

```
set ORACLE_SID=shop
C:\app\adminstrator\product\11.2.0\dbhome_1\bin\oradim.exe -new -sid SHOP
-startmode manual -spfile
```

```
C:\app\adminstrator\product\11.2.0\dbhome_1\bin\oradim.exe -edit
-sid SHOP -startmode auto -srvcstart system
C:\app\adminstrator\product\11.2.0\dbhome_1\bin\sqlplus /nolog
@ C:\app\adminstrator\admin\shop\scripts\shop.sql
```

（4）在 C:\app\adminstrator\admin\orcl\scripts 中复制原来数据库 orcl 的 orcl.sql 以及文件到 C:\app\adminstrator\admin\shop\scripts 中，重命名为 shop.sql，修改 shop.sql 中的文件执行路径如下。

```
@ C:\app\adminstrator\admin\shop\scripts\CreateDB.sql
@ C:\app\adminstrator\admin\shop\scripts\CreateDBFiles.sql
@ C:\app\adminstrator\admin\shop\scripts\CreateDBCatalog.sql
@ C:\app\adminstrator\admin\shop\scripts\labelSecurity.sql
@ C:\app\adminstrator\admin\shop\scripts\emRepository.sql
@ C:\app\adminstrator\admin\shop\scripts\netExtensions.sql
@ C:\app\adminstrator\admin\shop\scripts\lockAccount.sql
@ C:\app\adminstrator\admin\shop\scripts\postDBCreation.sql
```

（5）在 C:\app\adminstrator\admin\orcl\scripts 中复制前面 shop.sql 文件中涉及的 CreateDB.sql 等全部脚本文件到 C:\app\adminstrator\admin\shop\scripts 中，修改所有脚本文件中原来是 orcl 实例名称为 shop，并将所有涉及的目录修改为（3）中所创建的对应目录（主要是创建数据库的数据文件到 C:\app\adminstrator\oradata\shop）中。例如，在 CreateDB.sql 中，需要修改如下项目。

```
spool C:\app\adminstrator\admin\shop\scripts\CreateDB.log append
startup nomount pfile=" C:\app\adminstrator\admin\shop\scripts\init.ora";
CREATE DATABASE "shop"
DATAFILE ' C:\app\adminstrator\oradata\shop\system01.dbf' SIZE 700M REUSE
AUTOEXTEND ON NEXT  10240K MAXSIZE UNLIMITED EXTENT MANAGEMENT LOCAL
SYSAUX DATAFILE 'C:\app\adminstrator\oradata\shop\sysaux01.dbf' SIZE 600M
REUSE AUTOEXTEND ON NEXT  10240K MAXSIZE UNLIMITED SMALLFILE DEFAULT TEMPORARY
TABLESPACE
TEMP TEMPFILE ' C:\app\adminstrator\oradata\shop\temp01.dbf' SIZE 20M
REUSE AUTOEXTEND ON NEXT  640K MAXSIZE UNLIMITED SMALLFILE
UNDO TABLESPACE "UNDOTBS1" DATAFILE
' C:\app\adminstrator\oradata\shop\undotbs01.dbf'  SIZE  200M  REUSE
AUTOEXTEND ON NEXT  5120K MAXSIZE UNLIMITED
LOGFILE  GROUP 1 (' C:\app\adminstrator\oradata\shop\redo01.log') SIZE
51200K,
GROUP 2 (' C:\app\adminstrator\oradata\shop\redo02.log') SIZE 51200K,
GROUP 3 (' C:\app\adminstrator\oradata\shop\redo03.log') SIZE 51200K
```

在 CreateDB.sql 中，需要修改如下项目。

```
spool C:\app\adminstrator\admin\shop\scripts\CreateDBFiles.log append
CREATE SMALLFILE TABLESPACE "USERS" LOGGING DATAFILE
' C:\app\adminstrator\oradata\shop\users01.dbf' SIZE 5M REUSE AUTOEXTEND
ON NEXT  1280K MAXSIZE UNLIMITED EXTENT MANAGEMENT LOCAL SEGMENT SPACE
MANAGEMENT  AUTO;
```

在 CreateDBCatalog.sql 中，需要修改如下项目。

```
spool C:\app\adminstrator\admin\shop\scripts\CreateDBCatalog.log append
spool C:\app\adminstrator\admin\shop\scripts\sqlPlusHelp.log append
```

在 labelSecurity.sql.sql 中，需要修改如下项目。

```
spool C:\app\adminstrator\admin\shop\scripts\labelSecurity.log append
startup pfile=" C:\app\adminstrator\admin\shop\scripts\init.ora";
```

在 emRepository.sql 中，需要修改如下项目。

```
spool C:\app\adminstrator\admin\shop\scripts\emRepository.log append
```

在 netExtensions.sql 中，需要修改如下项目。

```
spool C:\app\adminstrator\admin\shop\scripts\netExtensions.log append
```

在 lockAccount.sql 中，需要修改如下项目。

```
spool C:\app\adminstrator\admin\shop\scripts\lockAccount.log append
```

在 postDBCreation.sql 中，需要修改如下项目，其中机器名用实际的机器名代替。

```
spool C:\app\adminstrator\admin\shop\scripts\postDBCreation.log append
host   C:\app\adminstrator\product\11.2.0\dbhome_1\bin\emca.bat  -config
dbcontrol db -silent -DB_UNIQUE_NAME shop -PORT 1521 -EM_HOME
C:\app\adminstrator\product\11.2.0\dbhome_1 -LISTENER LISTENER -SERVICE_
NAME shop -SID shop -ORACLE_HOME
C:\app\adminstrator\product\11.2.0\dbhome_1 -HOST 您的机器名 -LISTENER_OH
C:\app\adminstrator\product\11.2.0\dbhome_1 -LOG_FILE
C:\app\adminstrator \admin\shop\scripts\emConfig.log;
```

完成这些脚本修改后，就可以在命令行提示符下 C:\app\adminstrator\admin\shop\scripts 运行 shop.bat，在需要输入口令的时候全部输入 Welcome2，这样整个数据库就会建好。

3.3　常用工具的使用

3.3.1　SQL Plus 的使用

SQL Plus 是一个命令行工具，在安装 Oracle 服务器和客户端时都将同时被安装，由此可见 SQL Plus 是一种具有许多功能的工具。SQL Plus 不仅可以用来进行数据库管理，也可以执行 PL/SQL 命令。

在前面已经使用 SQL Plus 创建了数据库并验证了数据库，关闭和启动数据库等。这里介绍登录时的两种情况：当在客户端登录时，需要用@加连接符方式；当在本服务器机器上登录时不需要@加连接符。另外，SYS 用户登录时需要以 sysdba 方式登录，而其他用户则不需要。

```
SQL*Plus: Release 11.2.0.1.0 Production on 星期五 8月 6 17:36:17 2010

Copyright (c) 1982, 2010, Oracle.  All rights reserved.

请输入用户名: sys@orcl as sysdba
输入口令:

连接到:
Oracle Database 11g Enterprise Edition Release 11.2.0.1.0 - Production
With the Partitioning, OLAP, Data Mining and Real Application Testing options

SQL>
```

SQL Plus 是一直沿用的一个命令行接口，有其他工具不能比拟的用户习惯的支持。键入 Help Index 可以得到命令帮助列表，键入 help +命令名可以得到该命令的详细帮助。

3.3.2 企业管理中心的基本操作

Enterprise Manager Database Control 每次可以管理一个数据库，Database Control 是一个 Web 工具，由数据库内的若干表和过程以及一个在数据库服务器运行的 OC4J 应用程序组成。如果在同一个服务器上有多个数据库，如创建的 orcl 和 shop 两个数据库在同一个服务器上，则每一个数据库需要一个对应的运行 OC4J 应用程序实例的 Database Control，而且需要在不同的端口连接这些数据库。这些不同的端口可以在 D:\app\administrator\product\11.2.0\dbhome_1\install 目录下的 portlist.ini 文件中找到。第一次创建的数据库 HTTP 端口一般是 1158，第二次是 5500，然后是 5501，依次增加。

使用如下命令在命令行中启动 Database Control 进程：

```
emctl start dbconsole
```

如果有多个数据库，则先要设定 ORACLE_UNQNAME 环境变量，例如：

```
set ORACLE_UNQNAME=orcl
C:\Documents and Settings\Administrator>emctl start dbconsole
Oracle Enterprise Manager 11g Database Control Release 11.2.0.1.0
Copyright (c) 1996, 2010 Oracle Corporation.  All rights reserved.
https://dksfjdasfkkdfas:1158/em/console/aboutApplication
Starting       Oracle       Enterprise       Manager      11g      Database
Control ...OracleDBConsoleorcl
服务正在启动 .................................
OracleDBConsoleorcl 服务已经启动成功。
```

也可以在计算机管理的服务中直接启动 OracleDBConsole<ORACLE_SID>服务，或者在命令行中用如下方式启动：

```
C:\Documents and Settings\Administrator>net start OracleDBConsoleorcl
OracleDBConsoleorcl 服务正在启动 ...................
OracleDBConsoleorcl 服务已经启动成功。
```

现在可以在浏览器中输入 https://机器名:1158/em/或者 https://IP:1158/em/来连接已经启动的数据库，进行管理。Oracle 11g 会在创建每一个数据库后在"开始"菜单中生成相应数据库的 Database Control +实例名的菜单项。

如果在 Windows 系统中没有启动数据库实例，则可以在 Database Control 启动实例，以及打开和关闭数据库。前提是操作系统账户必须已经被授予"作为批处理作业登录"权限，注意，这个权限即使是系统管理员也不一定有。可以在"运行"对话框中输入 secpol.msc，检查用户权利指派最后一项"作为批处理作业登录"中当前使用用户是否被授权，如果没有被授权则需要添加当前用户。这个设置在 Database Control 需要操作系统验证的时候均要有，所以最好先设置。

现在可以在登录页面中输入用户名和口令，以 sys 用户登录时选择 SYSDBA 连接身份，以 system 用户登录时选择 Normal 连接身份，如图 3-17 所示。

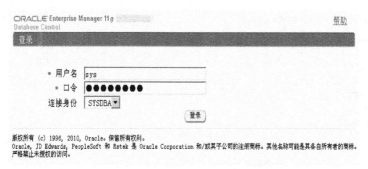

图 3-17　企业管理中心登录界面

进入数据库主界面，看到的是主目录、性能、可用性、服务器、方案、数据移动、软件和支持等功能页面，如图 3-18 所示。

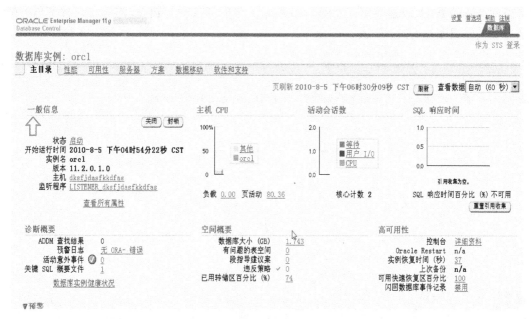

图 3-18　企业管理中心主界面

在"主目录"中的"一般信息"下，有"关闭"和"封锁"按钮，可以对数据库进行关闭和封锁操作。例如，单击"关闭"按钮后，可关闭数据库。输入操作系统用户名和口令以及 sys 用户和口令，单击"确定"按钮，在随后打开的确认页面中，如果单击"高级"按钮，则出现前面讨论过的 4 个关闭选项：正常、事务处理、立即、中止。选择一个后，单击"确定"按钮，即可关闭数据库。类似的，也可以在关闭后的数据库上进行启动操作。同样，在确认页面也会出现高级选项，可以选择前面讨论过的 3 种启动模式之一：启动（NOMOUNT）、装载（MOUNT）、打开（OPEN）。启动后需要重新登录。启动和关闭界面如图 3-19 所示。

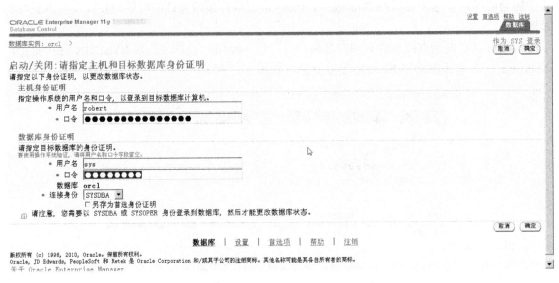

图 3-19 在企业管理中心启动与关闭

在数据库实例页面下方有相关链接区域，单击"SQL 工作表会话详细信息"超链接，即可进入以前版本的 iSQL Plus 界面，如图 3-20 所示。这里可以输入 PL/SQL 语句，并可以方便看到执行后的结果集和 SQL 历史。

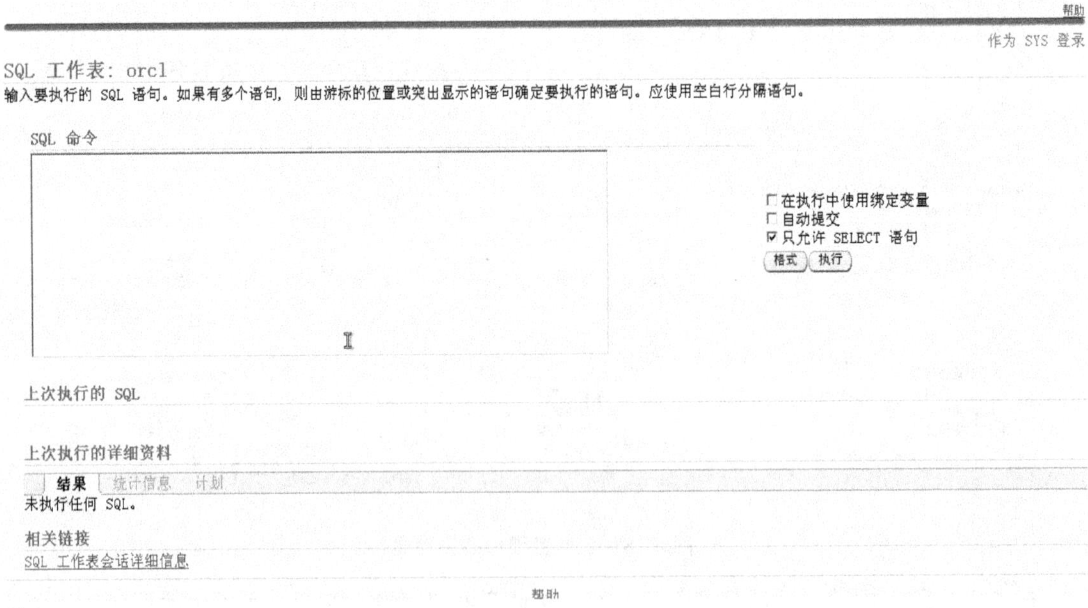

图 3-20 SQL Plus 界面

3.3.3　SQL Developer 的使用

（1）Oracle SQL Developer 是基于 Oracle RDBMS 环境的一款功能强大的免费数据库开发工具。它拥有直观的导航式界面，使用 SQL Developer，可以浏览数据库对象、运行 SQL 语句和 SQL 脚本，还可以编辑和调试 PL/SQL 语句，也可以运行提供的任何数量的报表，以及创建和保存自己的报表。SQL Developer 可以提高工作效率并简化数据库开发任务。读者可以在 http://www.oracle.com/网站上下载最新版本。

下载以后不需要安装，直接双击可执行文件启动，之后首先创建数据库连接，单击如图 3-21 所示的"新建连接"按钮。

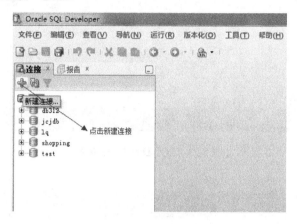

图 3-21　新建数据库连接

在连接中需要对相关的参数进行设置，以下通过图 3-22 来进行全面介绍。

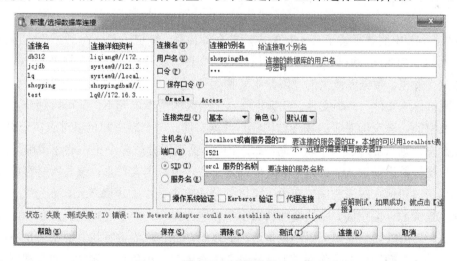

图 3-22　连接设置

（2）在 Oracle 11g 中新集成了的一个 PL/SQL 环境，连接后可以看到数据库登录用户所能看到的所有对象，选择对象后，在右侧页面中可以进行相应的所有被授权的操作。如果是 PL/SQL 对象（触发器、存储过程等），还可以进行调试，非常方便，如图 3-23 所示。

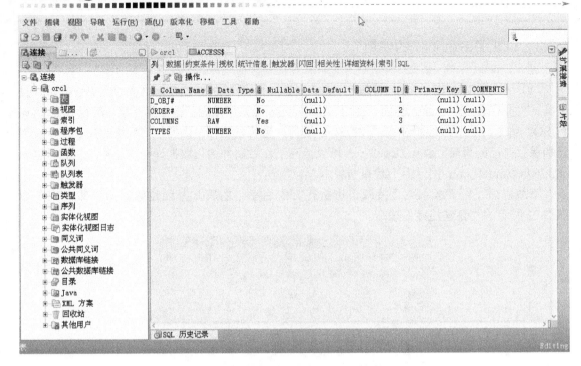

图 3-23   SQL Developer 界面

3.4   任务 2：使用企业管理中心管理网上购物系统所需的表空间

3.4.1   Oracle 数据库体系结构

在 2.2.3 小节中简要了解了 Oracle 数据库的存储体系，知道了 Oracle 数据库实际上是位于物理磁盘上的多个文件的逻辑集合，主要包括数据文件、联机日志文件和控制文件。用户数据存放在数据文件里。数据库最大的逻辑分组就称为数据库。数据库由 3 种关键文件组成，即数据文件、联机日志文件、控制文件。在数据库这个最大的逻辑单元下，又可以划分多个较小的组，称为表空间，表空间对应的物理结构就是数据文件。一个表空间可以对应多个数据文件，而一个数据文件则只能对应一个表空间。在表空间下又可以分成多个更小的逻辑单元，称为段。段就是用户比较熟悉的表、索引。一个段可以分布在多个数据文件里，该段所能存放的数据文件必须都属于该段所在的表空间。在段下可以划分成多个更小的逻辑单元，称为区。区表示的是在逻辑上连续的一段空间，段的增加和减小都以区为单位，一个区完全包含在一个数据文件内。在区中，还可以划分成多个更小也是最小的逻辑单元，称为数据块。数据块是不能再细分的逻辑单元，它是数据库向操作系统发出一次 I/O 请求的最小单位，例如，使数据库中一个表中的一条记录发生变化，服务器进程或者 DBWn 进程至少会读写一个数据块。

可以用图 3-24 和图 3-25 来更清晰地理解 Oracle 的这种存储体系结构。

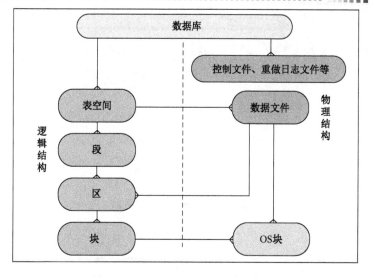

图 3-24　Oracle 逻辑存储结构（一）

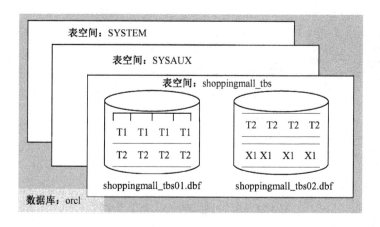

图 3-25　Oracle 逻辑存储结构（二）

图 3-25 显示了数据库 orcl 的 3 个表空间：SYSTEM 和 SYSAUX 是创建数据库时就创建好的表空间，shoppingmall_tbs 是即将创建的表空间。其中包含两个数据文件：shoppingmall_tbs01.dbf 和 shoppingmall_tbs02.dbf，并分配了 3 个段，即 T1、T2 和 X1，其中的 T2 段有两个区段，分别在这两个数据文件中（这里假设每个区段包含 4 个数据块）。当表空间需要更多的存储空间时，可以通过调整表空间内现有文件的大小，或者增加其他数据文件来实现。

3.4.2　配置用于该系统的表空间

现在可以用企业管理器或者命令来创建用于网上购物系统的表空间。

（1）按照 3.3.2 小节中的登录方式，以 SYSTEM 用户进入企业管理中心。在主页面中单击"服务器"超链接，如图 3-26 所示。

（2）在"存储"选项组中单击"表空间"超链接，显示如图 3-27 所示页面。

图 3-26　企业管理中心服务器

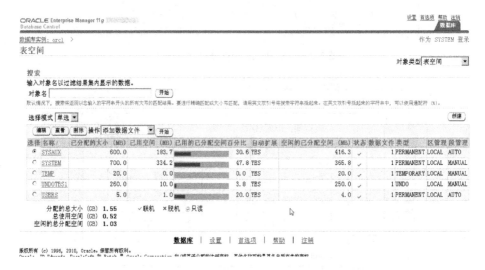

图 3-27　在企业管理中心中查看表空间

（3）单击页面右上角的"创建"按钮，显示如图 3-28 所示页面。

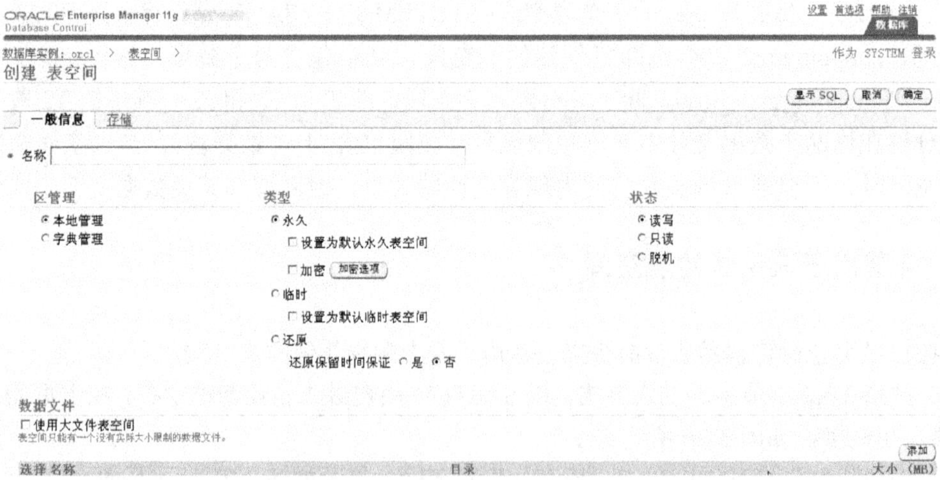

图 3-28　在企业管理中心中创建表空间

（4）输入要创建的表空间名称"shoppingmall_tbs"。保留对"本地管理"、"永久"、"读写"选项的设置。单击数据文件右侧的"添加"超链接，显示如图 3-29 页面。

（5）输入文件名"shoppingmall_tbs01.dbf"，文件大小为 100MB，并指定自动增长的文件容量为 50MB，文件增长后的最大容量为 2GB。单击"继续"按钮回到一般信息页面后，再继续添加一个数据文件 shoppingmall_tbs02.dbf，单击"继续"按钮回到一般信息页面后，单击"存储"超链接，接收所有默认值。单击右上方的"显示 SQL"按钮，把本次创建表空间的 SQL 语句保存在自己的目录下备用，以后可以使用 Create tablespace 命令来创建更多的表空间。

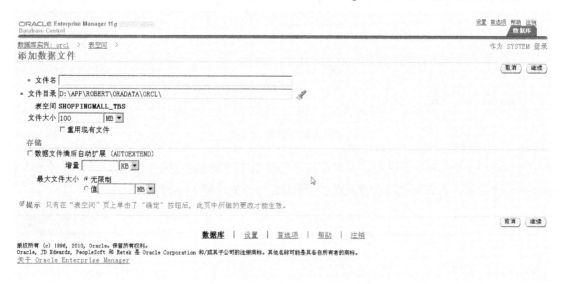

图 3-29　在企业管理中心中添加数据文件

（6）单击右上方的"确定"按钮，稍等一会就会显示确认页面，表示已成功创建对象。可以到 C:\app\administrator\oradata\orcl 目录中看到两个数据文件：shoppingmall_ tbs01.dbf 和 shoppingmall_tbs02.dbf，这时两个文件大小都是 100MB。

这样，网上购物系统所需要的表空间就创建好了。

3.4.3　技能拓展

在前一小节中，用企业管理中心创建了表空间，可以用 Windows 的资源管理器查看数据文件目录的变化。其实，也可以用企业管理器完成更多的工作。

回到前一节的表空间页面，可以看到如图 3-30 所示页面。刚才创建的表空间 shoppingmall_tbs 就在表空间的列表中。可以选择列表上方的编辑、查看、删除等功能，对选中的表空间进行相应的操作。也可以对每一个选中的表空间进行操作，在其下拉列表中选择的操作有：添加数据文件、类似创建、生成 DDL、本地管理、只读、可写、联机、重组、运行段指导、显示相关性、显示表空间内容、脱机等。

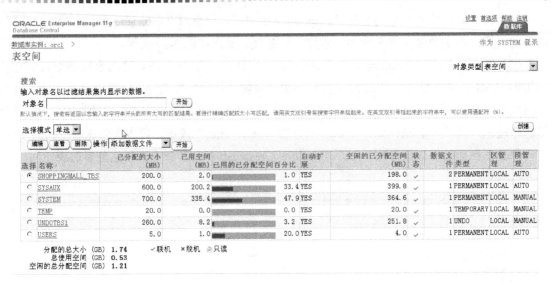

图 3-30　管理表空间

可以选中 SYSTEM 表空间，然后在其下拉列表中选择显示表空间内容，单击"开始"按钮，等一段时间，打开如图 3-31 所示的显示该表空间的详细内容的页面。

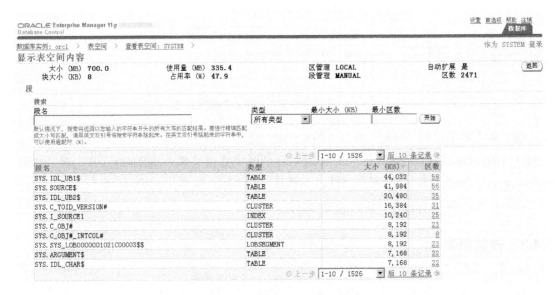

图 3-31　显示表空间的内容

在本页面下方单击区映射的"扩展"按钮，则会打开在 3.4.1 小节中讲解的体系结构的图形化显示页面。本页面图形将段、区和所在数据文件进行了一一对应，并同时可以在上方的列表中的段和下方图形中的段、区和所在数据文件进行详细对应，如图 3-32 所示。可以在上方选择段名作为下方的突出显示区，并在区数的超链接上单击，可以详细了解每一个区的所在文件；也可以通过鼠标在下方的图形上进行选择，而知道每个段和区及数据文件之间的对应。通过对本页面的详细了解，对彻底熟悉和掌握 Oracle 的存储体系有着很好的作用。

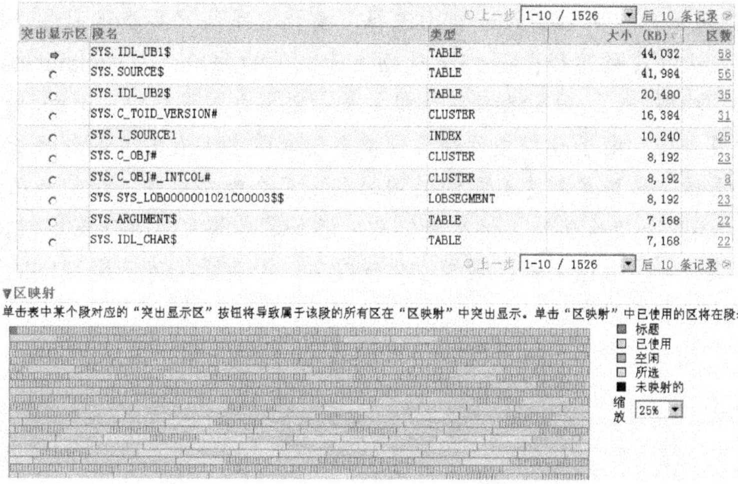

图 3-32　指定表空间的体系结构

3.5　任务 3：使用 SQL 语句来管理表空间

3.5.1　创建表空间

（1）查询表空间信息。首先可以在动态视图 V$tablespace 中查看现有表空间的信息。

```
SQL> select name from v$tablespace;
NAME
------------------------------
SYSTEM
UNDOTBS1
SYSAUX
USERS
TEMP
EXAMPLE
已选择 6 行。
```

以上结果表示，目前数据库中的表空间数量为 6 个，是数据库默认创建的表空间，现在开始创建网上购物系统项目的表空间。

（2）创建网上购物系统项目的表空间 shoppingmall_tbs，根据需求，这个表空间的初始数据文件初始大小为 1MB，设为自动扩展，增量为每次 1MB，最大为 5MB。此处的设置用于下一步验证数据文件大小，故特意设置比较小的值。

```
SQL> create tablespace shoppingmall_tbs
  2    datafile 'shoppingmall_tb01.dbf'
  3    size 1m autoextend on next 1m maxsize 5m;
表空间已创建。
```

说明：datafile 'shoppingmall_tbs'选项说明该表空间对应的数据文件名，一般默认的命名格式是表空间名+序号，存放的路径可以由读者自由选择，要指定路径只要在单引号中输入指定的路径即可，在此处为默认的存放路径；size 1m 选项表示文件的初始大小；autoextend on next 1m 选项表示将文件设为自动增长，并且根据实际需求来决定每次增量大小；maxsize 5m 选项表示该文件自动扩展的最大值，由于数据文件经常需要备份与恢复，大文件不太好管理，因此可以根据情况来设定最大值；如果在创建表空间的同时指定多个数据文件，则需要在该语句后用逗号分开，继续写 datafile 选项后面的文件参数，此处添加的数据文件在下面实现。

（3）创建表格，并添加一些数据来验证数据文件的空间，没有数据库应用基础的读者，请参考后续的情境来理解建表和管理数据。

首先创建测试数据用的 test 表格，并且指定将表放入 shoppingmall_tbs 表空间。

```
create table test(
tid number,
tname char(1000)
) tablespace shoppingmall_tbs;
```

使用一个 PL/SQL 程序块来循环添加 100 条数据：

```
SQL> begin
  2  for v_n in 1..100 loop
  3    insert into test values(v_n,dbms_random.string('X',900));
  4  end loop;
  5  end;
  6  /

PL/SQL 过程已成功完成。
```

此时表中的数据实际存入的数据文件就是刚才新建的数据文件 shoppingmall_ tbs01.dbf，且占用大小为 4256432B，剩余空间已经很小了。

```
SQL> select tablespace_name,file_name,bytes
  2    from dba_data_files
  3  where tablespace_name='SHOPPINGMALL_TBS';

TABLESPACE_NAME    FILE_NAME                          BYTES
---------------    ---------------                    --------------
SHOPPINGMALL_TBS   D:\...\SHOPPINGMALL_TBS01.DBF      4256432
```

在该情况下，如果想继续添加数据，就会出现下面的错误提示，表示这个数据文件的空间已经没有可添加数据的剩余空间了，也不能再自动扩展了。

```
SQL> begin
  2  for v_n in 1..10000 loop
  3    insert into test values(v_n,dbms_random.string('X',900));
  4  end loop;
  5  end;
  6  /
begin
*
第 1 行出现错误:
```

```
ORA-01653: 表 SYS.TEST 无法通过 128 (在表空间 SHOPPINGMALL_TBS 中) 扩展
ORA-06512: 在 line 3
```

实际查询结果显示该数据文件的占用大小已经达到设置的最大值 5242880B（5MB）。

```
SQL> select tablespace_name,file_name,bytes
  2   from dba_data_files
  3   where tablespace_name='SHOPPINGMALL_TBS';

TABLESPACE_NAME    FILE_NAME                          BYTES
---------------    ---------------              -------------
SHOPPINGMALL_TBS   D:\...\SHOPPINGMALL_TB01.DBF  5242880
```

3.5.2　修改表空间

（1）根据实际情况，需要在 shoppingmall_tbs 表空间中添加一个新的数据文件，新的数据文件初始大小 100MB，设为自动扩展，增量为每次 100MB，最大为 1GB。一个表空间最多可以有 1000 多个数据文件，在项目中可根据实际需求进行设置。

```
SQL> alter tablespace shoppingmall_tbs
  2   add datafile 'shoppingmall_tbs02.dbf'
  3   size 100m autoextend on next 100M maxsize 1G;

表空间已更改。
```

（2）在表空间中添加了新的数据文件后，又可以继续添加表格数据了。

```
SQL> begin
  2   for v_n in 1..500 loop
  3    insert into test values(v_n,dbms_random.string('X',900));
  4   end loop;
  5   end;
  6   /
PL/SQL 过程已成功完成。
```

表空间有离线、在线、只读、读写等 4 种状态，在实际 DBA 管理工作中，可能需要对表空间进行状态管理，由于本书重点在于开发，故此处不再赘述，有兴趣的读者可以参考相关材料。

3.5.3　删除表空间

这里了解删除表空间的方法。如果表空间已经存有数据，则需要在语句后添加 INCLUDING CONTENTS 选项，如下面的错误提示所示；如果需要同时删除对应的数据文件，则需要添加 INCLUDING DATAFILES 选项。注意，在实际删除一个表空间之前一定要慎重。

```
SQL> drop tablespace shoppingmall_tbs;
drop tablespace shoppingmall_tbs
 *
第 1 行出现错误：
```

ORA-01549: 表空间非空，请使用 INCLUDING CONTENTS 选项

下面语句的作用是删除已经有数据的表空间对象，同时删除对应的数据文件。

```
SQL> drop tablespace shoppingmall_tbs
  2  including contents and datafiles;
```

表空间已删除。

3.6 实训练习

（1）用命令行完成任务清单中的任务 1，即创建网上购物系统数据库。

（2）用命令行完成任务清单中的任务 2，即为网上购物系统数据库创建用户表空间。

（3）如果数据库系统不小心丢失了某些没有备份的数据文件，则应该如何使数据库恢复正常状态？

3.7 思考与提高

目前创建和配置的数据库和表空间，尚不能作为正式的生产运行系统。要成为一个实际工作的数据库，必须达到最大程度的可恢复性，包括复用控制文件和联机重做文件，必须在归档模式中运行数据库，同时要复用归档日志文件。此外，还要定期备份数据库。

（1）备份控制文件：数据库启动时可以知道，控制文件用于加载数据库，并且从情境 2 可以知道，检查点进程将在数据库打开后频繁地更新控制文件。因为控制文件非常重要，所以控制文件至少具备两个副本，并且分别位于不同物理设备上。用户创建的数据库有两个控制文件，并位于不同目录下，但是并没有保证在不同的物理设备上，这是需要调整的。

为了移动或者添加控制文件，需要关闭数据库，然后使用操作系统命令复制或者移动控制文件，再编辑 init<SID>.ora 文件中的 CONTROL_FILES 参数，如果是动态的 spfilesSID.ora 参数文件，那么应在 NOMOUNT 模式下启动数据库，并执行 alter system set control_files= "控制文件 1 路径"，"控制文件 2 路径" scope=spfile，最终正常打开数据库。

（2）保护联机重做日志文件：建立的数据库会有 3 组重做日志文件，每组一个文件，全部位于同一目录下。为了安全起见，每组应有至少两个文件，并且位于不同的物理设备上。用户可以通过企业管理中心为每个组添加一个文件，并且位于不同物理设备上。

（3）归档模式运行：在情境 2 中知道，归档日志文件是联机重做日志文件的历史记录。当一个联机日志文件写满以后，可以选择将该写满了的联机日志文件复制到指定的路径，从而将数据库的变化完整地保留下来。当数据库切换到归档模式运行时，在情境 2 中提到的归档进程（ARCn）就启动了。归档进程会在每次日志切换后将联机重做日志文件复制到一个归档日志文件中，从而形成连续的日志记录。为了复用和安全，最好定期将此类文件备份到脱机存储设备中，如磁带库。

为了转换至归档模式，首先要建立归档日志目录（至少两个），然后以 sys 用户登录，设置归档目的地为创建的目录，设置归档文件名规则，再关闭数据库，以加载模式启动数据库，用 alter database archivelog 命令将数据库切换为归档模式，打开数据库，用命令 alter system switch logfile 执行日志切换。用户可以用 select name from v$archived_log 语句确认归档日志是否已正常创建。

网上购物系统的用户权限管理

背景：Smith 将网上购物系统的详细设计说明书初稿交给 Jack，在该文档中，根据系统的结构对数据库方面提出了一些安全性需求，Jack 整理了这些需求后根据 Oracle 数据库的用户权限管理体系形成了本情境任务清单。

4.1 任务分解

4.1.1 任务清单

任务清单 4

公司名称：××××科技有限公司

项目名称：网上购物系统　　　　　　　　项目经理：Smith

执行者：Jack　　　　　　　　　　　　时间段：7 天

任务清单：
1. 在数据库中设置一个专门用于购物系统管理的 DBA 账户，负责该项目的数据库系统级管理与维护。
2. 设置基础数据维护员，负责用户表、供应商表数据的管理，可以查询采购单和订单数据。
3. 设置采购管理员，负责采购单数据的管理，并可以管理和维护供应商表数据。
4. 设置销售管理员，负责订单数据的管理，可以管理与维护用户表数据，可以查询用户评价表信息。
5. 设置售后服务员，负责用户评价表的管理，可以管理与维护用户表数据，查询订单数据。

4.1.2 任务分解

要完成任务清单中的任务，在工作过程中会涉及用户的创建、修改和删除等典型工作任务，并且需要根据需求设置用户的系统权限和对象权限。故本情境中包含如下典型工作任务。

（1）用户管理。

（2）系统权限与对象权限管理。

（3）用户概要文件的管理。

4.2 Oracle 的安全机制

数据库的安全性永远都是客户最关心的问题，数据库中的数据是否会丢失？是否会被不相关的人看到？是否会被随意修改？这些对于任何一个应用系统来说都是至关重要的。确保信息和数据安全的重要基础在于数据库的安全性能。

数据库的安全性是指保护数据库以防止不合法的使用造成数据泄露、更改或破坏，即解决客户最担心的问题。

Oracle 数据库系统从以下几个方面提供了安全性策略。

1）系统安全性策略

从操作系统安全级别来确保数据库的安全，除了数据库管理员保留了操作系统文件的创建与删除权限之外，一般用户不应该有相应的权限来保护系统级的安全性。

2）用户安全性策略

用户的安全性策略主要有用户密码的保护及对应的用户权限管理机制。

3）数据库管理者安全性策略

由于 Oracle 数据库的 sys 和 system 是数据库的默认系统管理员，因此需要保护作为 sys 和 system 用户的数据库连接。

4）应用程序开发者的安全性策略

应用程序开发者不与终端用户竞争数据库的资源，也不能损害数据库的其他应用产品，并且应该受到数据库的空间配额限制。

由于篇幅的原因，本书主要针对用户安全性策略来了解 Oracle 数据库的安全性管理。

4.3 任务 1：设置购物系统的管理员

任务：在数据库中设置一个专门用于购物系统管理的 DBA 账户，负责该系统的数据库系统级管理与维护。

首先需要为网上购物系统在数据库中创建一个管理员用户，并且这个用户应该具有对应表空间（详见本书的情境 3，为网上购物系统分配的专用表空间为 shoppingmall_tbs）的空间配额管理权限以及本系统级的管理与维护的权限，即可以将该任务分解为以下 3 个子任务。

（1）创建用于新用户的概要文件。

（2）创建一个新的用户，默认表空间为 shoppingmall_tbs。

（3）该用户的系统角色为 DBA 角色，可以进行数据库管理员的操作。

4.3.1 创建概要文件

概要文件是 Oracle 数据库安全策略的重要组成部分，利用概要文件可以对数据库用户进行基本的资源限制，并且可以对用户的口令进行管理。

概要文件是命名的数据库和系统资源限制的集合，通过为数据库用户指定概要文件，可以控制用户在数据库的实例中所能使用的资源。通常会将数据库用户分为几类，并为每类用户创建概要文件，并且一个数据库用户只能指定一个概要文件，但是一个概要文件可以为多个用户所用。

资源限制有两个级别：会话级和调用级。

会话级资源限制是对用户在一个会话过程中所用的资源进行的限制，当操作达到限制的要求时，Oracle 将中止并回退当前的操作，然后向用户返回错误信息，在提交或者回退事务以后用户的会话将被中止。

调用级资源限制是对一条 SQL 语句在执行过程中的资源进行的限制，当操作达到限制的要求时，Oracle 将中止并回退当前的操作，然后向用户返回错误信息，但是用户会话还可以继续进行，只是当前执行的 SQL 语句被终止了而已。

常用的概要文件资源限制参数如下。

（1）SESSIONS_PER_USER：该参数限制每个用户所允许建立的最大并发会话数目，达到这个限制时，用户不能再建立数据库连接。有些读者在登录连接数据库时可能会碰到"数据库连接已经超过最大限制"的错误提示，这就是由此参数决定的，只有等待一些用户退出以后才能登录。

（2）CPU_PER_SESSION：该参数用于指定每个会话可以占用的最大 CPU 时间。

（3）CPU_PER_CALL：该参数限制每次调用（解析、执行或提取数据）可占用的最大 CPU 时间（单位为百分之一秒）。

（4）CONNECT_TIME：该参数限制每个会话能连接到的数据库的最长时间。当连接时间达到该参数的限制时，用户会话将自动断开，参数值为整数的分钟数。

（5）IDLE_TIME：该参数限制进程处于空闲状态的时间，超出该参数设置的时间，系统会自动断开进程的连接。

概要文件除了可以用于资源管理外，还可以用用户的口令策略进行控制。

（1）账户的锁定：锁定策略是指用户在连续输入多少次错误的口令后（由参数 FAILED_LOGIN_ATTEMPTS 决定），将由 Oracle 自动锁定用户的账户，并且可以设置账户锁定的时间（由参数 PASSWORD_LOCK_TIME 决定）。读者可以尝试一下，输入口令多少次以后账户将被锁定，一般默认为 3 次。

（2）口令的过期时间：用于强制用户定期修改自己的口令，当口令过期以后（由参数 PASSWORD_LIFE_TIME 决定），Oracle 将随时提醒用户修改口令，如果用户仍然不修改（由参数 PASSWORD_GRACE_TIME 决定），将会使用户口令无效，现在很多应用系统也采取了类似的管理机制。

（3）口令的复杂度：在概要文件中可以通过指定的函数（由参数 PASSWORD_VERIFY_FUNCTION 决定）来强制用户的口令必须具有一定的复杂度，如强制用户的口令不能和用户名相同，或者要求有数字或者字母等，在目前很多大型网站注册用户的口令中也有类似的要求。Oracle 提供了名称为 VERIFY_FUNCTION 的 PL/SQL 函数，它的脚本在 Oracle_home\RDBMS\ADMIN 目录的 utlpwdmg.sql 文件中，读者可以自行阅读，也可以参考文件编写自定义的口令复杂度的函数。

在安装数据库的同时，Oracle 会自动创建名为 DEFAULT 的默认概要文件，如果不指定概要文件，即用户的概要文件为此文件，或者概要文件中参数为指定，则默认为该文件中的参数值。

子任务实现：下面来创建用于网上购物系统 DBA 的概要文件，对该用户的口令策略和资源限制要求如下。

（1）每隔 30 天修改一次口令。

（2）允许连续 5 次输入错误的口令，如果第 6 次输入错误，则账户将被自动锁定，必须由 system 用户来解除锁定。

（3）每个用户最多只能建立 8 个数据库会话。

（4）每个会话连接到数据库的持续最长时间不超过 24h。

（5）保持 30min 的空闲状态后会话将自动断开。

要创建概要文件，当前用户必须具有 CREATE PROFILE 系统权限，这里使用 system 默认用户来登录操作：

```
SQL> create profile shoppingmall_dba limit
  2  sessions_per_user 8
  3  connect_time 1440 --24*60
  4  idle_time 30
  5  password_life_time 30
  6  failed_login_attempts 6
  7  ;
配置文件已创建
```

说明：

（1）如果参数名写错，则会提示：

```
password_login_attempts 6
*
第 6 行出现错误：
ORA-02376：无效或冗余的资源
```

（2）概要文件在系统中不能重复，如果要修改，则要使用 alter 语句；如果重复创建，则会提示：

```
SQL> /
create profile shoppingmall_dba limit
*
第 1 行出现错误：
ORA-02379：概要文件 SHOPPINGMALL_DBA 已存在
```

（3）概要文件中没有提到的参数值取 DEFAULT 概要文件中的参数值，故不能将此文件删除，但是可以修改该文件中的参数值。

思考： 可以使用 alter profile 和 drop profile 语句分别修改概要文件和删除自创建的概要文件，但必须具有相应的系统权限，请读者自行测试。

4.3.2 创建用户

访问 Oracle 数据库时必须提供一个数据库账户，只有具有合法身份的用户才能访问数据库。Oracle 在创建数据库的同时默认创建了多个系统用户，如常用的 sys 和 system 用户和其他用户，但是在系统开发中一般需要创建新的用户来管理与维护应用系统的数据库。

在 Oracle 数据库中创建的任何用户都具有以下 4 个基本属性。

（1）认证方式：每个用户连接到数据库都必须进行身份验证。身份验证可以通过操作系统进行，也可以通过数据库系统进行。

（2）默认表空间和临时表空间：用户在创建数据库对象时如果没有指定对象所属的表空间，将在用户的默认表空间（如果创建的是普通用户，则默认表空间为 users）中创建对象；如果用户的操作需要使用临时表空间，将在用户的临时表空间中为之分配存储空间。

（3）空间配额：用户能够在表空间中使用的存储空间称为空间配额，用户必须在默认表空间和临时表空间具有足够的空间配额。

（4）概要文件：每个用户都必须拥有一个唯一的概要文件，在概要文件中设置了给用户的资源限制和口令管理策略，如果没有指定则默认为 DEFAULT 文件。

使用 CREATE USER 语句创建和配置一个 Oracle 数据库用户，执行该语句的用户必须具有 CREATE USER 的系统权限。

创建用户时必须指定用户的认证方式（Oracle 数据库验证和操作系统验证两种方式），一般会通过 Oracle 数据库对用户身份进行验证，即采取数据库认证的方式，因为 Oracle 数据库口令验证比操作系统验证更安全，在这种情况下，必须通过 identified by 子句为用户指定一个口令，口令以加密的方式保存在数据库中（口令规则请见以下说明）；如果使用操作系统认证方式，则通过 identified externally 子句来表示。

下面以 system 用户登录创建一个用户 shopping_dba，密码为 shopping123，其默认表空间为 shoppingmall_tbs，并且在其上的配额不受限制，概要文件是 shoppingmall_dba：

```
SQL> create user shopping_dba
  2    identified by shopping123
  3    default tablespace shoppingmall_tbs
  4    quota unlimited on shoppingmall_tbs
  5    profile shoppingmall_dba;
用户已创建。
```

说明：用户名必须符合 Oracle 标识符的命名规则，而且每个数据库用户都必须是唯一的，用户名同时也是该用户的模式名；通过 identified by 子句来确定用户的口令，口令也必须符合命名规则，Oracle 11g 之前口令不区分大小写，11g 以后的版本为了加强用户口令的安全性，设置了区分大小写默认选项，如不需区分，可以通过修改参数 sec_case_sensitive_logon 值为 false 来设置，另外，口令不能以数字开头是读者最容易出错的地方，请特别注意；如果通过操作系统认证，则使用 identified externally 子句来表示；通过 default tablespace 子句指定用户的默认表空间，如果没有指定，则 Oracle 会根据用户的角色制定表空间作为用户的默认表空间；通过 quota 子句指定该用户在默认的表空间上的配额大小，如果没有指定，则表示不受限制；profile 子句指定该用户的概要文件，如果没有指定，则表示使用默认的 DEFAULT 概要文件。

用户已经创建，相应的口令、表空间和配额都已经指定，那么是不是可以使用该用户登录数据库并进行操作了呢？下面来试一下。

```
SQL> conn shopping_dba/shopping123;
ERROR:
ORA-01045: user SHOPPING_DBA lacks CREATE SESSION privilege; logon denied
警告：您不再连接到 ORACLE。
```

说明：新建的用户是没有任何操作数据库权限的，只有分配了相应的权限才能做相应的操作，所以创建完用户以后，不要忘记给其分配合适的权限。

4.3.3 系统权限管理

Oracle 通过使用系统权限与对象权限来限制用户可以在数据库中做什么，不能做什么。所有能做的操作都必须具有相应的权限，所谓系统权限指的是在数据库级别执行某种操作，或者针对某一类的模式或非模式对象执行某种操作的权限；所谓对象权限是针对某个特定的模式对象执行各种操作的权力，由于 shopping_dba 是系统管理员账户，因此先来看看系统权限管理。

系统权限赋值语句如下。

```
grant 系统权限 to 用户/角色 [with admin option];
```

在 Oracle 中总共包含超过 100 种不同的系统权限，每种系统权限都为用户提供了执行某一种或某一类型特定的数据库操作的能力，如上节新建用户试图登录访问数据库，提示没有 CREATE SESSION 的权限；角色是指将用户分类分组，将权限统一赋给角色以后再指定用户属于什么角色，即可具有相应的权限；with admin option 选项表示能够使被授予权限的用户具有将这个系统权限再次授予其他用户的权力。

下面将 CREATE SESSION 的权限赋给 shopping_dba 用户，并使其具有将该权限赋给其他普通用户的权力：

```
SQL> grant create session to shopping_dba with admin option;
授权成功。
SQL> conn shopping_dba/shopping123;
已连接。
```

以上效果表示，当用户具有了 CREATE SESSION 权限以后，再进行登录即可成功。下面这个用户想创建一个表对象：

```
SQL> create table test (sno char(8));
create table test (sno char(8))
*
第 1 行出现错误：
ORA-01031: 权限不足
```

说明：由于用户只有连接到数据库的操作权限，还没有创建表格的权限。每一个操作都要将相应的权限赋给用户。前面已经讲到，系统权限有 100 多种，如果要将权限一个一个赋给用户，这会给系统管理员造成负担。故 Oracle 中提供了角色的概念，即将用户进行角色分类，先将系统权限赋给角色，再指定用户具有的角色，那么用户就具有了相应的权限。

为了操作方便，Oracle 系统保留了以前版本预定义的一些默认角色，常用的 3 个预定义角色如表 4-1 所示。

表 4-1 常用预定义角色

角 色 名	说 明
CONNECT	授予最终用户的典型权限，最基本的，但是不能建表，包括以下权限： ALTER SESSION　　　　　　　　--修改会话 CREATE CLUSTER　　　　　　　--建立聚簇 CREATE DATABASE LINK　　　--建立数据库链接 CREATE SEQUENCE　　　　　　--建立序列 CREATE SESSION　　　　　　　--建立会话 CREATE SYNONYM　　　　　　--建立同义词 CREATE VIEW　　　　　　　　--建立视图
RESOURCE	授予开发人员的，包括以下权限： CREATE CLUSTER　　　　　　　--建立聚簇 CREATE PROCEDURE　　　　　--建立过程 CREATE SEQUENCE　　　　　　--建立序列 CREATE TABLE　　　　　　　　--建表 CREATE TRIGGER　　　　　　　--建立触发器 CREATE TYPE　　　　　　　　--建立类型
DBA	拥有系统所有系统级权限，适用于系统管理员，包括无限制的空间限额和给其他用户授予各种权限的能力，具有 DBA 角色的用户可以访问其他用户的模式对象，并且可以将权限赋给其他用户

根据 shopping_dba 用户在网上购物系统中的特点，它属于管理员的用户角色，并且由它来统一管理该应用系统中的其他用户，故将 DBA 的角色赋给这个用户：

```
SQL> grant DBA to shopping_dba;
授权成功。
```

说明：

（1）由于下面的任务主要是关于表对象的权限，故在进行本情境的其他任务之前，要使用本任务 1 中的 shopping_dba 用户完成本书的情境 5。

（2）下面的一些系统开发以及维护的普通用户将由该用户来进行管理并统一分配权限。

4.4 任务 2：设置基础数据维护员

任务：设置基础数据维护员，负责用户表、供应商表数据的管理，可以查询采购单和订单数据。

由于该用户要进行的操作是连接访问数据库、负责用户表和供应商表数据的管理（即这些表的结构修改，数据查询，添加、修改和删除权限）、可以查询采购单和订单数据，则意味着只能查询采购单主表和明细表以及订单主表和明细表的数据。故这里可以分为 3 个子任务，分别为创建用户、设置系统权限、设置对象权限。

4.4.1 创建用户

由 shopping_dba 用户来创建新的用户 shopping_base，密码为 base123，可以将该用户的默认表空间设置为网上购物系统表空间 shoppingmall_tbs，表空间上的配额为 50MB，为了方便，概要文件也指定为任务 1 中创建的 shopping_dba 文件，并且由于该用户为普通用户，故要求该用户不能使用 system 表空间，即其在 system 表空间上的配额为 0。

（1）创建基础数据维护员用户。

```
SQL> conn shopping_dba/shopping123;
已连接。
SQL> create user shopping_base
  2   identified by base123
  3   default tablespace shoppingmall_tbs
  4   quota 50m on shoppingmall_tbs
  5   quota 0 on system
  6   profile shoppingmall_dba;
用户已创建。
```

说明：该用户不能使用 system 表空间，如果使用则会提示出错，如以下操作试图将表创建在 system 表空间中。

```
SQL> create table system_t1(cc char(3)) tablespace system;
create table system_t1(cc char(3)) tablespace system
                                              *
第 1 行出现错误:
ORA-01536: 超出表空间 'SYSTEM' 的空间限额
```

（2）创建用户的密码采用数字开头的错误。

```
SQL> create user usertest identified by 123;
create user usertest identified by 123
                                      *
第 1 行出现错误:
ORA-00988: 口令缺失或无效
```

（3）创建用户时指定的默认表空间如果没有事先创建或者写错时的错误。

```
SQL> create user usertest
  2  identified by abc123
  3  default tablespace tp_test;
create user usertest
                    *
第 1 行出现错误:
ORA-00959: 表空间 'TP_TEST' 不存在
```

总结：创建的用户名必须是数据库中唯一的并且符合 Oracle 标识符命名规则，密码必须满足概要文件中所规定的复杂度，指定的默认表空间必须已经存在，一般建议指定特定的表空间，而不要采用 Oracle 默认的 SYSTEM 表空间，对于普通的用户，一般情况下，DEFAULT 概要文件已经可以满足对其资源限制和口令管理策略了，所以可以不指定概要文件，对于临时表空间，除非有特殊的要求，一般使用默认的临时表空间即可，对于排序有特别要求的除外。

4.4.2　设置系统权限

（1）shopping_base 用户需要连接访问数据库，应该具有 create session 系统权限。

```
SQL> grant create session to shopping_base;
授权成功。
```

（2）由于 shopping_base 用户需要管理维护用户表和供应商表的结构，这些表是属于 shopping_dba 模式用户的，所以应该具有 alter any table 的系统权限。

```
SQL> grant alter any table  to shopping_base;
授权成功。
```

（3）shopping_base 用户需要维护用户表和供应商表的数据，根据可能会用到序列，所以还需要具有 create sequence 的权限。

```
SQL> grant create sequence to shopping_base;
授权成功。
```

4.4.3　设置对象权限

前面讲到，Oracle 的权限分为系统权限和对象权限。所谓对象权限，就是针对某个特定的模式对象执行各种操作的权力。模式对象的创建者具有该对象的所有对象权限，不需要另外进行设置，并且能将这些权限赋给其他用户。

常见的对象权限包括表、视图的 select、update、insert、delete 权限，以及存储过程、函数和包的 execute 权限。

对象权限赋值语句如下。

```
grant 对象权限 on 对象名 to 用户/角色 [with grant option];
```

with grant option 选项表示能够使被授予权限的用户具有将这个对象权限再次授予其他用户的权力。

shopping_base 用户需要的对象权限包括用户表和供应商表上的 select、update、insert、delete 权限；采购单主表、明细表和订单主表、明细表的 select 权限。

首先来查看没有授予 shopping_base 用户对象权限时，它试图访问这些表会弹出什么提示？

```
SQL> conn shopping_base/base123;
已连接。
SQL> select * from shopping_dba.t_user;
select * from shopping_dba.t_user
              *
第 1 行出现错误:
ORA-00942: 表或视图不存在
```

说明：访问别的模式用户的表格，必须在表名前面加上模式用户名，在这里提示的是表或视图不存在，而不是没有查询的权限之类的提示，故读者不要一味地去查看是否有这个表，这个错误可能会是两种情况引起的，一是这个表确实不存在，二是没有相应的权限访问。

下面将用户表的 select 权限赋给 shopping_base 用户：

```
SQL> conn shopping_dba/ shopping 123;
已连接。
SQL> grant select on t_user to shopping_base;
授权成功。
SQL> conn shopping_base/base123;
已连接。
SQL> select uiid,uname  from shopping_dba.t_user;
UIID   UNAME
------ --------------------
000002 李宇
000003 罗华
000004 韩乐
000005 孔卿
000001 系统管理员
```

说明：很明显的，当 shopping_dba 用户将 select on t_user 权限赋给 shopping_base 以后，用户就可以查询这个表中的数据了。

下面来正式将对应的对象权限赋给 shopping_base 用户。

（1）shopping_base 用户负责管理用户表和供应商表，所谓负责管理指的是具有这个表的所有权限，系统权限在上节已经赋权，则表的对象权限就是 select、insert、update、delete 等。

可以这样赋权：

```
SQL> grant select,insert,update,delete on t_user to shopping_base;
授权成功。
SQL> grant select,insert,update,delete on t_supplier to shopping_base;
授权成功。
```

读者可能看到这样赋权有些不方便，需要将表对象上的所有对象权限列出并且赋给用户，这种情况下还可以使用 all 来将所有权限赋给用户，即：

```
SQL> grant all on t_user to shopping_base with grant option;
授权成功。
SQL> grant all on t_ supplier to shopping_base with grant option;
授权成功。
```

这样是不是更加简洁方便呢？

（2）shopping_base 用户需要查询采购单主表、明细表、订单主表和明细表的数据的权限，下面就将这些表上的 select 权限赋给用户：

```
SQL> grant select on t_main_procure to shopping_base;
授权成功。
```

```
SQL> grant select on t_procure_items To shopping_base;
授权成功。
SQL> grant select on t_main_order to shopping_base;
授权成功。
SQL> grant select on t_order_items to shopping_base;
授权成功。
```

说明: 由于用户只具有这些表的 select 权限,故只能查询,不能修改上面的数据,如执行以下的查询操作没有问题。

```
SQL> select pmid,pdate from shopping_dba.t_main_procure;
PMID          PDATE
------------ ---------------
P20100700001 22-7月 -10
P20100700007 28-7月 -10
P20100700005 23-7月 -10
P20100700006 28-7月 -10
P20100700002 23-7月 -10
P20100700003 23-7月 -10
P20100700004 23-7月 -10
```

如果该用户试图修改其中的数据,则会提示权限不足:

```
SQL> update shopping_dba.t_main_procure set pmemo='shoppping_base'
where pmid='P00000000001';
update shopping_dba.t_main_procure set pmemo='shoppping_base'
where pmid='P00000000001'
        *
第 1 行出现错误:
ORA-01031: 权限不足
```

思考: 在 update 对象权限中,如果只想对方修改表中的部分列,也可以进行列的指定,如果 shopping_dba 用户将采购单表的备注列修改权限赋给 shopping_base,则其可以修改采购单的备注列,但是其他列还是不允许修改的。

```
SQL> conn shopping_dba/ shopping 123;
已连接。
SQL> grant update(pmemo) on t_main_procure to shopping_base;
授权成功。
SQL> conn shopping_base/base123;
已连接。
SQL> update shopping_dba.t_main_procure set pmemo='shoppping_base'
where pmid='P00000000001';
已更新 1 行。
SQL> select pmid,pmemo from shopping_dba.t_main_procure
where pmid='P00000000001';
PMID          PMEMO
------------ -------------------------------------------------
P00000000001 shoppping_base
```

4.5 管理用户

4.5.1 修改用户

数据库管理员可以对 Oracle 用户进行管理，包括修改用户口令、改变用户默认表空间或限制用户的使用权限等，还可以对其进行解锁、锁定等管理操作。

（1）修改用户口令的语法如下。

```
Alter user username identified by newpassword;
```

如将用户 shopping_base 的口令修改为 baseabc 的语句如下。

```
SQL> alter user shopping_base identified by baseabc;
用户已更改。
```

如果修改当前用户的口令，则可以在上面的语句中将用户名写为自己的用户名，还可以使用 SQL Plus 命令 password 来修改。

```
SQL> password
更改 shopping_bda 的口令
旧口令：--验证原来的口令
新口令：--输入修改的新口令
重新输入新口令：--确认输入的新口令
口令已更改
```

（2）修改用户默认表空间的语法如下。

```
Alter user username default tablespace newtablespace;
```

如用户 shopping_base 创建的时候忘记设置默认表空间，Oracle 将自动设置表空间，现在要将该用户的默认表空间设置为 shoppingmall_tbs。

一般用户为 users 表空间，系统角色用户为 systrm 表空间。

```
SQL> alter user shopping_base default tablespace shoppingmall_tbs;
用户已更改。
```

同时，也可以根据需要修改用户在表空间上的配额，如果原有的配额已经满了，再使用表空间就会提示出错，这时管理员应该根据情况调整配额，如将 shoppingmall_tbs 在表空间上的配额调整为 80MB：

```
SQL> alter user shopping_base quota 80m on shoppingmall_tbs;
用户已更改。
```

（3）解除用户锁。

在概要文件中，设置了用户密码输入连续错误多次之后将会被锁定，锁定以后的用户将不能连接，例如：

```
SQL> conn shopping_base/abc;
ERROR:
ORA-01017: invalid username/password; logon denied
```

```
警告：您不再连接到 ORACLE。
...
SQL> conn shopping_base/abc;
ERROR:
ORA-28000: the account is locked
SQL> conn shopping_base/baseabc;
ERROR:
ORA-28000: the account is locked
```

说明： 当错误的密码连续输入达到概要文件中指定的最大次数以后将锁定用户，即使之后输入正确的口令也不能进行连接，此时只能登录管理员账户进行解锁，解锁的方法如下。

```
SQL> conn shopping_dba/shopping123;
已连接。
SQL> alter user shopping_base account unlock;
用户已更改。
SQL> conn shopping_base/baseabc;
已连接。
```

说明： 管理员不仅可以给用户解锁，还能根据管理的需要锁定用户，如果管理员在进行数据库的管理与维护的过程中，对于一些有歧义的用户需要暂时锁定，则可以使用下面的语句。

```
SQL> alter user shopping_base account lock;
用户已更改。
```

4.5.2　删除用户

可以使用 drop user 语句来删除不再使用的用户，语法如下。

```
Drop user username [cascade];
```

cascade 参数的意思是如果用户拥有数据库对象，则将所有数据库对象一起删除。所以如果要删除的用户拥有许多大数据量的表时，删除用户可能需要很长的时间，为了提高用户删除的效率，建议管理员先将该用户的对象删除，然后删除用户。

下面结合 SQL Plus 中的一些常用命令分步骤将用户 usertest 以及该用户对象快速删除。

（1）查询要删除的用户的表对象，并构造截断这些表对象的批处理语句。

```
select 'truncate table '||object_name||' ;'
from dba_objects where owner=upper('usertest')
and object_type='TABLE';
```

（2）查询要删除的用户的表对象，并构造删除这些表对象的批处理语句。

```
select 'drop table '||object_name||' ;'
from dba_objects where owner=upper('usertest')
and object_type='TABLE';
```

（3）查询要删除的用户的其他对象，并构造删除这些对象的批处理语句。

```
select 'drop '|| object_type ||' '||object_name||' ;'
from dba_objects where owner=upper('usertest')
and object_type<>'TABLE';
```

（4）使用 spool 命令将下面的语句以及输出结果保存到 dropuser.sql 文件中。

```
spool d:/dropuser.sql;
```

（5）将上面的 3 个查询结果联合起来执行。

```
select 'truncate table '||object_name||' ;'
from dba_objects where owner=upper('shopping_dba')
and object_type='TABLE'
union
select 'drop table '||object_name||' ;'
from dba_objects where owner=upper('usertest')
and object_type='TABLE'
union
select 'drop '|| object_type ||' '||object_name||' ;'
from dba_objects where owner=upper('usertest')
and object_type<>'TABLE'
;
```

（6）结束输出的结果保存，并执行上面的批处理语句的 SQL 文件。

```
spool off
start d:/ dropuser.sql;
```

（7）删除用户，语法如下。

```
drop user usertest;
```

注意：用户删除以后不管是用户本身还是用户的数据库对象都将不能恢复，故不要轻易删除用户，只有在确认该用户确实不需要保留时才能使用 drop 命令删除用户。

4.6 角色管理

前面的应用中已经涉及角色的使用，角色就是一个或者多个权限的集合，可以将具有一系列权限的角色授予用户，那么用户即可具有该角色具有的权限。

在复杂的大型应用系统中，要求对应用系统的功能进行分类，如网上购物系统中的功能分为系统管理、基础数据管理、采购管理、销售管理以及终端客户，对于系统中的操作用户来讲，就具有这 5 种基本的角色，可以针对系统的所有操作权限分别创建 5 个角色，根据岗位将相应的角色授予所有用户，用户具有相应角色具有的权限，这就是应用系统中的权限、角色和用户管理。如果应用系统规模不大，用户数也不多，则可以直接将应用的权限授予用户，类似本情境中的任务 1 和任务 2 的实现。

Oracle 系统在数据库创建完成以后就有整套的用于系统管理的角色，这些角色称为预定义角色，在本情境任务 1 中，介绍了常见的 3 个角色，其他的预定义角色请参阅 Oracle 数据库官方文档。

除了系统预定义角色以外，可以根据需要创建和管理角色，创建角色的语法如下。

```
create role rolename;
```

角色应该具有的权限可以像给用户授予权限一样授予角色权限，然后将角色像权限那样授予用户，这样就简化了用户权限管理。

下面的操作实现创建一个终端客户角色，并授予该角色应有的权限，然后创建客户用户以后，将角色授予用户即可。

（1）创建一个客户角色。

```
SQL> create role customer;
角色已创建。
```

（2）将连接数据库和查询商品信息的权限授予该角色。

```
SQL> grant create session to customer;
授权成功。
SQL> grant select on t_good to customer;
授权成功。
```

（3）将该角色授予新建的用户 c1，c1 就具有了相应的权限。

```
SQL> create user c1 identified by abc;
用户已创建。
SQL> grant customer to c1;
授权成功。
SQL> conn c1/abc;
已连接。
SQL> select gname,gprice from shopping_dba.t_good;
GNAME                      GPRICE
-------------------- ----------
公主裙                        201
小猪短裤                       20
修正笔                        5.5
女士衬衣                      192
领带                          98
男装西服                      898
已选择 6 行。
```

对于不再使用的角色可以通过 drop role 命令进行删除，删除了的角色权限也会随即被撤销，通过该角色授予的权限也就没有了，如下语句删除了创建的角色，用户 c1 不能再连接数据库了。

```
SQL> drop role customer;
角色已删除。
SQL> conn c1/abc;
ERROR:
ORA-01045: user C1 lacks CREATE SESSION privilege; logon denied
警告：您不再连接到 ORACLE。
```

注意： 由于以上的原因，不能随意删除角色，一定要确认跟角色相关的所有用户是否确定不再需要这些权限，否则需要另外授予权限。

4.7 回收权限或角色

为了提高数据库的安全性，数据库管理员应该在系统管理的过程中，根据需要实时调整用户的权限，应该及时撤销一些不必要的权限，特别是对于一些出于临时管理和操作需要授予的权限。撤销权限的语法和授予权限相反，格式如下。

```
revoke 权限/角色 from 用户/角色;
```

例如，当网上购物系统试运行一段时间并逐渐进入稳定阶段时，不应该再随便让基础数据管理员修改基础数据表结构，故应该将其 alter any table 的权限撤销，即：

```
SQL> revoke alter any table from shopping_base;
撤销成功。
```

注意：

① 对于授予系统权限时的 with admin option 选项，如果 shopping_dba 授予 alter any table 权限给 shopping_base 时是 with admin option 的，则 shopping_base 可以将此权限授予其他用户 shopping_else，当 shopping_dba 撤销 shopping_base 的 alter any table 权限以后，shopping_else 依然拥有该权限。

② 对于授予对象权限时的 with grant option 选项，如果 shopping_dba 授予 select on t_main_order 权限给 shopping_base 时是 with grant option 的，故 shopping_base 可以将此权限授予其他用户 shopping_else，当 shopping_dba 撤销 shopping_base 的 select on t_main_order 权限以后，shopping_else 不再拥有该权限。

4.8 实训练习

（1）完成任务清单中的任务 3 的用户权限方案，并且设计测试方案对用户的操作权限进行测试。

（2）完成任务清单中的任务 4 的用户权限方案，并且设计测试方案对用户的操作权限进行测试。

（3）完成任务清单中的任务 5 的用户权限方案，并且设计测试方案对用户的操作权限进行测试。

（4）根据读者的理解，将任务清单中的任务 1～任务 5 中的权限进行调整，补充必需的系统权限和对象权限，撤销不必要的系统权限和对象权限。

（5）请读者利用 Oracle 的企业管理器（具体连接方法参考情境 3 部分）完成本情境中的用户安全管理任务。

4.9 技能拓展：查询用户、角色以及所具有的权限

创建角色和用户以后，将角色和用户的权限都记录在 Oracle 的数据字典中，作为系统管理

员需要了解角色被授予了哪些权限，用户被授予了哪些角色和权限，从而对系统的用户进行全面的管理。

通过查询数据库字典视图 dba_users，可以显示所有数据库用户的详细信息；

通过查询数据库字典视图 dba_roles，可以显示所有数据库角色的详细信息；

通过查询数据字典视图 dba_sys_privs，可以显示用户所具有的系统权限；

通过查询数据字典视图 dba_tab_privs，可以显示用户具有的对象权限；

通过查询数据字典视图 dba_col_privs，可以显示用户具有的列权限；

通过查询数据字典视图 dba_role_privs，可以显示用户具有的角色。

（1）如何查询一个角色包含的权限？

① 一个角色包含的系统权限的查询语句如下。

```
select * from dba_sys_privs where grantee='角色名' ;
```

也可以这样查看：

```
select * from role_sys_privs where role='角色名' ;
```

② 一个角色包含的对象权限的查询语句如下。

```
select * from dba_tab_privs where grantee='角色名' ;
```

（2）Oracle 究竟有多少种角色？由于 Oracle 各个版本预定义的角色不相同，故可以使用以下语句来查询当前数据库版本预定义的角色名称。

```
SQL> select * from dba_roles;
```

（3）查看某个用户具有的角色的查询语句如下。

```
select * from dba_role_privs where grantee='用户名' ;
```

注意：请读者特别注意在查询条件中，所有的角色名和用户名都应该大写，虽然在 SQL 语句中不区分大小写，但是在数据库表中存储字符串值是区分大小写的，所有对象名存储在数据字段中时都是大写的。

网上购物系统的数据库表的管理

背景：Smith 将网上购物系统设计好的数据库结构初稿交给 Jack，Jack 将具体的需求进行了整理并形成了任务清单。

5.1 任务分解

5.1.1 任务清单

任务清单 5

公司名称：××××科技有限公司

项目名称：网上购物系统　　　　　　　　项目经理：Smith

执行者：Jack　　　　　　　　　　　　时间段：7天

任务清单：

1. 根据网上购物系统表结构中的表格设计，创建对应的表格。
2. 为了提高商品表和订单的查询性能，需要将 T_GOODS 表数据按照类型分区，T_MAIN_ORDER 表数据按照订单日期的月份分区。
3. 为 T_USER 表增加备注列，备注最大不超过 50 字节。
4. T_GOODS 表中的商品名称长度可能会超出 20 字节，需要调整为 40 字节。
5. T_PROCURE_ITEMS 表中的采购金额数据不需要存储，统计时进行计算。
6. T_GOODS 表名设计风格与其他表不同，为了保持一致，应该将表名改为 T_GOOD 。
7. 分区表中有些备份表暂时不使用了，需要删除。

5.1.2 任务分解

要完成任务清单中的任务，在工作过程中会涉及表的创建、修改和删除等典型工作任务，其中，表的创建需要应用的技能是对象名命名规范、Oracle 表列的数据类型、表列的约束条件、表的分区等，故本情境中包含如下典型工作任务。

（1）数据类型的学习。

（2）表列约束条件的学习。

（3）创建基本表格。

（4）表的分区。

（5）修改表结构。

（6）删除表结构。

（7）查看表结构信息。

5.2　Oracle 数据类型

数据类型是列或存储过程中的一个属性，当用户在数据库中创建表格的时候，需要定义列的数据类型，Oracle 提供了多种数据类型以满足应用系统的业务的需要，Oracle 11g 数据库所支持的常用数据类型有 Character（字符串）、Number（数值）、Date（日期）；对于其他如 LOB 和 RAW 等非常见的类型，由于在实际业务系统中，大部分的大对象数据并不会实际存储在数据库中，而将大对象文件存储在系统的资源文件夹中，将文件路径存储在数据库中；另外，由于大对象数据的添加、修改等操作比简单数据类型麻烦很多，故一般不使用，请读者根据需要查阅相关资料。

5.2.1　Character 数据类型

Character 数据类型用来存储字母数字型数据。在 Oracle 中定义一个 Character 数据时，通常需要指定字段能存储数据的长度（否则将默认为 1），它是该字段数据的最大长度。Oracle 提供以下几种 Character 数据类型。

（1）Char()：Char 数据类型是一种有固定长度和最大长度的字符串。允许长度定义为 1～2000 字节。

当创建一个 Char 型字段时，数据库将保证在这个字段中的所有数据是所定义的长度，如果某个数据比定义长度短，那么将用空格在数据的右边补到定义长度。

（2）Varchar2()：Varchar2 数据类型是一种可变长度的、有最大长度的字符串型数据。在最大长度范围之内，存储长度为实际数据的长度。Varchar2 类型的列长度可以达到 4000 字节，Varchar2 类型的变量长度可以达到 32676 字节。

说明：

① 表 t_test 中有两个列的数据类型分别是 sno char(6)、sname varchar2(6)。

② 添加数据时提供的值一样，分别是'abc'、' abc '。

③ 计算这两个列的实际存储值的长度的语句如下。

```
LENGTH(SNO)  LENGTH(SNAME)
-----------  -------------
     6             3
```

从这里可以看出，虽然两个列值添加的时候都是 3 个字节，但是查询存储长度以后会发现，第一个列的长度为列定义的长度，即在存放的数据右边填充了 3 位空格，而第二个列值的长度是存放数据的实际长度。

④ 这两种数据类型的数据都不能超出最大的长度，如果超出了则会提示错误信息，如想

存放'abcdefg'、' abcdefg '，提示以下错误：

```
SQL> insert into t_test values(' abcdefg ',' abcdefg ',28,null);
--表示插入一条数据
insert into t_test values(' abcdefg ', ' abcdefg ',28,null)
第1行出现错误：
ORA-12899: 列 "SHOPPING_DBA"."T_TEST"."SNO" 的值太大 (实际值：7，最大值：6)
```

注意：一个空的 varchar2(2000)字段和一个空的 varchar2(2)字段所占用的空间是一样的。

（3）3Varchar()：Varchar 型数据是 SQL 标准支持的类型，是 Varchar2 型数据的快照。

（4）Nchar()和 Nvarchar2()：Nchar()和 Nvarchar2()数据类型分别与 Char()和 Varchar2()类型相同，只不过它们用来存储 NLS（National Language Support）数据。

（5）字符串的比较规则：Oracle 字符串的比较可以使用两种比较语义，即填充空格式或者非填充空格式。填充空格式是在两个定长字符串长度不一致的情况下，在长度较短的右边填充空格进行比较；非填空格式是当其中一个为变长字符串时，逐个进行比较。而且常量字符串被认为是定长的字符串，所以，在字符串比较有表 5-1 所示的几种情况。

表 5-1　字符串比较

前　提　条　件	比较表达式	结　　果	说　　　明
常量字符串	'abc'= 'abc '	相等	常量字符串被认为是定长的字符串
Sno 和 Sname 为表 t_test 中的分别定义为 char(6)和 varchar2(6)的列，其值为'abc'	Sno='abc'	相等	进行填充格式比较
	Sno='abc '	相等	进行填充格式比较
	Sname='abc'	相等	非填充格式比较
	Sname='abc '	不相等	非填充格式比较
	Sno=sname	不相等	非填充格式比较

思考：在实际业务系统中，一个字符串型的数据如何判断定义为 Char 还是 Varchar2 呢？

Char 的效率比 Varchar2 的效率稍高，但是会浪费更多的存储空间，在选择时可以根据实际需要来选择，一般情况下，遵循如下简单规则。

（1）适宜使用 Char 的情况如下。

① 列中的各行数据长度基本一致，长度变化不超过 50 字节。

② 数据变更频繁，数据检索的需求较少。

③ 列的长度不会变化，修改 Char 类型列的宽度的代价比较大。

④ 列中不会出现大量的 null 值。

⑤ 列中不需要建立过多的索引，过多的索引对 Char 列的数据变更影响较大。

（2）适宜使用 Varchar2 的情况如下。

① 列中的各行数据的长度差异比较大。

② 列中数据的更新非常少，但查询非常频繁。

③ 列中经常没有数据，即列值为 null 的情况较多。

5.2.2　Number 数据类型

　　Number 数据类型用来存储有符号的整数、分数和浮点型数据，有 38 位的总宽度。Number(p ,s)表示 Number 数据类型存储了一个有 p 位精确度的、s 位小数位的数据。标识一个数据超出这个范围时就会出错，可以参考以下错误信息提示并找到错误原因。

　　如表 t_test 中有列 sage Number(2)，表示能够存储的数据为 2 位整数，如果超出这个数据将会提示以下错误；如果数据带有小数，则小数位被截断后存入。

```
SQL> insert into t_test(sage) values(234); --表示将 234 存入 sage 列
insert into t_test(sage) values(234)
                      *
第 1 行出现错误:
ORA-01438：值大于为此列指定的允许精度
SQL> insert into t_test(sage) values(23.4);
已创建 1 行。
SQL> select sage from t_test;--查询刚才添加成功的数据
     SAGE
----------
       23
```

　　说明：从上面的结果可以看出，存入的是 23.4，但是经过 Oracle 系统强制转换以后，以四舍五入的方式取整进行存放。

5.2.3　Date 数据类型

　　Date 数据类型用来存储日期和时间格式的数据。Oracle 中的日期数据默认显示格式与版本有一定的关系，读者可以使用以下语句来查看当前数据库日期数据默认的显示格式。

```
SQL> select sysdate from dual;--表示查询系统当前的日期
SYSDATE
--------------
12-5 月 -10
```

　　有两种方式可根据需要对默认格式进行修改。

　　第一种方式是设置注册表中的日期格式字符串，具体方法如下：在 regedit 中，找到 Oracle的注册项…HKEY_LOCAL_MACHINE\SOFTWARE\ORACLE 的主目录，在其中如果没有发现nls_date_format 的值，则添加一个名称为 nls_date_format 的二进制数据项，值为用户希望的常用日期格式，如 yyyy-mm-dd hh:mi:ss，保存后重新连接即可。

　　第二种方式是更改会话期的格式，会话结束会恢复到默认格式，具体方法是在登录数据库以后执行以下命令。

```
SQL> alter session set nls_date_format='yyyy-mm-dd hh:mi:ss';
会话已更改。
SQL> select sysdate from dual;
```

```
SYSDATE
-------------------
2013-10-02 01:23:36
```

关于日期型数据，如果系统对时间精确度要求非常高，如需要精确到毫秒的时候，可以使用 timestamp 类型来精确 3 位或者 6 位毫秒数据；如果系统是全球化的项目，日期数据在不同的时区显示的数据应该有相对性才有参考的价值，这样可以使用 TIMESTAMP WITH LOCAL TIME ZONE 来实现自动转换时区的时间。

说明： 日期数据可以转换为字符串其他格式的数据浏览，而且它有专门的函数和属性用来控制和计算（将在情境 7 中进行介绍和使用）。

5.2.4　其他数据类型

（1）LOB（Large Object）数据类型存储非结构化的数据，如二进制文件、图形文件或其他外部文件。LOB 最大可以存储 4GB。数据可以存储到数据库中，也可以存储到外部数据文件中。LOB 数据的控制通过 DBMS_LOB 包实现。BLOB、NCLOB 和 CLOB 数据可以存储到不同的表空间中，BFILE 存储在服务器上的外部文件中。

（2）ROWID 数据类型是 Oracle 数据表中的一个伪列，它是数据表中每行数据内在的唯一标识。

5.3　Oracle 建表对象中的常见约束条件

数据库里的数据必须是正确的、一致的、完整的、可靠的，因此，有必要在数据库里强制实施数据的完整性约束。关系型数据库系统的数据完整性包括实体完整性、域完整性、外键参照引用完整性、用户自定义完整性 4 类。约束条件是 Oracle 数据库系统提供的对数据的完整性进行制约的机制。从形式上来讲，Oracle 的约束分为列级约束和表级约束；从功能上来讲，Oracle 里的常用约束种类有 PRIMARY KEY（主键）、NOT NULL（非空）、CHECK（检查）、UNIQUE（唯一值）、FOREIGN KEY（外键），下面将详细介绍这几种类型的约束。

5.3.1　PRIMARY KEY（主键）

一个表只能有一个主键。主键可以是单个列，也可以是多个列的组合主键，无论是哪种情况，其所有列都是 NOT NULL。主键约束的列或组合列标识数据非空并且唯一。创建主键约束的方法可以是单列的列级约束，可以是单列和组合列的表级约束；可以在创建表时一起创建，也可以在表格创建完毕以后使用 alter table 语句创建。

（1）创建表时的列级约束示例：

```
SQL> create table t_pk1              ---创建表名为 t_pk1 的表格
  2  (sno char(6) primary key,       --将列 sno 定义为主键
  3  sname varchar2(20),
  4  sage number(2)
```

```
    5 );
表已创建。
```

（2）创建表时的表级约束示例：

```
SQL> create table t_pk2
    2  (sno char(6) ,
    3  sname varchar2(20),
    4  primary key(sno,sname),--将列 sno 和 sname 定义为组合主键
    5  sage number(2)
    6  );
表已创建。
```

说明：当表中的主键为组合主键的时候，不能以列级约束的方式分别将这些列定义为 primary key，而必须采取上面的表级约束来定义主键，否则会提示以下错误。

```
SQL> create table t_pk0
    2  (sno char(6) primary key ,
    3  sname varchar2(20) primary key,
    4  sage number(2)
    5  );
sname varchar2(20) primary key,
                          *
第 3 行出现错误：
ORA-02260：表只能具有一个主键
```

（3）建表以后可使用 alter table 语句添加主键示例：

```
SQL> create table t_pk3
    2  (sno char(6) ,
    3  sname varchar2(20),
    4  sage number(2)
    5  );
表已创建。
SQL> alter table t_pk3 add primary key(sno);
表已更改。
```

说明：定义了主键的列值默认不能为 null，也不能重复，否则提示出错。如以下的操作会分别出现不同错误。

① 定义了主键的列赋值为 null：

```
SQL> insert into t_pk1 values(null,'no name',12);
insert into t_pk1 values(null,'no name',12)
                    *
第 1 行出现错误：
ORA-01400：无法将 NULL 插入 ("SHOPPING_DBA"."T_PK1"."SNO")
```

② 定义了主键的列赋值重复：

```
SQL> insert into t_pk1 values(1,'no name',12);
已创建 1 行。
SQL> insert into t_pk1 values(1,'no name',12);
insert into t_pk1 values(1,'no name',12)
*
第 1 行出现错误:
ORA-00001: 违反唯一约束条件 (LIQ.SYS_C005689)
```

总结：这两个错误除了在主键列上出现外，如果列定义了 not null，也会出现①中的错误；如果列上定义了 unique，也会出现②中的错误，请读者在发现这些错误的时候有目标地、一步一步地进行排查。

5.3.2 NOT NULL（非空）

NOT NULL 约束应用在单列上，标识列必须要有数据值，不能为 NULL，默认情况下，Oracle 允许列值为 NULL，根据业务规则如果要求某列不能为 NULL，则必须标识为 NOT NULL，如以下示例：

```
SQL> create table t_null
  2 (sno char(6) not null --要求该列的值必须有值，不能为空
  3 );
表已创建。
SQL> insert into t_null values(null);--试图将该列的值赋为 null
insert into t_null values(null)
                   *
第 1 行出现错误:
ORA-01400: 无法将 NULL 插入 ("SHOPPING_DBA"."T_NULL"."SNO")
```

说明：
① 主键的列默认为 not null，不需要再指定。
② 定义了非空的列在添加数据时不能作为省略的列，除非有默认值设置。
③ 不要轻易将所有的列都设为 not null，而应该根据实际需求来设定。

5.3.3 CHECK（检查）

CHECK 约束适用于在业务规则中要求列的数据满足一定的简单规则的情况下（如有复杂的无法用 CHECK 实现的过程化规则，则需要编程实现，详见情境 8 中的编程应用）。

（1）学生性别列要求只能为'男'或'女'，示例如下：

```
SQL> create table t_check1
  2 (sno char(6),
  3 ssex char(2) check(ssex='男' or ssex='女')
--使用逻辑表达式来约束列的取值
  4 );
表已创建。
SQL> insert into t_check1 values('001','女');
已创建 1 行。
```

受 CHECK 约束保护的列值必须满足约束条件，否则会提示以下错误：

```
SQL> insert into t_check1 values('002','F');
insert into t_check1 values('002','F')
                            *
第 1 行出现错误:
ORA-02290: 违反检查约束条件 (SHOPPING_DBA.SYS_C005722)
```

（2）以另一种方式实现：

```
SQL> create table t_check2
  2  (sno char(6),
  3  ssex char(2) check(ssex in('男','女'))
--使用 in 集合关键约束列值的取值情况
  4  );
表已创建。
```

（3）CHECK 条件也可以是一段取值范围，如要求年龄为 12～80 岁：

```
SQL> create table t_check3
  2  (sno char(6),
  3  sage number(2) check(sage>12 and sage<80)
  4  );
表已创建。
SQL> insert into t_check3 values('002',10);
insert into t_check3 values('002',10)
                            *
第1行出现错误:
ORA-02290: 违反检查约束条件 (SHOPPING_DBA.SYS_C005724)
```

说明：

① CHECK 的列级约束（即定义在列定义的后面）只能约束当前列，即使是表中的其他列也不允许约束，使用其他表或者写错列名也不可以，否则会提示以下错误（请读者了解，一旦发现类似的错误，可以检查是否列名写错）：

```
SQL> create table t_check4
  2  (sno char(6),
  3  sage number(2) check(age>12 and age<80)
--列为 sage，而 check 表达式中是 age
  4  );
)
*
第 4 行出现错误:
ORA-02438: 列检查约束条件无法引用其他列
```

② CHECK 可以是表级约束，即在列定义完毕以后作为一个单独的约束，可以组合表中的已有列进行约束条件的限制：

```
SQL> create table t_check5
  2 (sno char(6),
  3 sage number(2),
  4 ssex char(2),
  5 check(sage>12 and (ssex='男' or ssex='女'))
  6 );
表已创建。
```

以上的 check 表级约束条件要求 sage>12 而且要求 ssex='男' or ssex='女'，这两项条件必须同时满足，否则会提示出错：

```
SQL> insert into t_check5 values('002',13,'a');
insert into t_check5 values('002',13,'a')
                                    *
第 1 行出现错误:
ORA-02290: 违反检查约束条件 (SHOPPING_DBA.SYS_C005726)
```

以下出现错误提示是因为 ssex='男' or ssex='女'条件不满足。

```
SQL> insert into t_check5 values('002',11,'男');
insert into t_check5 values('002',11,'男')
                                    *
第 1 行出现错误:
ORA-02290: 违反检查约束条件 (SHOPPING_DBA.SYS_C005726)
```

以下是 sage>12 的条件不满足的原因。

```
SQL> insert into t_check5 values('002',13,'男');
已创建 1 行。
```

5.3.4　UNIQUE（唯一）

唯一约束可以保护表中的单列或多列的组合值任意两行（全部为 null 除外）都不相同。

（1）设置 unique 列级约束时，对于单列为唯一的，设置为列级约束，也可以设置为表级约束。

```
SQL> create table t_unique1
  2 (sno char(6) ,
  3  sname varchar2(10) unique
  4 );
表已创建。
SQL> insert into t_unique1 values('003','liq');
已创建 1 行。
SQL> insert into t_unique1 values('004','liq');
insert into t_unique1 values('004','liq')
                                    *
第 1 行出现错误:
ORA-00001: 违反唯一约束条件 (SHOPPING_DBA.SYS_C005727)
```

（2）当唯一值是组合列标识时，unique 只能是表级约束。

```
SQL> create table t_unique2
  2  (sno char(6) ,
  3   sname varchar2(10) ,
  4   unique(sno,sname) --表示 sno 和 sname 列组合值必须唯一
  5  );
表已创建。
SQL> insert into t_unique2 values('005','liq');
已创建 1 行。
SQL> insert into t_unique2 values('006','liq'); --其中一列值重复不会出错
已创建 1 行。
SQL> insert into t_unique2 values('005','liq');--当组合重复以后就提示出错
insert into t_unique2 values('005','liq')
*
第 1 行出现错误:
ORA-00001: 违反唯一约束条件 (SHOPPING_DBA.SYS_C005728)
```

注意：null 因为是未知的对象，所以 Oracle 数据库认为多个 null 值是非重复的，因为两个 null 比较的结果既不相等，也不是不相等，结果仍然是未知的（请看下面的第一个例子），但是对于组合唯一键，如果其中一列值相同，另外一列值为 null，则会认为是重复的（请看下面的第二个例子）。

① 当唯一约束的列值都为 null 时，不认为是重复的。

```
SQL> insert into t_unique2 values(null,null);
已创建 1 行。
SQL> insert into t_unique2 values(null,null);
已创建 1 行。
```

② 当组合列中其中一列值重复，而另外一列值为 null 时，认为是重复的。

```
SQL> insert into t_unique2 values(null,'liq');
已创建 1 行。
SQL> insert into t_unique2 values(null,'liq');
insert into t_unique2 values(null,'liq')
*
第 1 行出现错误:
ORA-00001: 违反唯一约束条件 (SHOPPING_DBA.SYS_C005728)
```

5.3.5　FOREIGN KEY（外键）

外键约束（也称参照实体完整性约束）保证数据的参照完整性并限定了一个列的取值范围，即一个表的某列取值必须参考另外一个表中的主键（或唯一键）列值，在关系数据库中，一般使用外键来标识一对多的关系（在多端实体表中添加一端实体表的主键作为外键）或者父子关系表。

（1）表 t_fk1 参照 t_1 表中的 sno 列。

```
SQL> create table t_1
  2  (sno char(6) primary key,
  3    sname varchar2(10)
  4  );
表已创建。
SQL> create table t_fk1
  2  (sno char(6) references t_1(sno), --sno 参照 t_1 表中的 sno 列
  3   cno char(4)
  4  );
表已创建。
```

（2）子表外键列的数据类型和长度必须与父表的参照列保持一致（长度不一致时可以创建成功，但是编辑数据的时候会提示（3）中的错误，需要读者注意，特别是 char 数据类型的数据，有时看起来数据一样，其实因为空格的问题不一致，就会引起这个问题），否则会有如下错误提示。

```
SQL> create table t_fk2
  2  (sno varchar2(6) references t_1(sno),
  3   cno char(4)
  4  );
(sno varchar2(7) references t_1(sno),
 *
第 2 行出现错误:
ORA-02267: 列类型与引用的列类型不兼容
```

（3）子表中的列的取值要么是父表中参照列的值，要么为 null，否则也会提示出错。

```
SQL> insert into t_1 values('001','pk01');
已创建 1 行。
SQL> insert into t_1 values('002','pk02');
已创建 1 行。
SQL> insert into t_fk1 values('001','c02');
已创建 1 行。

SQL> insert into t_fk1 values('003','c03'); --'003'的值在表 t_1 中找不到
insert into t_fk1 values('003','c03')
 *
第 1 行出现错误:
ORA-02291: 违反完整约束条件 (SHOPPING_DBA.SYS_C005732) - 未找到父项关键字
```

（4）ON DELETE CASCADE——维护引用完整性。通过在定义外键时使用 ON DELETE CASCADE 选项，可以在删除父表中的行时也删除子表中的相关行。如果外键没有 ON DELETE CASCADE 选项，则不能删除父表中被引用的行。换句话说，子表的 FOREIGN KEY 约束条件包含 ON DELETE CASCADE 权限，允许其父表删除子表所引用的行。具体如下。

```
create table t_fk1
   (sno char(6) references t_1(sno) on delete cascade,
  cno char(4)
  )
```

（5）ON DELETE SET NULL：但是并不是父表数据删除，子表对应数据就一定能够删除，为了数据的安全性考虑，一般不建议删除，所以与其使用 ON DELETE CASCADE 选项删除子表中的行，倒不如使用 ON DELETE SET NULL 选项为子表中的行填充 null 值。

那么何时需要决定是删除行还是仅将其值设为 null 呢？将父表的值更改为新的数字（如将商品编号转换为条形码编号）时可能需要执行此操作。因为此时用户不希望删除子表中的相应行。如果在父表中输入了新的条形码编号，便可以将这些值插入到子表中，而不需要完全重新创建子表中的每个行。

说明：

1. 外键和主键一样也可以是组合列，并要求参照表中参照主键或者唯一键也是组合列。

2. 由于创建的外键对于数据的约束较大，实际项目开发中工程师会先将外键设为禁用，等到系统正式运行时可以重新设为启用。

3. 创建的约束如果根据需求不需要了，则可以使用 drop 语句来删除，在此不再赘述，请读者自行测试。

5.3.6 技能拓展

在本书中，设置的约束都是匿名的，创建完以后系统会根据命名规则自定义约束名称，如果要管理约束对象就必须根据约束名称来管理，所以会涉及查看约束名称。存储约束对象的数据字典是 USER_CONSTRAINTS，以下的语句可以查询约束名称以及其具体内容。

```
select  a.CONSTRAINT_NAME 约束名称,
    a.CONSTRAINT_TYPE T,
    a.TABLE_NAME 表名,
    b.COLUMN_NAME 列名,
    a.SEARCH_CONDITION 约束内容
    from USER_CONSTRAINTS a,USER_CONS_COLUMNS b
    where a.TABLE_NAME='T_UNIQUE2'
and a.CONSTRAINT_NAME=b.CONSTRAINT_NAME;
约束名称          T 表名      列名
--------------- - --------- -------
SYS_C005728     U T_UNIQUE2 SNO
SYS_C005728     U T_UNIQUE2 SNAME
```

为了方便约束的管理维护，在创建约束的同时也可以通过 constraint（约束）给约束条件自定义名称，以下例子将 sage 的 check 约束命名为 sage_rule。

```
SQL> create table t_checkname
  2    (sno char(6),
  3    sage number(2) constraint sage_rule check(sage>12 and sage<80)
  4    );
表已创建。
```

5.4 创 建 表 格

了解 Oracle 中数据类型和约束类型以后，用户可以根据系统的业务需求结果创建表格。为了能够创建表格，登录用户必须具有 CREATE TABLE 的系统权限，同时拥有要创建的表对象的表空间的使用配额，具体操作请参见本书情境 4。

5.4.1 系统表格逻辑设计结构

网上购物系统（本网上购物系统适用于单一店铺的销售方式，而且为了后面修改表结构的需要，有些不太合理的设计，请读者注意）的表结构，如表 5-2～表 5-10 所示。

表 5-2 注册用户表（T_USER）

列　　名	中 文 名	数 据 类 型	长　　度	约　　束	备　　注
UIID	用户 ID	CHAR	6	主键	
UNAME	用户名称	VARCHAR2	20	非空	
UBIRTHDAY	用户生日	DATE			
USEX	用户性别	CHAR	1	F（女），M（男）	
UADDRESS	地址	VARCHAR2	50		
UTELEPHONE	电话号码	VARCHAR2	20		

表 5-3 商品类型表（T_TYPE）

列　　名	中 文 名	数 据 类 型	长　　度	约　　束	备　　注
GTID	类型 ID	CHAR	6	主键	
GTNAME	类型名称	VARCHAR2	20	非空	

表 5-4 商品信息表（T_GOODS）

列　　名	中 文 名	数 据 类 型	长　　度	约　　束	备　　注
GID	商品 ID	CHAR	6	主键	
GNAME	商品名称	VARCHAR2	20	非空	
GTID	类型 ID	VARCHAR2	6	外键参考商品类型表	
GPRICE	商品标价	NUMBER	12，3	>0	
GDISCOUNT	折扣	NUMBER	5，2		
GSTOCKS	库存量	NUMBER	7，2	大于零	
GMAXSTOCKS	最高库存量	NUMBER	7，2	大于等于零	
GMINSTOCKS	最低库存量	NUMBER	7，2	大于等于零	
GMEMO	商品备注	VARCHAR2	50		

表 5-5 供应商信息表（T_ SUPPLIER）

列　　名	中 文 名	数据类型	长　　度	约　　束	备　注
SID	供应商 ID	CHAR	6	主键	
SNAME	类型名称	VARCHAR2	20	非空	
SCONTACT	联系人	VARCHAR2	20		
SPHONE	电话	VARCHAR2	15		
SMEMO	备注	VARCHAR2	50		

表 5-6 采购单主表（T_MAIN_PROCURE）

列　　名	中 文 名	数 据 类 型	长　　度	约　　束	备　注
PMID	采购 ID	CHAR	12	主键	
PID	供应商 ID	CHAR	6	外键,参考供应商信息表	
PDATE	采购日期	DATE		默认系统时间	
PAMOUNT	总金额	NUMBER	12，3		
PSTATE	采购状态	CHAR	1	1（待审核），2（已审核）	
PMEMO	备注	VARCHAR2	50		

表 5-7 采购明细表（T_PROCURE_ITEMS）

列　　名	中 文 名	数 据 类 型	长　　度	约　　束	备　注
PMID	采购 ID	CHAR	12	外键	
GID	商品 ID	CHAR	6	外键，参考商品信息表	
PPRICE	采购单价	NUMBER	8,2	>0	
PNUM	采购数量	NUMBER	8,2	>0	
pmoney	采购金额	NUMBER	12,3	>0	
PDMEMO	备注	VARCHAR2	50		

表 5-8 订单主表（T_MAIN_ORDER）

列　　名	中 文 名	数 据 类 型	长　　度	约　　束	备　注
OMID	订单 ID	CHAR	12	主键	
UIID	用户 ID	CHAR	6	非空，外键，参考用户信息表	
ODATE	销售日期	DATE		默认系统时间	
OAMOUNT	总金额	NUMBER	12，3		
OSTATE	订单状态	CHAR	1	1（审核中），2（发货中），3（已完结），4（取消）	

表 5-9　订单明细表（T_ODRER_ITEMS）

列　　名	中　文　名	数　据　类　型	长　　度	约　　束	备　　注
OMID	订单 ID	CHAR	12	主键	
GID	商品 ID	CHAR	6	外键，参考商品信息表	
OPRICE	销售单价	NUMBER	8,2	>0	
ONUM	销售数量	NUMBER	8,2	>0	
OMEMO	备注	CHAR	50		

表 5-10　评价表：T_USER_EVALUATION

列　　名	中　文　名	数　据　类　型	长　　度	约　　束	备　　注
UEID	流水号	Number	8	主键	
OMID	订单编号	CHAR	12	外键，参考订单主表	
GID	商品 ID	CHAR	6	外键，参考商品信息表	
UEDATE	评价时间	DATE		默认为系统时间	
UETYPE	评价类型	CHAR	1	A 为好评，B 为中评，C 为差评	
UECONTENT	评价内容	VARCHAR2	50		

5.4.2　任务 1：基本表格的创建

使用 CREATE TABLE 语句可以建立普通表，语法如下。

```
create table [schema.]table_name(
column_name datatype [default expr] [,….]
) [tablespace tp_name ] [其他的存储参数];
```

如上所示，schema 用于指定方案名（使用时与用户名一致）。当在当前登录用户方案中创建表格时，不需要指定方案名。如果用户需要在其他方案中创建表，则必须指定方案名，但是要求当前用户具有 CREATE ANY TABLE 的权限。table_name 用于指定表名，column_name 用于指定列名，列名和表名定义必须符合 Oracle 标识符命名规则。datatype 用于指定列的数据类型，default 子句用于指定列的默认值；tablespace tp_name 用于指定表的存放表空间，默认情况下，表将存放在用户默认的表空间中（具体请参见本书情境 4）。如果要更改对应的默认表空间，则可以通过指定 tp_name 来修改，前提是 tp_name 必须事先创建好。具体方法可以参见本书情境 4 中的表空间管理，也可以根据需求对表进行分区，并将分区分布在不同的表空间。

因为普通表中的数据是无序存放的，所以对于表中列的顺序没有语法上的要求，但是考虑到列顺序在实际业务中对于数据处理的性能和操作会产生一定的影响，所以，在实际建表时列的顺序可以遵循以下规则。

（1）从列的重要性考虑，可以将经常访问的列放在表的前面，主键和非空的列尽量放前面。

（2）从列的取值情况考虑，列中含有较多 NULL 值的列可以放在最后面；从列的长度角度考虑，一般较短的放在前面，较长的放在后面。

可以综合考虑上面几点，根据系统的应用做相应调整。这一般也是在做数据库设计时需要考虑的问题。如果是针对应用开发的一般工程师来讲的，则按照系统分析人员的数据库设计结构顺序创建即可。

创建网上购物系统中的数据表：

```
Connect shopping_dba/******@orcl; --使用情境 4 中的 shopping_dba 登录数据库
```

1）创建注册用户表

注册用户表：t_user。

创建者：liqiang。

创建日期：2013 年 10 月 2 日。

```
Create table t_user(
--创建表名为 t_user 的表格,默认所有者为当前登录用户 shopping_dba
Uiid char(6) primary key,
--列 uiid 的数据类型为 char，固定长度为 6 字节，为表的主键
Uname varchar2(20) not null,
--列 uname 的数据类型为 varchar2，最大长度为 20 字节，非空
Ubirthday date,          --列 Ubirthday 的数据类型为日期型
Usex char(1) check(upper(usex) in ('F', 'M')),--列 usex 的数据类型为 char,
--长度为 1 字节;取值必须是'F','M'中的一个，可以为 null; upper(usex)作用是在输入和
--检查数据时不区分大小写，详见情境 7
Uaddress varchar2(50),     --列 uaddress 数据类型为 varchar2，最大长度为 50 字节
Utelephone varchar2(20)    --列 utelephone 数据类型为 varchar2，最大长度为 20 字节
);
```

2）创建商品类型表

商品类型表：t_gtype。

创建者：liqiang。

创建日期：2013 年 10 月 2 日。

```
Create table shopping_dba.t_gtype(
--创建的表指定所有者为 shopping_dba,可以以类似的方式为其他用户创建表格
Gtid char(6) primary key,
Gtname varchar2(20) not null
);
```

3）创建商品信息表

商品信息表：t_goods。

创建者：liqiang。

创建日期：2013 年 10 月 2 日。

```
Create table t_goods(
Gid char(6) primary key,
Gname varchar2(20) not null,
Gtid char(6) references t_gtype(gtid),
--列 gtid 为外键，参考 t_gtype 表中的主键 gtid，要求数据类型和长度必须和 gtid 保持一
--致，列名可以调整
Gprice number(12,3) check(gprice>=0),
--列 gprice 的数据类型为 number，总长度为 12 位，小数位为 3 位，并且要求该值必须>=0
Gdiscount number(5,2) ,
```

```
Gstocks number(7,2) check(gstocks>=0),
Gmaxstocks number(7,2) check(gmaxstocks>=0),
Gminstocks number(7,2) check(gminstocks>=0),
gmemo varchar2(50)
);
```

4）创建供应商信息表

供应商信息表：t_supplier。

创建者：liqiang。

创建日期：2013 年 10 月 2 日。

```
create table t_supplier(
sid   char(6) primary key,
sname varchar2(20) not null,
scontact varchar2(20) ,
sphone    varchar2(15) ,
smemo varchar2(50)
);
```

5）创建采购单主表

采购单主表：t_main_procure。

创建者：liqiang。

创建日期：2013 年 10 月 2 日。

```
create table t_main_procure(
pmid char(12) primary key,
pid   char(6),
pdate date default sysdate,
--列 pdate 数据类型为 date，并且该列设置了默认值，当插入数据没有提供该值时，该列默认
--使用 sysdate(服务器的系统时间)
pamount number(12,3),
pstate char(1) check(pstate in('1','2')),
pmemo varchar2(50)
);
```

6）创建评价表

评价表：t_user_evaluation。

创建者：liqiang。

创建日期：2013 年 10 月 2 日。

```
create table t_user_evaluation(
ueid number(10),
omid char(6) ,
pid char(6) ,
uedate date default sysdate,
uetype char(1) check(uetype='A' or uetype='B' or uetype='C'),
--列值的取值情况也可以根据这里的方式设置
uecontent varchar2(50)
);
```

以上注释中类似的问题出现时不再重复解释，请读者认真阅读。

说明： 以上的表对象会根据所属用户对应的默认表空间（请见本书情境 3）进行管理，如果要更改表的默认表空间，则需要在建表语句的后面加上存储参数，如以下操作将表 t_user_evaluation 创建在表空间 users 中。

```
create table t_user_evaluation(
ueid number (10),
omid char(6) ,
pid char(6) ,
uedate date default sysdate,
uetype char(1) check(uetype='A' or uetype='B' or uetype='C'),
--列值的取值情况也可以根据这里的方式进行设置
uecontent varchar2(50)
)
Tablespace users; --指定表对应的表空间名
```

思考：

① 定义表列的字符串数据类型时，一般采取以上的使用表示方法，其长度指的是字节，如果该列的取值都是中文的时候，可以使用如下定义。

Ftest char（2 char），表示列 ftest 可以存储 2 个字符，包括字母、符号、中文等，具体效果请读者自行查阅相关资料并测试。

② Oracle 数据库建表时可以设置一些表格的其他存储参数，提高表格的空间利用率以及表格访问的性能，请读者查阅相关资料了解。

5.4.3 任务 2：大表格分区

当表中的数据量不断增大时，查询数据的速度就会变慢，应用程序的性能就会下降，这时就应该考虑对大表格数据表进行分区。表进行分区后，逻辑上表仍然是一张完整的表，只是将表中的数据在物理上存放到多个表空间（物理文件）中，查询数据时，Oracle 会自动根据分区规则和查询条件的对应关系，自动扫描与之有关联的表空间查询数据，不会每次都扫描整张表，这样就提高了查询效率和应用程序的性能。

为了提高商品表和订单的查询性能，需要给商品表数据按照类型分区，订单表数据按照订单日期的月份分区。

如果商品信息表中的数据较大，则影响到用户查询商品信息的效率，此时可以分析，如果本系统中的用户经常根据商品的类型来查询信息，可以考虑将商品信息数据根据商品的类型进行分区，商品的类型分为商品类型表中有限的几种类型，所以比较适合用 Oracle 表分区中的列表（LIST）分区，如果要给表分区，则必须在建表时分区，所以如果是在系统运行一段时间以后才发现需要使用分区表，要考虑使用重建的方式，但是重建之前，一定要先备份已有数据，重建之后再将表数据进行导入，例如，给商品信息表建立备份表：

```
Create table t_goods_backup as select * from t_goods;
```

删除商品信息表：

```
Drop table t_goods;
```

重建商品信息表时按照商品类型进行列表分区：

```
Create table t_goods(
Gid char(6) primary key,
Gname varchar2(20) not null,
Gtid char(6) ,
Gprice number(12,3) check(gprice>0),
Gdiscount number(5,2),
Gstocks number(7,2) check(gstocks>0),Gmaxstocks number(7,2) check
(gmaxstocks>=0),
Gminstocks number(7,2) check(gminstocks>=0),
Gmemo varchar2(50)
) partition by list (gtid )
 (      partition p_ t001   values ('T00001'),
partition p_ t002   values ('T00002'),
Partition p_ t003   values ('T00003'),
Partition p_ t004   values ('T00004'),
Partition p_ t005   values ('T00005')   )--以上分区必须包含所有类型
;
```

导入备份数据：

```
Insert into t_goods select * from t_goods_backup;
```

如果系统订单数据较大，在查询数据时就会有一定的影响，根据分析，查询订单一般按照日期查询的几率较大，所以可以考虑根据订单日期来进行分区，日期数据具有范围段取值的特点，故可以根据订单日期范围分区，具体做法如下：

```
Create table t_main_order(
Omid char(12) primary key,
Uiid char(6) not null,
Odate date default sysdate,
Oamount number(12,3),
Ostate char(1) check(ostate in('1','2','3','4')
) partition by range (odate)
(    partition         p_d001         values     less         than
(to_date('20100201','yyyymmdd')),
   partition p_d002   values less than (to_date('20100301','yyyymmdd')),
Partition p_d003   values less than (to_date('20100401','yyyymmdd')),
Partition p_d004   values less than (to_date('20100501','yyyymmdd')),
Partition p_d005   values less than (to_date('20100601','yyyymmdd')),
Partition p_d006   values less than (maxvalue) )
;
```

总结：
（1）什么时候使用分区表？

① 一般的表格不需要分区，给没有必要分区的表分区，不仅不会提高性能，还有可能会影响性能，一般需要分区的表的大小应该超过 2GB。

② 表中包含历史数据，新的数据被增加到新的分区中。

（2）表分区有以下优点。

① 改善查询性能：对分区对象的查询可以仅搜索自己关心的分区，提高检索速度。

② 增强可用性：如果表的某个分区出现了故障，则表在其他分区的数据仍然可用。

③ 维护方便：如果表的某个分区出现了故障，则需要修复数据，只修复该分区即可。

④ 均衡 I/O：可以把不同的分区映射到磁盘以平衡 I/O，改善整个系统性能。

（3）表分区的缺点：分区表相关，已经存在的表目前没有办法可以直接设置为分区表，即必须在建表的时候分区，但是之后可以根据需要增加分区。

思考：

（1）Oracle 的表分区还有散列分区，并且支持范围-范围、范围-散列、范围-列表、列表-范围、列表-散列、列表-列表组合分区。

（2）如果 Oracle 以某种方式自动察觉到对新分区的需要，然后创建表分区，这样可以吗？Oracle 11g 数据库可以，它可以使用一个称为间隔分区的特性。此时，用户不必定义分区及它们的边界，只需定义一个已定义了每个分区边界的间隔即可。

请同学们查阅相关资料并进行测试。

5.4.4　复制表格

复制表格即根据子查询结果建表，Oracle 中可以根据已有的表格结构和数据创建新的表格。基本语法格式如下。

```
CREATE  TABLE  table  [  (column  [, ...]  )  ]              AS  select_clause
```

（1）基于商品信息表创建一个完全一样的商品信息备份表，包括现有的数据，但是这样新表会丢掉原表的约束条件。

```
SQL> create table t_good_bak as select * from t_good;
表已创建。
SQL> desc t_good_bak;
名称                                      是否为空? 类型
---------------------------------- -------- ----------------------------
GID                                         CHAR(6)
GNAME                               NOT NULL VARCHAR2(40)
GTID                                        CHAR(6)
GPRICE                                      NUMBER(12,3)
GDISCOUNT                                   NUMBER(5,2)
GSTOCKS                                     NUMBER(7,2)
GMAXSTOCKS                                  NUMBER(7,2)
GMINSTOCKS                                  NUMBER(7,2)
GMEMO                                       VARCHAR2(50)
```

（2）基于商品信息表创建一个与其结构完全一样的商品信息新表，不包含数据，可以在 select 中增加 where 子句限制数据的条件，这里使用了 1=2 永假值来过滤所有的数据。

```
SQL> create table t_good_new as select * from t_good where 1=2;
表已创建。
```

（3）可以基于商品信息表中的部分列创建商品信息新表，如果要限制数据，则可以在 select 语句中增加 where 子句来实现。

```
SQL> create table t_good_new2 as select gid,gname from t_good;
表已创建。
SQL> desc t_good_new2;
名称                                  是否为空？ 类型
----------------------------------- -------- -----------------------------
GID                                           CHAR(6)
GNAME                                NOT NULL VARCHAR2(40)
```

用子查询创建表时的注意事项如下。

（1）可以关联多个表及用集合函数生成新表，注意选择出来的列必须有合法的列名称，如果是计算表达式，则应该给其定义列别名，且这些列名不能重复。

（2）用子查询方式建立的表，只有非空（NOT NULL）的约束条件能继承，其他约束条件和默认值都没有继承，如果需要，则应该由开发人员人工设置。

（3）根据需要，可以用 alter table add constraint ……建立其他约束条件，如 primary key 等（详见本情境 5.5 节）。

思考： 语句中的 select 语句可以是一个有效地包含了结构和数据的语句，包括选择性的列，计算列，多表查询，复杂条件等，更多的应用请读者设计并测试。

5.4.5 实训练习

（1）请读者完成采购明细表（t_procure_items）、订单主表（t_main_order）、订单明细表（t_order_items）、评价表（t_user_evaluation）的创建。

（2）为采购单明细表和订单明细表分别创建一个备份表。

（3）将评价表重建，并按照评价类型进行分区（A、B、C）。

（4）根据情境 4 中介绍的知识创建并设置一个新的测试用户，并使用企业管理器对网上购物系统的表进行创建。

5.5 表格的管理

表格创建完以后，可以根据应用需求的变化使用 alter table 语句对表结构进行一些修改，例如，使用 add 子句来增加列、分区以及约束条件，可以根据需要使用 modify 子句来修改列的属性，使用 drop 子句来删除列及约束条件等。用户可以修改属于自己的表对象，如果要修改其他用户的表结果，则需要具有表对象的修改对象权限，或者具有 ALTER ANY TABLE 的系统权限，具体请参见本书情境 4。

5.5.1　任务 3：增加用户表列

任务 3：t_User 表中增加备注列，备注最大不超过 50 字节。

```
SQL> Alter table t_user  add  umemo varchar2(50);
表已更改。
```

说明： 可以在增加列的同时给列定义约束条件，其表现形式与表定义时一致。

注意：

① 当给表增加一列并要求非空时，根据表中的数据情况应该有不一样的处理方法，当表中没有数据时，可以直接添加一列要求非空的列。

```
SQL> create table t_addcolumn
  2  (sno char(6));
表已创建。
SQL> alter table t_addcolumn
  2  add sname varchar2(10) not null
  3  ;
表已更改。--当为空表的时候，可以直接增加非空列
```

② 给表添加数据以后，再要求增加一列非空列。

```
SQL> insert into t_addcolumn values('1001','mary');
已创建 1 行。
SQL> alter table t_addcolumn
  2  add sage number(2) not null;
alter table t_addcolumn
                 *
第 1 行出现错误：
ORA-01758：要添加必需的 (NOT NULL) 列，则表必须为空
```

说明： 当表中已有数据的时候，要求直接增加非空的列是一个互相矛盾的事情，即对于已有数据的表格，如果要增加新列，则这些已有数据的新列值为 null，但是同时又要求值为 not null，故这个操作是失败的。但是在实际的系统开发中经常会有类似的需求，那么应该如何来实现呢？有如下两种方式。

第一种是比较普通的方式，但是能解决问题，即首先增加可以为 null 的列，再给列赋值，然后修改列的属性为 not null。

```
SQL> alter table t_addcolumn
  2  add sage number(2) ;
表已更改。
SQL> update t_addcolumn set sage=21;
已更新 1 行。
SQL> alter table t_addcolumn
  2  modify sage not null ;
表已更改。
```

第二种是比较简洁的方式，即在增加非空列的同时给列设置默认值，这个方法在使用的时

候，读者也会碰到一些问题，如增加一列非空列并且默认值为'f'。

```
SQL> alter table t_addcolumn
  2 add ssex char(2) not null default 'f';
add ssex char(2) not null default 'f'
                                    *
第 2 行出现错误：
ORA-30649: 缺少 DIRECTORY 关键字
```

说明：看起来上面的语句没有什么问题，而且这条语句在 SQL Server 中是合法的，但是在 Oracle 中执行的时候会提示错误。只需要将 not null 和默认值换序即可，而且这种格式是 SQL Server 和 Oracle 通用的。

```
SQL> alter table t_addcolumn
  2 add ssex char(2)  default 'f' not null;
表已更改。
SQL> select * from t_addcolumn;
SNO    SNAME          SAGE SS
------ ---------- ----------- --
1001   mary              21 f
```

说明：查看通过两种不同的方式增加的非空列，效果是一样的，请读者根据实际情况选择使用哪种方式。

5.5.2 任务 4：修改商品表列

任务 4：t_goods 表中的商品名称长度可能会超出 20 字节，需要调整为 40 字节。
修改列的属性使用 modify 子句：

```
SQL> Alter table t_goods modify gname varchar2(40);
表已更改。
```

说明：可以通过 modify 修改列的数据类型和长度，但是有几种情况是会受到限制的。
① 如果长度要减少，则列中的数据必须符合长度的要求，否则会提示出错。

```
SQL> create table t_modifycolumn
  2 (sno char(6),
  3 sname varchar2(10)
  4 );
表已创建。
SQL> alter table t_modifycolumn
  2 modify sname varchar2(8);
表已更改。   --如果列中数据为空或者满足长度的需求，则可以减少长度

SQL> insert into t_modifycolumn values('1001','abcdefgh');
已创建 1 行。
SQL> alter table t_modifycolumn
  2 modify sname varchar2(6);
```

```
modify sname varchar2(6)
      *
第 2 行出现错误:
ORA-01441: 无法减小列长度, 因为一些值过大
```

说明: 由于 sname 中的数据长度有 8 位, 若想修改为 6 位, 则会提示如上的错误, 当读者碰到这种问题时, 应该查询一下表中列的数据情况。

② 如果要修改列的数据类型, 则列值必须为 null, 否则也会提示错误。

```
SQL> alter table t_modifycolumn
  2 modify sname number(6);
modify sname number(6)
        *
第 2 行出现错误:
ORA-01439: 要更改数据类型, 则要修改的列必须为空
```

说明: Oracle 中可以给列重新命名, 但是一般不建议修改列名, 方法如下。

```
Alter table t_name rename column old_column to new_column;
```

5.5.3 任务 5: 删除采购金额列

任务 5: T_PROCURE_ITEMS 表中的采购金额数据不需要存储, 统计时进行计算。实现以上任务的表结构的调整代码如下。

```
SQL> Alter table T_PROCURE_ITEMS drop column pimoney ;
表已更改。
```

说明:

① 如果列包含了约束条件, 则应该在后面加上 cascade constraints 参数表示删除列的同时删除列约束条件。

② 删除列将删除表中每条记录的相应列的值, 同时释放其所占用的存储空间。所以如果要删除一个大表中的列, 由于其必须对每条记录进行相应的处理, 为此删除列的操作会占用比较长的时间。

为了避免在数据库使用高峰期间由于执行删除列的操作而占用过多的系统资源(而且花费时间比较长), 编者建议不要马上采用 DROP 关键字来删除列, 而可以先用 UNUSED 关键字把某个列设置为不活跃状态。例如, 可以利用命令 ALTER TABLE tablename SET UNUSED column columnname, 把某个列设置为不活跃。

删除 T_PROCURE_ITEMS 表中的采购金额列时, 可以先将该列设为 unused, 在使用的过程中, 与删除列有同样的效果, 只是该列存储的数据没有被清空。

```
SQL> alter table t_procure_items set unused column pimoney;
表已更改。
```

在系统比较空闲的情况下, 再对 unused 的列进行删除, 清空存储空间。

```
SQL> Alter table T_PROCURE_ITEMS drop unused column;
```

5.5.4 管理表中的约束

如果要在表中的列上增加、修改和删除约束条件，则要使用 alter table 命令来完成。

（1）下面定义表在 sage 上创建了名称为 sage_rule 的 check 约束。

```
SQL> create table t_checkname
  2   (sno char(6),
  3    sage number(2) constraint sage_rule check(sage>12 and sage<80)
  4    );
```

可以使用以下语句删除约束条件：

```
表已创建。
SQL> alter table t_checkname drop constraint sage_rule;
表已更改。
```

（2）在表列上增加约束条件，可参请见 5.3 节中的例子。

建表以后使用 alter table 语句创建主键的示例：

```
SQL> create table t_pk3
  2   (sno char(6) ,
  3    sname varchar2(20),
  4    sage number(2)
  5    );
表已创建。
SQL> alter table t_pk3 add constraints sno_rule primary key(sno);
表已更改。
```

5.5.5 表格的重命名和删除

可以使用 rename 修改用户自己所属的表对象的名称，可以使用 drop table 删除自己所属的表对象，或者具有 DROP ANY TABLE 的系统权限。

（1）t_goods 表名设计风格与其他表不同，为了保持一致性，应该将表名改为 t_good。

```
SQL> rename t_goods to t_good ;
表已更改。
```

（2）如果表暂时不使用了，则可以使用 drop table 命令删除表。

```
SQL>drop table t_name ;
表已删除。
```

删除表时，如果该表有些约束是与其他表有关联的，如果要删除作为其他表的外键参照表，则在删除的时候，会提示不能删除有关联的表，此时应该在删除表的命令后加上 cascade 参数，例如：

```
SQL>drop table t_name cascade constraints ;
表已删除。
```

此语句执行后，以上的表中的相关约束也一起被删除了。

5.5.6　技能拓展

使用 alter table 语句不仅可以完成以上修改表结构的一些操作，还可以对表中的一些属性进行修改。

（1）可以通过 alter table 语句对已经进行分区的表的分区进行管理，特别是分区表中的数据变化时，系统开发中经常需要增加新的分区，此时可以通过此语句来实现。

（2）可以通过 alter table 语句的 physical_attributes_clause 子句调整表的存储参数值，根据表中的实际数据的情况以及外部环境的影响来调整存储参数，使表的空间和性能这对矛盾体达到一个良好的平衡。

5.5.7　实训练习

（1）在订单主表中添加最大长度为 50 个字节的备注列。

（2）在实际的工作中，有时也需要调整列的约束条件，如商品的折扣应该大于 0 并且小于 1，请读者实现。

（3）请读者自行完成任务清单中任务 7 中的操作要求。

4）使用企业管理器将本节中的表的管理任务实现。

5.6　技能拓展：查看表格信息

表格的管理过程中，会涉及一些与表结构相关的操作，在操作之前需要查看表格基本信息，具体操作如下。

（1）表创建完以后，想查看表中的列名、对应的数据类型等，可以使用 desc 命令（不是 SQL 语句）查看表结构。

例如，前面有修改了表结构的任务，可以查看一下修改后的效果。

```
SQL> desc t_user;   --在 t_user 表中增加备注列，最大为 50 字节
名称                              是否为空?   类型
-------------------------------- --------- --------------------------
UIID                             NOT NULL CHAR(6)
UNAME                            NOT NULL VARCHAR2(20)
UBIRTHDAY                                 DATE
USEX                                      CHAR(1)
UADDRESS                                  VARCHAR2(50)
UTELEPHONE                                VARCHAR2(20)
UMEMO                                     VARCHAR2(50)
```

```
SQL> desc t_procure_items;  --删除 t_procure_items 表中的采购金额列
名称                                    是否为空?      类型
---------------------------------  --------  ----------------------------
PMID                                              CHAR(12)
GID                                               CHAR(6)
PIPRICE                                           NUMBER(8,2)
PINUM                                             NUMBER(8,2)
PIMEMO                                            VARCHAR2(50)
```

（2）查看表结构时，忘记了具体的表名，或者想查询某表的一些创建属性，如创建的时间等，可以使用存储表对象信息系统的数据字典 user_tables。为了更方便查询，可以使用前面介绍的方法查询该 user_tables 的结构。

```
SQL> desc user_tables;
名称                                    是否为空?      类型
---------------------------------  --------  ----------------------------
TABLE_NAME                         NOT NULL VARCHAR2(30)
TABLESPACE_NAME                              VARCHAR2(30)
CLUSTER_NAME                                 VARCHAR2(30)
IOT_NAME                                     VARCHAR2(30)
STATUS                                       VARCHAR2(8)
PCT_FREE                                     NUMBER
PCT_USED                                     NUMBER
......（此处省略其他列）
SQL> select table_name,tablespace_name from user_tables;
TABLE_NAME                    TABLESPACE_NAME
---------------------------   -------------------------------
T_GOOD                        SYSTEM
T_SUPPLIER                    SYSTEM
T_MAIN_PROCURE                SYSTEM
T_USER                        SYSTEM
T_TYPE                        SYSTEM
T_MAIN_ORDER                  SYSTEM
T_ORDER_ITEMS                 SYSTEM
T_PROCURE_ITEMS               SYSTEM
已选择 8 行。
```

思考： user_tables 用于存放当前用户所有的表对象信息，tables 表示表对象，user 表示属于当前用户，如果想查看当前用户有权限访问的表对象，则使用 all 前缀，如 all_tables；如果查看数据库中所有的表对象，则使用 dba 前缀，如 dba_tables。前缀不同，数据字典的结构也不尽相同，具体可以使用 desc 命令查看并了解，通过查询数据了解它们之间的区别。

5.7 附更改表结构 SQL 参考

1. 增加列

增加列的语法如下。

```
ALTER TABLE [user.] table_name ADD column_definition
```

2. 更改列

更改列的语法如下。

```
ALTER TABLE [user.] table_name MODIFY column_name new_attributes;
```

修改列的规则如下。

① 可以增加字符串数据类型的列的长度，数字数据类型列的精度。

② 减少列的长度时，该列含任何值的长度都应不大于减少后的列的长度，或者该列所有数据都为 NULL。

③ 改变数据类型时，该列的值必须是 NULL。

3. 删除数据列

删除数据列的语法如下。

```
ALTER TABLE [user.] table_name DROP {COLUM column_names | (column_names)}
[CASCADE CONSTRAINS]
```

4. 删除表

删除表非常简单，但它是一个不可逆转的行为，不能撤销，只能使用闪回功能有条件地找回。

删除表的语法如下。

```
DROP TABLE [user.] table_name [CASCADE CONSTRAINTS]
```

5. 更改表名

更改表名的语法如下。

```
RENAME old_name TO new_name;
```

6. 更改列名

更改列名的语法如下。

```
alter table table_name rename column col_old to col_new;
```

网上购物系统的数据的管理维护

背景：Smith 将网上购物系统用于系统功能测试的数据管理任务提交给 Jack，Jack 对其进行了整理详见任务清单。

6.1 任务分解

6.1.1 任务清单

任务清单 6

公司名称：××××科技有限公司

项目名称：网上购物系统　　　　　　　　项目经理：Smith

执行者：Jack　　　　　　　　　　　　时间段：　7 天

本阶段需要添加一些测试数据到系统中供功能测试使用，其中可能会涉及一些数据的更新和删除。

1. 将以下商品类型数据添加到商品类型表中。

类型 ID	类型名称
T00001	日用百货
T00002	儿童用品
T00003	女装精品
T00004	男装精品
T00005	电子精品

2. 将以下用户数据添加到注册用户表中。

用户 ID	用户名称	出生日期	性别	地址	电话号码
000001	系统管理员	null	null	null	null
000002	李宇	1989-10-25	男	佛山禅城区	0757-89999999
000003	罗华	1970-5-26	女	广州天河区	020-68888888
000004	韩乐	null	男	深圳宝安	0757-86666666
000005	孔卿	1981-7-28	女	佛山高明	0756-89999999

3. 将以下商品数据添加到商品信息表中。

商品 ID	名称	类型 ID	标价	折扣	库存量	最高存量	最低存量	备注
G01001	修正笔	T00001	5.5	0	0	100	0	null
G03001	女式衬衣	T00003	92.00	0.95	18	40	1	null
G04001	领带	T00004	98.00	0	200	500	600	null
G04002	男装西服	T00004	898	0.92	20	50	0	null

4. 将以下供应商数据添加到供应商表中。

供应商 ID	供应商名称	联系人	电话	备注
000001	广州电子	李先生	null	null
000002	李宁服装公司	刘小姐	null	null
000003	利口福食品公司	王	81111111	null
000004	佛山电脑城	null	null	null

5. 为了平衡系统中的数据，将有库存的商品数据做成一个虚拟的采购单，采购单数据如下。

采购 ID	供应商 ID	采购日期	总金额	采购单状态	备注
P00000000001	null	系统时间	null	待审核	初始化系统数据用

　　采购单明细数据为商品信息表中有库存的商品信息，其中，商品 ID 为商品信息表的 ID，采购单价为商品信息表中的商品单价，采购数量为商品信息表中的库存量，备注为 null。

6. 给注册用户表中的每个用户下一个订单，订单号使用序列生成序号，日期使用默认值，总金额为 null，订单状态为 1，备注为"初始订单"，每张订单的订单明细不少于两样商品，单价为所选商品的商品单价，其他随意设计。

7. 修改商品信息表中折扣为 0 的列值为 1。

8. 修改用户信息表中的为 null 的出生日期为 1985 年 1 月 1 号。

9. 商品单价根据需要提价 10%，请修改。

10. 修改采购单中的总金额，总金额的计算规则：每一个采购单主表的总金额等于该采购单明细表中的各商品采购金额（采购单价*采购数量）之和。

11. 有一个名称为"佛山网络"，联系人为 Jamy，联系电话为 189×××××××的供应商信息，需要更新或者添加到供应商表中。

12. 将库存为 0 的商品删除。

13. 系统上线之前，将购物系统中的数据清空。

14. 在本情境任务 5 中，先添加采购单主表数据，再添加采购单明细数据，如果采购单明细数据添加失败，则采购单主表数据也应该取消。

6.1.2　任务分解

　　要完成任务清单中的任务，在工作过程中会涉及添加简单的数据、使用序列添加数据、使用子查询添加数据、修改数据、使用子查询修改数据、删除数据等操作，故本情境中包含如下典型工作任务。

（1）添加简单数据。

（2）在添加数据中使用序列。

（3）在添加数据中使用子查询。

（4）修改简单数据。

（5）在修改数据中使用子查询。

（6）使用 merge 语句。

（7）删除数据。

（8）事务处理 commit 和 rollback。

6.2 添加简单数据

使用 insert 语句可以将数据添加到表对象、分区表及简单视图中，用户可以向所属表对象添加数据，或者具有该表对象的 insert 对象权限，或者具有 insert any table 的系统权限，即可向任何表（视图）添加数据。

添加一行数据的简单的 insert 语句有以下两种形式。

```
Insert into table_name
Values (value1,value2….);
```

这种方式添加数据时默认按照表结构的定义提供列值，即列值的个数、顺序以及数据类型等都必须从左至右与表结构的定义保持一致。如果某些值没有提供，则可以用 null 来表示，这种方式适合对表中所有（或者绝大部分）的列进行赋值。

```
Insert into table_name [column1,column2….]
Values (value1,value2….);
```

这种方式在表名后面列出要赋值的列名，列的顺序与表定义时的顺序没有关系，值可以为 null 的列省略，值为 not null 的列不能省略，必须赋值，要求提供的值的个数、顺序以及数据类型等都必须从左至右与列出的列名保持一致 ，这种方式适合对表中的部分列进行赋值。

6.2.1 任务 1：商品类型数据的添加

任务 1：添加如表 6-1 所示的数据到商品类型表中。

表 6-1 商品类型表中的数据

类 型 ID	类 型 名 称	类 型 ID	类 型 名 称
T00001	日用百货	T00004	男装精品
T00002	儿童用品	T00005	电子精品
T00003	女装精品		

（1）商品类型表中只有两列，故可以使用以下方式添加一条数据。

```
SQL> insert into t_gtype values('T00001','日用百货');
已创建 1 行。
SQL> select  * from t_gtype;
```

```
GTID    GTNAME
------  --------------------
T00001 日用百货
```

（2）也可以使用指定列的方式添加数据，如下面的语句调整了列的默认顺序。

```
SQL> insert into t_gtype(gtname,gtid) values('儿童用品','T00002');
已创建 1 行。
SQL> select * from t_gtype;
GTID    GTNAME
------  --------------------
T00001 日用百货
T00002 儿童用品
```

注意：

① 在 SQL 语句中，字符串的值需要使用单引号，如果不使用单引号，则数字标识将转换为字符串后再存储（这种方式会把左边的 '0' 自动去掉，如下面的第 2 个例子），其他类型的数据将会提示以下错误。

```
SQL> insert into t_gtype(gtid,gtname) values(T00001,日用百货);
insert into t_gtype(gtid,gtname) values(T00001,日用百货)
                                        *
第 1 行出现错误：
ORA-00984:列在此处不允许

SQL> insert into t_gtype(gtid,gtname) values(00001,'日用百货');
已创建 1 行。
SQL> select * from t_gtype ;
GTID    GTNAME
------  --------------------
1       日用百货
```

② 字符串的值的大小必须按照列定义规定的大小，如果列定义为固定长度，而值的长度不够，则系统以空格在右边进行填充；如果列定义为可变长度，而值的长度不够定义的最大长度，则实际长度为值的长度，不管是可变长度还是固定长度，一旦超出最大长度，就会提示出错。

```
SQL> insert into t_gtype(gtid,gtname) values('T001','日用');
已创建 1 行。
SQL> select * from t_gtype;
GTID    GTNAME
------  --------------------
T001    日用
已选择 1 行。
SQL> select lengthb(gtid),lengthb(gtname) from t_gtype;
LENGTHB(GTID) LENGTHB (GTNAME)
------------- ----------------
            6                4
已选择 1 行。
```

说明：lengthb 函数返回字符串的长度，单位是字节。GTID 列定义为 char(6)，当值为'T001'时，存储的值为'T001'，长度为 6，而 GTNAME 列定义为 varchar2(20)，当值为'日用'时，存储的值为'日用'，长度为 4。

```
SQL> insert into t_gtype(gtid,gtname) values('T000011','日用百货');
第1行出现错误:
ORA-12899: 列 "SHOPPING_DBA"."T_GTYPE"."GTID" 的值太大 (实际值:7, 最大值: 6)
```

说明：GTID 列定义为 char(6)，而提供的值长度为 7，故会提示以上错误，读者在操作时如果碰到此错误，则应该知道是值的长度超出了列定义的最大长度，可以使用 desc 命令查看实际的表结构定义。

总结：当添加数据的列数和表结构设计的列数一致的时候，可以采取以上两种方式实现数据的添加，第一种方式中指定列的顺序和数据的顺序必须从左至右保持一致，但是第二种方式指定列的顺序可以与表结构定义时的列顺序无关。

说明：如果字段值里包含单引号，则需要进行字符串转换，把它替换为两个单引号。例如，添加日用百货时，需要在'日用百货'的前面添加一个单引号。

```
SQL> insert into t_gtype(gtid,gtname) values(00002,'''日用百货');
已创建 1 行。
SQL> select * from t_gtype ;
GTID   GTNAME
------ --------------------
1      日用百货
2      '日用百货
```

6.2.2 任务2：用户数据的添加

任务2：添加如表6-2所示的数据到注册用户表中。

表6-2 注册用户表中的数据

用户ID	用户名称	出生日期	性别	地址	电话号码
000001	系统管理员	null	null	null	null
000002	李宇	1989-10-25	男	佛山禅城区	0757-89999999
000003	罗华	1970-5-26	女	广州天河区	020-68888888
000004	韩乐	null	男	深圳宝安	0755-86666666
000005	孔卿	1981-7-28	null	佛山高明	0756-89999999

（1）根据第一条数据的特点，即列的 null 比较多，宜采用第二种方式添加。

```
SQL> insert into t_user(uiid,uname)  values('000001','系统管理员');
已创建 1 行。
SQL> select * from t_user;
UIID  UNAME   UBIRTHDAY    UADDRESS      UTELEPHONE
----  ------- ----------   ----------    -----------
000001 系统管理员
```

说明： 在 insert 语句中省略的列值为 null。

注意： 前面提到字符串的值应该使用单引号，但是数字标识的系统将转换为字符串进行存储，如本例中，如果第一个列值不使用单引号，则效果为

```
SQL> insert into t_user(uiid,uname) values(000001,'系统管理员');
已创建 1 行。
SQL> select * from t_user;
UIID   UNAME   UBIRTHDAY      UADDRESS       UTELEPHONE
----   -------  -----------    -------------   ----------
000001 系统管理员
1      系统管理员
```

说明： 000001 被当做数字值转换为字符串以后的值为'1'，故存储在数据表中的值为'1'，此问题在初学阶段会经常出现，需要读者特别注意，即使出现了该问题，也应该马上知道原因。使用结束后用 delete 语句删除该条测试数据。

（2）根据第二条数据的特点，可以采用第一种方式添加。

```
SQL> insert into t_user values('000002','李宇','1989-10-25','m','佛山禅城
区','0757-89999999');
    insert into t_user values('000002','李宇','1989-10-25','m','佛山禅城区
','0757-89999999')
                                              *
第 1 行出现错误:
ORA-01861: 文字与格式字符串不匹配
```

说明： 但是此处出现了一个错误，很多读者在此前已经熟悉了 SQL Server 的 SQL 语法，故以为日期型的数据表示和字符串一致，系统会自动转换日期型数据，但其实不然，在 Oracle 中，对于日期型的数据，除非按照系统默认日期格式输入，否则需要使用字符串表示后按给定的格式转换为日期型数据后才能添加到表中。

故上面的日期数据应该采用 to_date 函数进行转换。

```
SQL> insert into t_user values('000002','李宇',to_date('1989-10-25','yyyy-
mm-dd'),'m','佛山禅城区','0757-89999999');
已创建 1 行。
SQL> select * from t_user;
UIID   UNAME   UBIRTHDAY       USEX UADDRESS    UTELEPHONE
-----  ------- --------------- ---- ---------- ----------------------
000001 系统管理员
000002 李宇     25-10 月-89      m    佛山禅城区   0757-89999999
```

注意：

① to_date('1989-10-25','yyyy-mm-dd')表示将'1989-10-25'按照格式 yyyy-mm-dd 转换为日期型数据存储，查询处理的数据显示为默认格式 25-10（月）-89，显示格式与系统的参数设置有关，该函数会在情境 7 中详细介绍，将涉及设置日期显示格式的问题，有需要的读者可以参考。

② 在本例中，要求输入男和女，但是在表定义时，采用 m 代表男，f 代表女，而且使用了 check 约束，该列值只能为 f 或 m，故只能输入 m 或 f，否则会提示出错。

③ 对于值中的部分列，如果不提供值，则可以使用关键字 NULL 来表示，前提是该列可以为空。

```
SQL> insert into t_user values('000004','韩乐',null,'M','深圳宝安区','0755-86666666');
已创建 1 行。
SQL> select * from t_user;
UIID   UNAME   UBIRTHDAY      USEX UADDRESS      UTELEPHONE
------ ------- -------------- ---- ---------- ------------------
000001 系统管理员
000002 李宇     25-10 月-89    m    佛山禅城区      0757-89999999
000003 罗华     26-5 月-70     f    广州天河区      020-68888888
000004 韩乐                   m    深圳宝安区      0755-86666666
```

说明：

① NULL 在数据库中是一个未知的对象，不能加单引号表示，否则它是一个普通的字符串。

② 如果列要求非空，而提供的值或者列省略，则会出现如下错误提示（读者应该知道是什么原因导致出现了该错误）。

```
SQL> insert into t_user values('000003',null,to_date('1970-05-26','yyyy-mm-dd'),'f','广州天河区','0757-68888888');
第 1 行出现错误：
ORA-01400: 无法将 NULL 插入 ("SHOPPING_DBA"."T_USER"."UNAME")
SQL> insert into t_user(uiid,usex) values(000001,'f');
第 1 行出现错误：
ORA-01400: 无法将 NULL 插入 ("SHOPPING_DBA "."T_USER"."UNAME")
```

6.2.3 任务 3：商品数据的添加

任务 3：将表 6-3 所示的商品数据添加到商品信息表中。

表 6-3 商品信息表中的数据

商品 ID	名　　称	类型 ID	标　价	折　扣	库存量	最高存量	最低存量	备　注
G01001	修正笔	T00001	5.5	0	0	100	0	null
G03001	女式衬衣	T00003	92.00	0.95	18	40	1	null
G04001	领带	T00004	98.00	0	200	500	600	null
G04002	男装西服	T00004	898	0.92	20	50	0	null

添加第一条数据，其中日用百货对应的类型 ID 为't00001'。

```
SQL> insert into t_goods values('G01001','修正笔','t00001',5.5,0,1,100,0,null);
第 1 行出现错误：
ORA-02291: 违反完整约束条件 (SHOPPING_DBA.SYS_C005428) -- 未找到父项关键字
```

说明：发生以上错误提示，表示表中有外键的值不在父表中的主键值中，仔细检查后发现，日用百货对应的类型 ID 为 T00001，对于字符串来说，'t00001'与'T00001'是不匹配的，在添加外键值时，特别是初学者，一定要特别注意外键值的大小写及空格等问题，一旦发生类似的错误提示，可通过查询父表中的数据进行对比发现问题所在。

```
SQL> insert into t_good values('G01001','修正笔','T00001',5.5,0,1,100,0,null);
已创建 1 行。
```

6.2.4　实训练习

（1）请将任务 1 中的另外 3 条数据添加到商品类型表中。
（2）请将任务 2 中的另外 3 条数据按照不同的方式添加到注册用户表中。
（3）请读者自行完成任务清单中任务 4 中数据的添加。
（4）请读者实现添加商品类型编号为 T00099，类型名称为 LV'S 的商品类型的数据。

6.3　在添加数据中使用序列

根据任务 3 中用户编号的特点，不难发现注册用户的 ID 采取了自增有序编码，长度为 6 位，不够 6 位则在其前补充 0，其中包含两个功能，一是有序编号，二是以 0 补充至 6 位。为了实现有序编号，可以使用 Oracle 中的序列对象来实现。

6.3.1　序列

在 Oracle 中为了实现有序编号，应该使用到 SEQUENCE（序列）对象。
序列是一个数据库对象，利用它可生成唯一的整数。一般使用序列自动生成主码值。一个序列的值是由特殊的 Oracle 程序自动生成的，因此序列避免了在应用层实现序列而引起的性能瓶颈。Oracle 序列允许同时生成多个序列号，而每一个序列号都是唯一的。当一个序列号生成时，序列是自动递增的，并独立于事务的提交或回滚（即只要调用了序列的 nextval 方法，即使执行了回滚，序列值也不可撤销）。
Oracle 序列的语法格式如下。

```
CREATE SEQUENCE 序列名
[INCREMENT BY n]
[START WITH n]
[{MAXVALUE/ MINVALUE n|NOMAXVALUE}]
[{CYCLE|NOCYCLE}]
[{CACHE n|NOCACHE}];
```

说明：
① INCREMENT BY 用于定义序列的步长，如果省略，则默认为 1；如果出现负值，则代表 Oracle 序列的值是按照此步长递减的。
② START WITH 用于定义序列的初始值（即产生的第一个值），默认为 1。
③ MAXVALUE 用于定义序列生成器能产生的最大值。NOMAXVALUE 是默认选项，代

表没有最大值定义，这时对于递增 Oracle 序列，系统能够产生的最大值是 10^{27}；对于递减序列，最大值是-1。

④ MINVALUE 用于定义序列生成器能产生的最小值。NOMINVALUE 是默认选项，代表没有最小值定义，这时对于递减序列，系统能够产生的最小值是 10^{26}；对于递增序列，最小值是 1。

⑤ CYCLE 和 NOCYCLE 表示当序列生成器的值达到限制值（最大值或者最小值）后是否反复循环取值。CYCLE 代表循环，NOCYCLE 代表不循环。如果循环，则当递增序列到最大值时，循环到最小值；当递减序列到最小值时，循环到最大值。如果不循环，则到限制值后，继续调用新值就会发生错误。

⑥ CACHE（缓冲）用于定义存放序列的内存块的大小，默认为 20。NOCACHE 表示不对序列进行内存缓冲。对序列进行内存缓冲，可以改善序列的性能。但是也不能设置的太大，因为序列不可逆，容易造成空号，在实际项目开发中应该根据实际数据量的大小来决定缓冲值的大小。

序列提供了两个方法 NextVal 和 CurrVal 来实现序列号的提取。顾名思义，NextVal 为取序列的下一个值，一次 NextVal 会增加一次序列的值；CurrVal 为取序列的当前值。

注意：第一次 NextVal 返回的是初始值；随后的 NextVal 会自动增加用户定义的 INCREMENT BY 值，然后返回增加后的值。CurrVal 总是返回当前序列的值，但是在第一次 NextVal 初始化之后才能使用 CurrVal，否则会出错。

为了实现任务中的 1、2、3、4、5 等自增序号，可创建一个序列，初始值为 1，增量为 1，不设最大值，即使用默认最大值即可。在 insert 语句中提供用户编号值的地方可以引用序列的 NextVal 值。

6.3.2 任务 4：供应商数据的添加

任务 4：给供应商添加数据。
在此，可以先将原来添加的用户数据删除再进行序列调用测试。

```
SQL> delete from t_user;
已删除 5 行。
SQL> create sequence seq_uiid start with 1 increment by 1;
序列已创建。 ---创建用于生成用户编号有序递增的序列
SQL> insert into t_user(uiid,uname)
  2  values(seq_uiid.nextval,'系统管理员'); ---在 insert 语句中通过序列的
nextval 方法来获取一个新的序列值
已创建 1 行。
SQL> select * from t_user;
UIID  UNAME     UBIRTHDAY    USEX   UADDRESS    UTELEPHONE
----- --------- ------------ --     --         -----------     ----------
1     系统管理员
```

说明：通过引用 seq_uiid.nextval 生成了序号为 1 的整数值，系统将该整数值转换为字符串后进行存储。但是细心的读者会发现，这个用户编号并非系统业务规则最终想要的效果，业务规则需要的是'000001'这样的效果，即长度为 6 位的字符串，不够 6 位则在之前补充 0，为了体

现这个效果，可以调用 to_char 函数（详见情境 7 中的常用转换函数）来实现。

```
SQL> select to_char(1,'000000') 编号 from dual;
--将数字 1 转换为 6 位字符串，不够的在前面补 0
编号
-------
 000001
```

同样的，可以在 insert 语句中调用 to_char 函数来指定格式的转换。

```
SQL> insert into t_user(uiid,uname)
  2  values(to_char(seq_uiid.nextval,'000000'),'系统管理员');
values(to_char(seq_uiid.nextval,'000000'),'系统管理员')
        *
第 2 行出现错误:
ORA-12899:列 "SHOPPING_DBA"."T_USER"."UIID" 的值太大 (实际值：7，最大值：6)
```

说明： 但是在调用了该函数以后再添加值的时候，会提示以上错误信息，即(to_char(seq_uiid.nextval,'000000')返回了 7 位字节的字符串，通过笔者不断地调试以及翻阅相关资料，发现 Oracle 中将数字转换为字符串以后，会在字符串的前面预留一个位置来存放数字的符号，正数符号为空格，负数则是一个'-'而没有空格，故(to_char(seq_uiid.nextval,'000000')会返回一个带有空格的 7 位字节的字符串。为了解决该问题，可以使用 trim()函数（详见情境 7 中的常用字符串函数），也可以在格式字符串中加入 "fm" 避免空格的影响。

```
SQL> insert into t_user(uiid,uname)
  2  values(trim(to_char(seq_uiid.nextval,'000000')),'系统管理员');
已创建 1 行。
SQL> select * from t_user;
UIID   UNAME           UBIRTHDAY        USEX   UADDRESS     UTELEPHONE
------ -------------   ---------------  --     -----------  -----------
1      系统管理员
000003 系统管理员
```

思考： 细心的读者会发现上面的结果是 000003，为什么不是 000002 呢？请仔细阅读上面的 3 个操作过程，发现并总结其中的原因。

将表 6-4 所示的供应商数据添加到供应商表中：

表 6-4 供应商表中的数据

供应商 ID	供应商名称	联 系 人	电 话	备 注
000001	广州电子	李先生	null	null
000002	李宁服装公司	刘小姐	null	null
000003	利口福食品公司	王	81111111	Null
000004	佛山电脑城	null	null	null

（1）创建一个用于供应商编号有序递增的序列。

```
SQL> create sequence seq_sid start with 1 increment by 1 ;
序列已创建。
```

（2）在 insert 语句中使用序列的 nextval 方法来获取新的编号值，可以发现，不管添加多少数据，不管是开发人员、测试人员还是最终用户，都不需要为了给供应商编号编码而查询数据库数据人工编码了。

```
SQL> insert into t_supplier values(trim(to_char(seq_sid.nextval,
'000000')),'广州电子','李先生',null,null);
已创建 1 行。
SQL> insert into t_supplier values(trim(to_char(seq_sid.nextval,
'000000')),'李宁服装公司','刘先生',null,null);
已创建 1 行。
SQL> insert into t_supplier values(trim(to_char(seq_sid.nextval,
'000000')),'利口福食品公司','王','81111111',null);
已创建 1 行。
SQL> insert into t_supplier values(trim(to_char(seq_sid.nextval,
'000000')),'佛山电脑城',null,null,null);
已创建 1 行。
```

6.3.3 实训练习

（1）请将 t_gtype 表中的数据删除，后 5 位的编号使用序列实现有序递增，并在这 5 位编号前面加上字母"T"。

（2）请熟悉 SQL Server 数据库开发的读者思考，如果想实现 SQL Server 数据库中自增列的同样效果，还需要做什么工作？

6.4 在添加数据中使用子查询

可以使用 INSERT INTO SELECT 语句，即在 insert 语句中使用子查询的方式进行批量数据的添加。

其语法格式如下。

```
Insert into Table2(field1,field2,...) select value1,value2,... from Table1
```

6.4.1 任务 5：采购单的添加

任务 5：为了平衡系统中的数据，将盘点有库存的商品数据做成一个虚拟的采购单。

采购单数据如表 6-5 所示。

表 6-5 采购单中的数据

采购 ID	供应商 ID	采 购 日 期	总 金 额	采购单状态	备 注
P00000000001	null	系统时间	null	待审核	初始化系统数据用

采购单明细数据为商品信息表中有库存的商品信息，其中商品 ID 为商品信息表的 ID，采购单价为商品信息表中的商品单价，采购数量为商品信息表中的库存量，备注为 null。

（1）采购单主表的数据可以参考 6.1 节中所涉及的方法来添加，其中采购日期的值要求为系统时间。在此处可以采用两种方式，一是使用 sysdate 系统变量赋值，二是使用表定义时采购日期的默认值。

① 使用 sysdate 赋值。

```
SQL>  insert  into  t_main_procure(pmid,pdate,pstate,pmemo)  values
('P00000000001',sysdate,'1','初始化系统数据');
已创建 1 行。
```

② 使用列定义的默认值。

赋值时使用列定义的默认值的方法有两种，一种是指定列，赋值时使用 default 关键字；一种是直接忽略列，不赋值。该系统使用列定义的默认值进行赋值：

```
SQL>  insert into t_main_procure(pmid,pdate,pstate,pmemo) values
('P00000000001',default,'1','初始化系统数据');
——指定了 pdate 列，赋值时使用 default 关键字定义的默认值
第 1 行出现错误：
ORA-00001: 违反唯一约束条件 (SHOPPING_DBA.SYS_C005469)
```

说明： 以上错误出现的原因是已经在第一种方式中添加了该编号的数据，而采购单编号是主键，主键不能重复并且非空，故提示违反了唯一约束条件，在测试中，应该先将之前的数据删除之后再次添加。

```
SQL> delete from t_main_procure;
已删除 1 行。
SQL>  insert  into  t_main_procure(pmid,pdate,pstate,pmemo)  values
('P00000000001',default,'1','初始化系统数据');
已创建 1 行。
```

同样的，下面采用不指定列，不赋值的方式来使用默认值，也需要先删除数据，这几种方式添加数据的效果一致。

```
SQL> delete from t_main_procure;
已删除 1 行。
SQL>  insert  into  t_main_procure(pmid,pstate,pmemo)  values
('P00000000001','1','初始化系统数据');
已创建 1 行。
SQL> select * from t_main_procure;

PMID          SID    PDATE          PAMOUNT PSTATE  PMEMO
------------- ------ -------------- ---------- -      -----------
P00000000001         12-7月 -10              1       初始化系统数据
```

（2）采购单明细数据为商品信息表中有库存的商品信息，其中商品 ID 为商品信息表的 ID，采购单价为商品信息表中的商品单价，采购数量为商品信息表中的库存量，备注为 null。

① 本任务中要添加的数据来源于商品信息表，与之关联的数据结果集查询语句如下。

```
SQL> select gid,gprice,gstocks from t_good where gstocks>0;
GID       GPRICE    GSTOCKS
```

```
------  ----------  ----------
G01001       5.5           1
G03001       192          18
G04001        98         200
G04002       898          20
```

② 查看采购单明细表需要的数据结构。

```
SQL> desc t_procure_items;
名称                                    是否为空? 类型
--------------------------------------- -------- ---------------------
PMID                                             CHAR(12)
GID                                              CHAR(6)
PIPRICE                                          NUMBER(8,2)
PINUM                                            NUMBER(8,2)
PIMEMO                                           VARCHAR2(50)
```

③ 需要在①中的结果集中构造一个和②中的结构一致的数据集，从采购单主表和明细表的关系，可以得出明细表中的 PMID 列的值为主表中的单号 P0000000001，故可以在①中的语句中添加此常量表达式，效果如下所述。

```
SQL> select 'P0000000001',gid,gprice,gstocks from t_good where gstocks>0;
'P000000000 GID        GPRICE     GSTOCKS
----------- ------  ----------  ----------
P0000000001 G01001       5.5           1
P0000000001 G03001       192          18
P0000000001 G04001        98         200
P0000000001 G04002       898          20
```

④ 以类似③的方法，在备注列中根据为 null 的需求构造满足要求的语句。

```
SQL>  select 'P0000000001',gid,gprice,gstocks,null  from  t_good  where
gstocks>0;
'P000000000 GID        GPRICE     GSTOCKS NULL
-----------      ------      ---------- ----------      ----
P0000000001 G01001       5.5           1
P0000000001 G03001       192          18
P0000000001 G04001        98         200
P0000000001 G04002       898          20
```

⑤ 根据④中的查询结果来看，其结构与采购单明细表的结构已经一致，至此，可以将查询结果一次性批量插入，具体方法是使用 select 语句直接替代 insert 语句中的 values 子句，要求 select 返回的结果列与 insert 语句需要的列值从左至右在数量、数据类型上一一对应。

```
SQL> insert into t_procure_items select 'P0000000001',gid,gprice,
gstocks,null 备注 from t_good where gstocks>0;  --使用子查询实现批量数据的插入
已创建 4 行。
SQL> select * from t_procure_items;
PMID          GID        PIPRICE      PINUM    PIMEMO
```

```
------------ ------ ---------- ---------- --------------
P0000000001  G01001       5.5          1
P0000000001  G03001       192         18
P0000000001  G04001       98         200
P0000000001  G04002       898         20
```

注意：使用 insert into select 语句插入数据时，要求要插入的表结构与 select 语句中的列结构从左至右在数量、数据类型上保持一致。在数据类型不一致的情况下，满足 Oracle 系统隐式转换的原则也可以，但是也会对插入的所有数据进行相关的约束检查，如发生错误，则可按照错误提示检查表结构定义及 select 数据结果集。

总结：INSERT INTO SELECT 语句也称表复制，在开发、测试过程中，经常会遇到需要表复制的情况，如将 table1 的数据的部分字段复制到 table2 中，或者将整个 table1 复制到 table2 中，这时候就需要使用 INSERT INTO SELECT 语句了，此时要求目标表 table2 必须存在，由于目标表 table2 已经存在，所以除了插入源表 table1 的字段值外，还可以插入常量，就像步骤③和步骤④中的常量构造。

思考：如果插入的表结构列比 select 语句中的列多，并且多出的列定义若为 null，则可以使用指定列的方式进行数据的插入，请读者自行设计测试方案进行测试。

6.4.2　任务6：订单数据的添加

任务描述：给注册用户表中的每个用户下一个订单，订单号使用序列生成序号，格式为 'O000000000XX'，日期使用默认值，总金额为 null，订单状态为 1，备注为 null，每张订单的订单明细不少于两样商品，单价为所选商品的商品单价，其他随意设计。

任务分析：

本任务中需要实现两个子任务，一是给每个用户添加一个订单，二是给每个订单添加两样商品的订单明细，其他细节数据随意。

（1）订单中的订单号使用序列，故创建一个序列用于订单号的列值即可。

```
SQL> create sequence seq_omid;
序列已创建。
```

（2）用户编号使用注册用户表中的所有用户编号。

```
SQL> select uiid from t_user;
UIID
------
000002
000003
000004
000005
000001
```

（3）前面的查询结果中加上日期为系统日期，总金额为 null，订单状态为'1'，备注为 null 的值。

```
SQL> select uiid,sysdate,null,'1',null from t_user;
UIID    SYSDATE      N ' N
------ -------------- - - -
000002 18-5月 -10      1
000003 18-5月 -10      1
000004 18-5月 -10      1
000005 18-5月 -10      1
000001 18-5月 -10      1
```

（4）在 select 语句中添加序列的 NextVal 方法的引用以后添加到订单表中，序列值生成以后要经过如下的变化才能满足用户的需求：'O'||trim(to_char(序列.nextval,'00000000000'))。

```
SQL> insert into t_main_order
     select
'O'||trim(to_char(seq_omid.nextval,'00000000000')),uiid,sysdate,null,'1',null
     from t_user;
已创建 5 行。
```

以上的操作结果如下。

```
SQL> select OMID,UIID,ODATE from t_main_order ;
OMID          UIID   ODATE
------------ ------ ---------------
O000000000001 000002 18-5月 -10
O000000000002 000003 18-5月 -10
O000000000003 000004 18-5月 -10
O000000000004 000005 18-5月 -10
O000000000005 000001 18-5月 -10
```

6.4.3 技能拓展

（1）insert 语句不仅值可以使用子查询，表结构列也可以使用子查询，例如，

```
insert into t_gtype values('T00001','日用百货');
```

也可以使用以下方式实现，由于这个方式的适用性不强，因此比较少用，读者可以了解这一点，不需要太精通，能看懂他人的语句即可。

```
SQL>insert into (select gtid,gtname from t_gtype) values('T99999','子查询
测试');
已创建 1 行。
```

上面的语句与 insert into t_gtype(gtid,gtname) values('T99999','子查询测试');语句作用等同。

（2）Oracle 的 insert 语句还提供多表插入方式，以将子查询的结果按照条件添加到不同的表或者同表的不同列中，如商品信息表中数据，需要创建 3 个表，分别存放价格较低的（10元以下的）、中等的（10～100 元的）和较高的（100 元以上的）商品信息。

① 创建 3 个与商品信息表结构一致的空表。

```
SQL> create table min_good as select * from t_good where 1=2;
表已创建。
SQL> create table medium_good as select * from t_good where 1=2;
表已创建。
SQL> create table max_good as select * from t_good where 1=2;
表已创建。
```

② 从商品信息表中查询数据，根据不同的条件分别 insert 到不同的表中。

```
SQL> insert all
  2  when gprice<10 then
  3  into min_good      --价格少于10元的数据插入min_good
  4  when gprice>=10 and gprice<100 then
  5  into medium_good  --价格大于10元小于100元的数据插入medium_good
  6  when gprice>=100 then
  7  into max_good      --价格大于100元的数据插入max_good
  8  select * from t_good;
已创建4行。
```

③ 分别查询 3 个表中的数据。

```
SQL> select gid,gname,gprice from min_good;
GID    GNAME                 GPRICE
------ -------------------- ----------
G01001 修正笔                  5.5
SQL> select gid,gname,gprice from medium_good;
GID    GNAME                 GPRICE
------ -------------------- ----------
G04001 领带                    98
SQL> select gid,gname,gprice from max_good;
GID    GNAME                 GPRICE
------ -------------------- ----------
G03001 女士衬衣                192
G04002 男装西服                898
```

总结：使用多表插入添加数据时还有其他方法，请读者详阅相关资料进行测试，了解其作用，以便在开发应用过程中使用。

6.4.4　实训练习

（1）完成任务 6 中的子任务 2。

（2）根据 6.2～6.4 节的数据添加示例，在网上购物系统中添加更多的测试数据，特别是采购单和订单的数据，读者可以仿真地以系统中的管理员身份进行采购，以系统中注册用户的身份进行订购。

（3）为每个已完结的订单中的明细数据添加一条评价记录，评价编号使用序列生成，订单号使用订单明细中的订单号，商品编号使用订单明细中的商品编号，评价时间默认为系统时间，评价类型为 B，评价内容为 null。

6.5 修改简单数据

可以使用 update 语句修改基表或者简单视图中的已有数据。用户可以修改所属表对象的数据，或者具有该表对象的 update 对象权限，如果要修改视图数据，则不仅需要有修改视图的权限，还要具有视图基表的修改对象权限，或者具有 UPDATE ANY TABLE 系统权限。

修改表数据的语法格式如下。

> UPDATE 表名 SET 字段名1=值1，字段名2=值2，…… WHERE 条件；

一条 update 语句根据设置的条件需要可以对表中的多个列进行修改，列值可以为常量、计算表达式及子查询等；如果修改的值 N 没有赋值或定义，则将把原来的记录内容清空，因此最好在修改前进行非空校验；值 N 超过对应列定义的长度时会出错，最好在插入前进行长度校验；值 N 数据类型必须与对应列保持一致（至少在 Oracle 系统自动转换之后），否则也会出错。

6.5.1 任务 7：修改商品信息

任务描述：修改商品信息表中折扣为 0 的列值为 1。

本任务中要修改的表是 t_good 表，修改的列是 gdiscount 列，值为常量 1，条件是表中原有的 gdiscount 列值为 0 的记录数据。

```
SQL> update t_good set gdiscount=1 where gdiscount=0;
已更新 2 行。
SQL> select gid,gdiscount from t_good;
GID     GDISCOUNT
------  ----------
G01001          1
G03001        .95
G04001          1
G04002        .92
```

注意：修改数据的值同样要满足表列定义的约束条件，如商品表中的单价 check 约束为大于等于 0，如果试图将单价修改为-1，则会出现以下错误提示。

```
SQL> update t_good set gprice=-1 where gdiscount=1;
update t_good set gprice=-1 where gdiscount=1
*
第 1 行出现错误：
ORA-02290：违反检查约束条件 (SHOPPING_DBA.SYS_C005471)
```

6.5.2 任务 8：修改用户信息

任务 8：修改用户信息表中为 null 的出生日期为 1985 年 1 月 1 日。

本任务中要修改的表是 t_user 表，将出生日期为空的记录的出生日期修改为 1985 年 1 月 1 日。1985 年 1 月 1 日在这里为常量值，但是同添加数据时一样，需要使用 to_date 函数将该字符串表示的值转换为日期型数据后再进行赋值。

```
SQL> update t_user set ubirthday=to_date('1985-01-01','yyyy-mm-dd')
where ubirthday is null;
已更新 2 行。
SQL> select uiid,ubirthday from t_user;
UIID    UBIRTHDAY
------  --------------
1       01-1 月 -85
000003 01-1 月 -85
```

注意：条件中表示出生日期为 null 的表达式不能使用'='，而应该使用 is null 谓词，详情请参阅本书情境 7 中关于 null 对象的部分。

6.5.3 任务 9：修改商品单价

任务 9：本任务中将商品单价根据需要准备提价 10%。

本任务中要修改的表是 t_good 表，修改的列为 gprice，值为原有价格上涨 10%，条件是所有的商品数据。

```
SQL> update t_good set gprice=gprice+gprice*0.1;
已更新 4 行。
```

说明：此修改语句中修改的列值为计算表达式，可以根据需要设计有效的表达式。

6.5.4 实训练习

（1）将商品的最高库存量统一提高 10%。
（2）将联系人为 null 的供应商信息的备注数据修改为"缺联系人，请补充"。

6.6 在修改语句中使用子查询

修改语句中的列值可以是子查询返回的结果，其规则如下。
（1）如果是一个列对应一个子查询，那么子查询的返回结果只能是单列；
（2）如果是多个列对应一个子查询，那么子查询的返回结果列数及数据类型必须与前面的列数及列的数据类型保持一致。
（3）如果子查询没有返回列，则修改的值为 null。

6.6.1　任务 10：修改采购单金额

本任务修改采购单中的总金额，总金额的计算规则如下：每一个采购单主表的总金额为该采购单明细表中的各商品采购金额（采购单价*采购数量）之和。

（1）每张采购单的总金额需要根据采购单号到对应的采购明细表中统计采购金额总和。例如，采购单号为 X 的总金额的计算如下。

```
Select sum(piprice* pinum) from t_procure_items where pmid='X';
```

（2）可以将此查询的结果作为修改采购单总金额的列值，即 update t_main_procure set pamount=上面 select 语句返回的结果，条件是 select 语句中的 X 应该与 update 语句的采购单号匹配，故实现的语句如下。

```
SQL> update t_main_procure  set pamount=(Select sum(piprice*pinum) from
t_procure_items  where pmid= t_main_procure.pmid);
已更新 2 行。
SQL> select * from t_main_procure;
PMID          SID    PDATE             PAMOUNT PSTATE   PMEMO
---------  ------  --------  --------  -       ------------  ----------  --------

P00000000001          12-7月 -10        62581.5  1   初始化系统数据
P00000000002          13-7月 -10          21560  1   test
```

说明：通过 where pmid= t_main_procure.pmid 条件子句将子查询中的采购单号与采购单主表中的采购单号关联起来，Oracle 会自动根据采购单的记录条数逐条进行查询、计算和修改。

6.6.2　修改供应商备注

将 2012 年有采购记录的供应商信息的备注修改为"2012 年有采购"。

首先需要将 2012 年有采购记录的供应商 ID 查询出来（多次采购的供应商只返回一行，使用 distinct 关键表示，详见情境 7 中的子查询），再将查询结果作为 update 供应商表的条件，由于查询结果会返回多行，因此子查询的关键字应该使用 in（详见情境 7 中的子查询）。

（1）查询 2012 年有采购记录的供应商 ID。

```
SQL> select distinct sid from t_main_procure where to_char (pdate,
'yyyy')='2012';
SID
------
000003
000004
000001
```

（2）根据查询结果修改供应商的资料。

```
SQL> update t_supplier set smemo='2012年有采购'
  2  where sid in(select sid from t_main_procure where to_char(pdate,'yyyy')
='2012');
已更新3行。
SQL> select sid,sname,smemo from t_supplier;
SID    SNAME                SMEMO
------ -------------------- ------------------------------------
000001 广州电子             2012年有采购
000002 李宁服装公司
000003 利口福食品公司       2012年有采购
000004 佛山电脑城           2012年有采购
```

总结：修改语句中的子查询可以作为修改的列值，如本情境任务10所示，也可以作为修改数据的条件，如本情境任务11所示，为了让系统中的数据修改更加灵活、方便，可能会使用到更加复杂和高级的select语句，请读者在学习了情境7中的数据查询后，再充分利用子查询的功能来修改系统中的数据。

6.6.3　实训练习

（1）将订单主表中的订单总金额进行统计更新。

（2）将订单明细表中的商品单价修改为原商品单价*商品的折扣率。

6.7　MERGE 语句的使用

前面章节中数据的添加和修改都是基于用户明确的需求目标进行的，有时在数据维护过程中并不确定是要新增还是修改，如有一项供应商的信息，在并不确定该供应商是否已经存在的情况下，是应该使用 INSERT 语句新增一条数据还是使用 UPDATE 语句修改联系方式呢？Oracle 提供了 MERGE 语句来完成这个不确定的工作。

执行 MERGE 语句相当于同时执行 INSERT 和 UPDATE 语句。如果某个值不存在，则插入一个新值；如果该值已经存在但是需要更改，则 MERGE 语句将更新该值。

要对数据库表执行这类更改，必须拥有对目标表的 INSERT 和 UPDATE 权限，以及对来源表的 SELECT 权限。

MERGE 语句的语法格式如下。

```
MERGE INTO 目标表 USING 来源表 ON 匹配条件
WHEN MATCHED THEN UPDATE
SET ......
WHEN NOT MATCHED THEN INSERT
VALUES (......);
```

6.7.1 任务 11：MERGE 数据

本任务有一个名称为"佛山网络"，联系人为 Jamy，联系电话为 189××××××××的供应商信息，需要更新或者添加到供应商表中。

任务分析：这项供应商信息不确定是否已经在供应商表中存在，所以需要先判断是否存在此项信息，再决定是添加还是更新。

（1）根据 merger 语句的语法要求，using 子句对应一个表数据，在该任务中是一项新的数据，在此可以将这条数据使用 select 语句实现。

```
(select '佛山网络' sname,'john' scontact,'189×××××××' sphone from dual) ns
```

上面的 ns 为 select 语句返回的结果集表对象的别名。

（2）匹配条件是供应商名称，如果不存在要新增的供应商信息，则需要使用序列来生成供应商编号，所以实现该任务的语句如下。

```
SQL> MERGE INTO t_supplier s
  2      USING (select '佛山网络' sname,'jamy' scontact,'189×××××××' sphone
from dual) ns
  3      ON (s.sname = ns.sname)
  4      WHEN MATCHED THEN
  5      UPDATE
  6      SET s.scontact = ns.scontact,
  7      s.sphone = ns.sphone
  8      WHEN NOT MATCHED THEN
  9      INSERT
 10      VALUES (trim(to_char(seq_sid.nextval,'000000')), ns.sname,ns.
scontact,ns.sphone,
 11      'merge test');
1 行已合并。
SQL> select sid,sname,scontact,sphone from t_supplier ;
SID    SNAME                 SCONTACT              SPHONE
------ --------------------- --------------------- ----------------
000102 佛山网络              jamy                  189×××××××
--下面的语句作用是验证是否有同样名称的供应商，若有，则修改联系人和电话
SQL> MERGE INTO t_supplier s
  2      USING (select '佛山网络' sname,'john' scontact,'139×××××××' sphone
from dual) ns
  3      ON (s.sname = ns.sname)
  4      WHEN MATCHED THEN
  5      UPDATE
  6      SET s.scontact = ns.scontact,
  7      s.sphone = ns.sphone
  8      WHEN NOT MATCHED THEN
  9      INSERT
 10      VALUES (trim(to_char(seq_sid.nextval,'000000')), ns.sname,ns.
```

```
scontact,ns.sphone,
 11      'merge test');
1 行已合并。
SQL> select sid,sname,scontact,sphone from t_supplier ;
SID    SNAME                SCONTACT              SPHONE
------ -------------------- --------------------- ----------------
000102 佛山网络             john                  139××××××××
```

说明：在此任务中数据是已知的，在项目业务需求中，有时候为了数据的备份表，实现增量备份的功能等需求，那么 using 子句中的数据就会来源于一个真实的表，可以直接写表名而不是 select 语句，同时由于表中可能数据量大，因此可以在 update 和 insert 子句中根据需要设置 where 条件，在此不再举例，请读者自行设计案例进行测试。

6.7.2　实训练习

（1）根据一条用户信息，设计一个 merge 语句，以新增或者修改已有的数据。
（2）创建一个商品信息备份表，设计一个 merge 语句，实现商品信息的增量备份功能。

6.8　删除数据

在应用中，经常需要删除一些不再使用的数据，可以使用 delete 语句实现数据的删除。用户可以删除自己所有的或者具有 DELETE 的对象权限的表对象数据，如果用户具有 DELETE ANY TABLE 的系统权限，则可以删除所有表（包括视图）中的数据。

Delete 语句的语法格式如下。

```
DELETE  FROM 表名 WHERE 条件;
```

如果不设条件，则表示将表中的所有数据删除。

6.8.1　任务 12：删除商品数据

本任务将库存为 0 的商品删除，语句如下。

```
SQL> delete from t_good where gstocks=0;
已删除 1 行。
```

注意：删除记录并不能释放 Oracle 里被占用的数据块表空间，它只把那些被删除的数据块标成 unused。如果需要清理表空间，则可以使用 ALTER TABLE table_name MOVE。

6.8.2　任务 13：清空系统数据

在系统上线之前，将购物系统中的数据清空。

任务分析：此操作的条件是系统上线之前，故根据本书基于工作过程的设计思路，本任务不在本情境中进行，但是因为操作具有相关性，故放于此处进行讲解，读者如要测试，请参考编者的做法并进行准备：将系统中所有的表复制，删除数据的操作对象为所复制的表对象。

复制系统中的表及表数据：

```
SQL> create table t_userb as select * from t_user;
表已创建。
SQL> create table t_user_b as select * from t_user;
表已创建。
SQL> create table t_supplier_b as select * from t_supplier;
表已创建。
SQL> create table t_good_b as select * from t_good;
表已创建。
SQL> create table t_main_procure_b as select * from t_main_procure;
表已创建。
SQL> create table t_procure_items_b as select * from t_procure_items;
表已创建。
SQL> create table t_main_order_b as select * from t_main_order;
表已创建。
SQL> create table t_ order_items_b as select * from t_order_items;
表已创建。
```

本任务中涉及的内容并非基本的应用，如果不考虑数据库存储空间和性能问题，则可以使用不带条件的 delete 语句进行删除。

使用 delete 语句删除数据：

```
SQL> delete from t_user_b;
已删除 2 行。
SQL> delete from t_supplier_b;
已删除 4 行。
SQL> delete from t_good_b;
已删除 4 行。
SQL> delete from t_main_procure_b;
已删除 1 行。
SQL> delete from t_procure_items_b;
已删除 4 行。
SQL> delete from t_main_order_b;
已删除 0 行。
SQL> delete from t_order_items_b;
已删除 0 行。
```

6.8.3 任务 14：Truncate 删除数据

Oracle 中的 delete 操作删除记录并不能释放 Oracle 里被占用的数据块表空间，它只是把那些被删除的数据块标成 unused，故如果涉及大数据量，则被 delete 的数据不仅占用了大量的存储空间，还会影响数据库访问的性能。

在一般的应用开发中如果需要删除表格里的所有数据，并且期望清除存储空间，则做法往往是先删除表格对象，此时表数据以及存储空间及相关对象都被删除了，再重新创建表格，但是该方法的缺点是在删除表对象的时候会将相关对象也删除，所以重建表格的同时要重新创建所有相关对象，如索引、完整性约束、触发器等。

Oracle 提供 truncate 命令来删除表中的所有数据，并且释放数据所占用的存储空间，包括索引数据，避免了上面提到的影响其他相关性对象的问题。

所以本情境任务 13 中的 delete 语句可以使用以下操作实现：

```
SQL> truncate table  t_user_b;
表被截断。
SQL> truncate table  t_supplier_b;
表被截断。
SQL> truncate table  t_good_b;
表被截断。
SQL> truncate table  t_main_procure_b;
表被截断。
SQL> truncate table  t_procure_items_b;
表被截断。
SQL> truncate table  t_main_order_b;
表被截断。
SQL> truncate table  t_order_items_b;
表被截断。
```

总结：Truncate 命令删除数据的缺点是只能完成删除表格中所有数据的功能，不能像 delete 语句那样带 where 条件过滤数据，而且 truncate 命令操作不能回滚，即一旦删除将不可撤销，故在执行此操作之前一定要慎重。

思考：

（1）Truncate 命令必须删除表格中的所有数据，所以有时针对一些大表格数据，如果要删除其中的一部分数据，则只能使用 delete 语句，但是空间不能马上释放，而且性能也不够好，此时怎么做才能达到高性能删除部分数据又及时释放空间呢？

可以采用间接的方法实现：先将要保留下来的数据复制到备用表中，再对基本表实施 truncate 操作，最后将备用表中的数据复制回基本表中，通过这个方法可以实现既删除部分数据又释放空间的需求，该操作过程请读者自行设计测试环境进行测试。

（2）数据库中有 3 个基本的操作都涉及删除数据，即 delete、trancate、drop，对于这 3 个操作命令，读者有必要了解其功能，分析总结其优点与缺点，才能在实际应用中根据需要有选择性的应用。

① DELETE：属于 DML 语句，删除数据库中指定条件的数据，相应语法如下。

```
DELETE table WHERE a = b;
```

该语句的优点：需要显式或者隐式执行 commit 进行提交才能反映到数据库中，所以此操作是可以回滚的，而且该语句可以附带 where 子句进行删除数据的过滤，可以有选择性地删除数据。该语句的主要缺点：数据记录实际上没有删除，而是被记录为 unused，故删除的数据所占用的存储空间也不会被释放。

② TRUNCATE：（不是 trancate）属于 DDL 语句，快速地删除指定表的所有数据，其语法格式如下。

```
TRUNCATE TABLE 表名。
```

特点如下：TRUNCATE 在各种表上执行都非常快，TRUNCATE 将重新设置高水平线和所有的索引。在对整个表和索引进行完全浏览时，经过 TRUNCATE 操作后的表比 Delete 操作后的表要快得多。TRUNCATE 不能触发任何 Delete 触发器。当表被清空后，表和表的索引将重新设置成初始大小，而 Delete 则不能。其主要缺点如下：同其他 DDL 语句一样，都显式地提交操作，因此执行之后是无法进行回滚操作的；而且不能附带 where 子句过滤数据。

③ DROP：属于 DDL 语句，作用是删除整个表。其语法格式如下。

```
drop table 表名;
```

删除表的同时删除表数据，释放表数据空间，并且将该表相关的索引、完整性约束、触发器等对象也一起删除，该操作会显式地提交操作，因此执行之后也是无法进行回滚操作的。

（3）DELETE 语句删除数据即使提交以后也不会清除表空间，只是把数据标识为 unused。如果经常有大量的数据要删除，则会有大量的垃圾数据占用存储空间。为了清除这些垃圾数据，可以使用 alter table tablename move;语句，具体的方法和过程空间的查询可以参见以下示例，前提条件是在 t_user 表中导入 3000 多条测试数据。

① 使用 user_segments 数据字典查询 t_user 表所占用的存储空间情况，下面的结果显示大小为 1996608B，占用 24 个数据块，3 个数据区。

```
SQL> select segment_name,bytes,blocks,extents from user_segments
  2  where segment_name='T_USER';
SEGMENT_NAME      BYTES      BLOCKS      EXTENTS
-----------       ----------  ----------  ----------
T_USER            196608       24          3
```

② 删除 t_user 表中的 984 条数据，并且进行提交，再次查询显示该表占用的存储空间，与上面的结果一致，说明 delete 的数据空间并没有被释放。

```
SQL> delete from t_user where uiid<1000;
已删除 984 行。
SQL> commit;
提交完成。
SQL> select segment_name,bytes,blocks,extents from user_segments
  2  where segment_name='T_USER';
SEGMENT_NAME      BYTES      BLOCKS      EXTENTS
-----------       ----------  ----------  ----------
T_USER            196608       24          3
```

③ 下面对此表进行 move 操作，再次查询表占用的存储空间时，发现 delete 数据的空间已经被释放。

```
SQL> alter table t_user move ;
表已更改。
SQL> select segment_name,bytes,blocks,extents from user_segments
  2  where segment_name='T_USER';
SEGMENT_NAME      BYTES      BLOCKS      EXTENTS
-----------       ----------  ----------  ----------
T_USER            131072       16          2
```

6.9　事务提交与回滚

Oracle RDBMS 要确保数据库的一致性是基于事务而不是基于单条 SQL 语句的。通过以上的 insert、update 和 delete 语句对数据库进行的数据更新，需要提交事务才能真正将数据更新到数据库的物理文件中，如果使用了回滚事务，则数据更新操作被取消。

事务处理是所有数据库系统的基本概念。事务处理允许用户对数据进行更改，然后决定是保存还是放弃所做的更改。数据库事务处理将多个步骤捆绑到一个逻辑工作单元上。事务处理由以下语句之一组成。

（1）几条 DML 语句，这些语句对数据进行一次更改，且数据保持一致。DML 语句包括 INSERT、UPDATE、DELETE 和 MERGE，该组的 DML 语句要么一起成功，要么一起失败，Oracle 中使用 commit 提交事务，使用 rollback 回滚事务，以结束一个事务同时准备开始一个新事务。

（2）一条 DDL 语句，如 CREATE、ALTER、DROP、RENAME 或 TRUNCATE，执行成功以后将隐式执行 COMMIT 语句。

（3）一条 DCL 语句，如 GRANT 或 REVOKE，执行成功以后将隐式执行 COMMIT 语句。

1．事务的提交

数据库数据的更新提交以后，这些更新操作就不能再撤销。事务的提交有以下两种方式。

（1）显式提交：使用 COMMIT 命令来提交所有未提交的更新操作。

（2）隐式提交：有些命令，如 ALTER、AUDIT、COMMENT、CONNECT、CREATE、DISCONNECT、DROP、EXIT、GRANT、NOAUDIT、REVOKE、RENAME，以及正常退出数据库都隐含 COMMIT 操作，而无须指明该操作。只要使用这些命令，系统就会提交以前的更新操作，就像使用了 COMMIT 命令一样。

2．事务回滚

尚未提交的 INSERT、UPDATE 或 DELETE 更新操作可以使用 ROLLBACK 命令进行撤销。下面使用用户表的复制表来测试提交与撤销的效果。

（1）ROLLBACK 回滚事务演示：

```
SQL> select * from t_user_b;
未选定行
SQL> insert into t_user_b(uiid,uname) values('123','administrator');
已创建 1 行。
SQL> select uiid,uname from t_user_b;
UIID   UNAME
------ --------------------
123    administrator

SQL> rollback;
回退已完成。
SQL> select uiid,uname from t_user_b;
未选定行
```

说明：表 t_user_b 中没有数据，插入一条数据后使用 select 查询，但是进行了 rollback 操作，再次查询发现数据不存在了，即第一次查询时查询的是缓冲区里未提交的数据，当执行 rollback 命令以后，缓冲区里数据回滚没有提交到物理文件中，并且删除了缓冲区数据，所以再查询的时候数据不存在。

（2）commit 提交事务演示：

```
SQL> insert into t_user_b(uiid,uname) values('123','administrator');
已创建 1 行。
SQL> select uiid,uname from t_user_b;
UIID   UNAME
------ --------------------
123    administrator
SQL> commit;
提交完成。
SQL> rollback;
回退已完成。
SQL> select uiid,uname from t_user_b;
UIID   UNAME
------ --------------------
123    administrator
```

说明：在本次操作中，在 rollback 之前使用 commit 提交了数据更新，即写入了数据文件，所以即使回滚了，依然可以查询到更新的数据。

（3）隐式 commit 的效果演示：

```
SQL> insert into t_user_b(uiid,uname) values('456','administrator');
已创建 1 行。
SQL> select uiid,uname from t_user_b;
UIID   UNAME
------ --------------------
123    administrator
456    administrator
SQL> create table test(sid char(8));
表已创建。
SQL> rollback;
回退已完成。
SQL> select uiid,uname from t_user_b;
UIID   UNAME
------ --------------------
123    administrator
456    administrator
```

说明：在本次操作中，没有使用 commit 显式提交数据更新，但是在回滚之前执行了建表任务，因为 DDL 语句前后会隐式地执行 commit 操作，故添加的数据在建表之前提交到了数据文件中。

（4）关于事务的一起失败效果演示：

```
SQL> insert into t_user_b(uiid,uname) values('789','administrator');
已创建 1 行。--操作1：添加了编号为789的用户数据
SQL> update t_user_b set uname='SHOPPING_DBA' where uiid='456';
已更新 1 行。--操作2：将编号为456的用户名称修改为SHOPPING_DBA
SQL> select uiid,uname from t_user_b;
UIID   UNAME
------ --------------------
123    administrator
456    SHOPPING_DBA
789    administrator
SQL> rollback;
回退已完成。--回滚
SQL> select uiid,uname from t_user_b;
UIID   UNAME
------ --------------------
123    administrator
456    administrator
--数据既没有插入，也没有修改
```

说明： 连续进行的操作1和操作2，经过回滚以后，都没有成功，即操作1和操作2属于同一个事务。是否属于一个事务不需要另外设置，在一个 session 中，一个事务结束以后自动开始一个新的事务，从此时开始，没有提交与回滚的所有 DML 操作都被默认为同一个事务。

（5）关于事务的一起成功效果演示：

```
SQL> insert into t_user_b(uiid,uname) values('789','administrator');
已创建 1 行。--操作1
SQL> update t_user_b set uname='SHOPPING_DBA' where uiid='456';
已更新 1 行。--操作2
SQL> commit;
提交完成。
SQL> select uiid,uname from t_user_b;
UIID   UNAME
------ --------------------
123    administrator
456    SHOPPING_DBA
789    administrator
```

说明： 连续进行的操作1和操作2，经过提交以后，数据更新被写入数据文件。

3. SAVEPOINT

在事务处理中创建标记，该标记将事务处理分成几个较小的部分。允许用户将当前事务处理回退到指定的保存点。如果产生错误，则用户可以发出 ROLLBACK TO SAVEPOINT 语句，以便仅放弃那些在保存点建立后所做的更改。具体的控制流程可以参照图6-1。

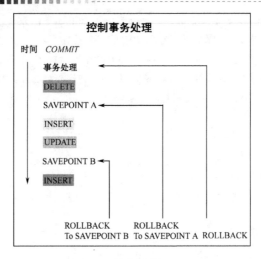

图 6-1　控制流程

4. 实现事务控制

以上已经说明了事务处理控制的方法，下面来完成以下任务。

在任务 5 中，先添加了采购单主表数据，又添加了采购单明细数据，如果采购单明细数据添加失败，则采购单主表数据也应该取消。

（1）查看采购单主表和明细表中的数据。

```
SQL> select * from t_main_procure;
未选定行
SQL> select * from t_procure_items;
未选定行
```

（2）给采购单主表添加一条数据，在此自动开始一个新的事务，并同时设置保存点 S1。

```
SQL>     insert   into   t_main_procure(pmid,pdate,pstate,pmemo)   values
('P00000000001',sysdate,'1','初始化系统数据');
已创建 1 行。
SQL> SAVEPOINT S1;
保存点已创建。
```

（3）给采购单明细表添加批量数据，同时查询明细表中的数据。

```
SQL> insert into t_procure_items select 'P00000000001',gid,gprice,gstocks,
0,null 备注 from
t_goods where gstocks>0;
已创建10 行。
SQL> select * from t_procure_items;
PMID          GID      PIPRICE      PINUM      PIMONEY
------------  ------   ----------   --------   ----------
P00000000001 g0001        7000         50           0
....
P00000000001 g0010           4          9           0
已选择10 行。
```

（4）将事务回滚到 S1 保存点，再次查询，发现明细表的操作已经撤销，采购单主表数据还存在，说明没有回滚到第一个操作，回滚 rollback 全部。

```
SQL> rollback to s1;
回退已完成。
SQL> select * from t_procure_items;
未选定行
SQL> select * from t_main_procure;
PMID          SID    PDATE      PAMOUNT P  PMEMO
------------ ------ ------- ---------- -
P00000000001        2013-10-11 12:21:17  1  初始化系统数据
SQL> rollback;
回退已完成。
```

（5）重新开始事务，再次添加采购单和明细表数据，最后应用 commit 命令完成事务的提交操作，执行查询时发现两个表中的数据都已经进行了提交。

```
SQL>    insert    into    t_main_procure(pmid,pdate,pstate,pmemo)    values
('P00000000001',sysdate,'1','

初始化系统数据');
已创建 1 行。
SQL> SAVEPOINT S1;
保存点已创建。
SQL> insert into t_procure_items select 'P00000000001',gid,gprice,gstocks,
0,null 备注 from

t_goods where gstocks>0;
已创建 10 行。
SQL> commit;
提交完成。
SQL> select * from t_main_procure;
PMID          SID    PDATE      PAMOUNT P  PMEMO
--------- ------ ------- ---------- -
P00000000001        2013-10-11 12:21:17  1  初始化系统数据

SQL> select * from t_procure_items;
PMID          GID    PIPRICE    PINUM      PIMONEY
------------ ------ ---------- ---------- ----------
P00000000001 g0001     7000        50         0
....
P00000000001 g0010     4           9          0
已选择 10 行。
```

5. 自动提交

Oracle 数据库系统默认情况采取 AUTOCOMMIT 为 OFF 的设置，即更新的数据需要隐式或者显式提交才能保存，如果将 AUTOCOMMIT 设置为 ON，则每执行一次语句就自动提交一次，该设置不适合采用事务处理相关业务的原则，可以在有需要时进行设置，但不推荐使用，例如，银行转账处理业务中有两个关键的 update 语句，首先是转出账户扣款，其次是转入账户入账，如果采取自动提交的方式，当第一个转账扣款成功并提交，而转入账户发生了异常，没有成功入账时，这个转账处理中就出现了错误，正常的应用中是不允许同类事情发生的。

一般情况下，事务处理应用是在编程中控制的，需要在 PL/SQL 中进行事务控制，具体参见本书情境 8。

网上购物系统的数据的查询

背景：Smith 将网上购物系统中用到的查询需求任务提交给 Jack，Jack 对其进行了整理，具体任务详见任务清单。

7.1　任务分解

7.1.1　任务清单

本阶段需要完成系统中的数据查询统计业务需求，其中可能会涉及视图和同义词的应用。

任务清单 7

公司名称：××××科技有限公司

项目名称：网上购物系统　　　　　　　　项目经理：Smith

执行者：Jack　　　　　　　　　　　　时间段：14 天

1. 查询显示商品类型数据。
2. 查询显示商品信息，要求显示商品编号、商品名称、商品单价。
3. 查询显示有折扣的商品信息，要求显示商品名称、商品单价、折扣、库存。
4. 查询显示商品单价为 10～100 的商品信息。
5. 查询显示商品库存超过最高库存或低于最低库存的商品信息。
6. 查询没有电话号码的供应商的信息。
7. 查询供应商中联系人姓李的信息。
8. 根据输入的类型编号查询商品信息。
9. 查询显示用户信息，要求电话号码显示固定电话中的非区号部分。
10. 查询显示商品信息，要求显示商品 ID、商品名称、单价（取整）、折扣（保留 1 位小数）、库存（取整）。
11. 查询当日起前两个月的采购单信息。
12. 查询在 5 月和 6 月过生日的用户信息。
13. 查询当月过生日的用户信息。
14. 统计每个用户的订单次数和订单总金额。
15. 查询 2013 年 7 月订单总金额在 200 元以上的用户的订单次数和订单总金额。

16. 查询显示有折扣的商品信息，要求显示商品名称、商品类型名称、商品单价、折扣、库存。

17. 查询商品"领带"共采购了多少。

18. 查询显示采购单信息，要求显示采购单号、采购日期、供应商名称、总金额、状态（1——显示待审核，2——显示已审核）。

19. 查找年龄最小的用户信息。

20. 查询显示在当月有采购来往的供应商信息。

21. 查询显示用户信息，附加每个用户的订单总金额。

22. 年底报表中需要将采购单主表和订单主表信息显示在一个报表中，显示单号、客户名称（采购单主表显示供应商名称，订单主表显示用户名称）、日期（yy-mm-dd）、总金额（四舍五入取整）、单据状态、类型（采购单显示"采购"，订单显示"订购"）。

23. 将 22 中的查询定义为一个视图，并针对该视图查询信息。

24. 系统中有几个商品信息数据维护人员是根据商品类型分工的，其中一个维护人员 Jane 是维护童装精品的商品信息的，请为 Jane 创建一个视图。

7.1.2 任务分解

要完成任务清单中的任务，在工作过程中会涉及简单查询、带条件的查询、常见函数的使用、分组查询、多表连接查询、子查询等，故本情境中包含如下典型工作任务。

（1）查询简单数据。
（2）带条件的查询。
（3）常用函数的应用。
（4）分组查询。
（5）多表连接查询。
（6）子查询。
（7）高级复合查询。

7.2 查询简单数据

使用 SELECT 语句在数据库的表或视图中查询数据，用户可以查询自己所有的数据表或者视图，如果要查询其他用户的数据表（视图），则必须具有该数据表（视图）的 SELECT 权限，如果用户具有 SELECT ANY TABLE 系统权限，则可以查询所有数据表（视图）的数据。

SELECT 语句的基本语法格式如下。

```
SELECT 目标表的列名或列表达式
FROM    基本表名和（或）视图
[ WHERE   行条件表达式 ]
[ GROUP BY   列名
                [ HAVING  组条件表达式 ] ]
[ ORDER BY  列名[ ASC|DESC ], … ]
```

SELECT 语句中必须包含选择列表和数据源表，而且 FROM 子句不可省，WHERE 子句、

GROUP BY 子句、ORDER BY 子句都是可以根据需要进行设置的，但是表达的顺序一定要按照以上顺序表示，不可调整，从书写规范的角度考虑，一般按照上面的换行格式进行换行来增强 SQL 语句的可读性，但是关键字中间不能分开或者换行。

使用 SELECT 语句查询数据表中的数据，根据查询需求一般要考虑以下几个主要问题。

（1）数据来源于哪些表格？

（2）哪些列或者列的计算需要被选择？

（3）数据需要有什么筛选条件？

（4）如果数据来源于多个表格，那么这些表格将怎么被关联呢？

（5）查询出来的数据是否按照一定的顺序进行排序？

SELECT 语句的执行顺序如下。

（1）FROM 子句：定位包含数据的表。

（2）WHERE 子句：限制返回的行。

（3）GROUP BY 子句：将返回的行进行分组。

（4）SELECT 子句：从缩小的数据集中选择所请求的列。

（5）ORDER BY：对结果集进行排序。

7.2.1　dual 表的使用

在 Oracle SQL 语句中，要求 from 子句必须有，在实际应用中，会经常涉及查询一些系统变量（如 sysdate），或者常量、常量表达式之类的数据，这些数据不存在任何一个用户基表中，为了构造完整的 select 语句，就产生了 dual 表，即 dual 表是 Oracle 数据库中一个特殊的表，该表的结构与数据如下。

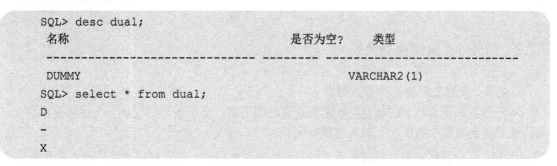

```
SQL> desc dual;
 名称                                    是否为空?      类型
 -------------------------------- --------- ----------------------------
 DUMMY                                               VARCHAR2(1)
SQL> select * from dual;
D
-
X
```

通过 desc 命令看到 dual 表只有一个 Dummy Varchar2(1)字段，通过 select 看到只有一个值 X，实际上这个值也是一个没有任何实际意义的值，但是不要删除该表、数据，也不要添加数据，dual 表就是为了在数据库查询中填充 from 子句使用的。下面来看看该表的应用。

（1）通过 sysdate 显示系统时间：

```
SQL> select sysdate;
第 1 行出现错误:
ORA-00923: 未找到要求的 FROM 关键字
```

说明：按照 Oracle 的 select 语法要求，必须有 from 子句。所以下面将以 dual 表来进行表示。

```
SQL> select sysdate from dual;
SYSDATE
--------------
16-7月 -10
```

（2）再介绍一个计算表达式的示例。

```
SQL> select 25*4 from dual;
    25*4
----------
     100
```

说明：在 select 列表中是表达式 25*4，但是显示的结果是系统计算以后的值。

（3）如果想查询一个序列当前的值，也可以使用 dual 表来实现。

```
SQL> select seq_uiid.currval from dual;
   CURRVAL
----------
        21
```

也可以使用 dual 表获取序列的下一个值，只是一旦使用了，序列值就不再重复，在此不再演示。

（4）使用 dual 表还可以查询一些系统变量的当前值。

USER 返回当前用户的名称：

```
SQL> select user from  dual;
USER
------------------------------
SHOPPING_DBA
```

7.2.2 任务1：查询商品类型

任务1：查询显示商品类型数据。

本任务要求查询显示的数据，数据表是商品类型表，没有条件的限制，没有限定显示哪些列，故默认查询表中的所有列的所有数据记录。

```
SQL> select * from t_gtype;
GTID   GTNAME
------ --------------------
T00001 日用百货
T00002 儿童用品
T00003 女装精品
T00004 男装精品
T00005 电子精品
已选择 5 行。
```

说明：如果查询中没有限定列，则可以使用*符号来表示查询表中的所有列，列的数据显示顺序按照表格定义时的顺序进行显示。但是使用*需要查询数据字典中该表的列结构，需要花费更多的时间和资源，从性能上讲不建议常用。

7.2.3　任务2：查询商品信息

任务2：查询显示商品信息，要求显示商品编号、商品名称、商品单价。

（1）根据任务提出的特点，数据表是商品信息表，要求显示的数据列进行了指定，所以使用指定列的方式查询数据。

```
SQL> select gid,gname,gprice from t_good;
GID      GNAME                        GPRICE
------   --------------------     ----------

G01001 修正笔                            5.5
G03001 女士衬衣                          192
G04001 领带                              98
G04002 男装西服                         898
```

从以上显示结果可以看出，通过指定列查询数据可以根据需要将表中的数据列进行显示，而且 select 中的选择列的顺序可以根据需要进行调整，但是指定的列必须是指定表中的正确的列名，否则会提示出错。

例如，下例不小心将列名 gprice 写成了 gpricee，表中没有这个名称标识的列，初学阶段或者对表结构不熟悉的读者很容易出现类似的问题，只要知道这个提示产生的原因去查看，就能发现问题了。

```
SQL> select gname,gid, gprice from t_good;
GNAME        GID                     GPRICE
------   --------------------     ----------

修正笔       G01001                     5.5
女士衬衣     G03001                     192
领带         G04001                      98
男装西服     G04002                     898
SQL> select gid,gname,gpricee from t_good;
第 1 行出现错误:
ORA-00904: "GPRICEE": 标识符无效
```

（2）在查询中，可以给列名定义别名的方式体现查询结果的可视化，如在任务2中，如果想显示数据的标题为商品编号、商品名称、商品单价，而不是表中的英文名称，则可以使用以下语句。

```
SQL> select gid as 商品编号,gname 商品名称,gprice "商品 价格" from t_good;
商品编号     商品名称       商品价格
------   --------------------     ----------
G01001       修正笔          5.5
G03001       女士衬衣        192
G04001       领带             98
G04002       男装西服        898
```

说明：上面给列定义别名共采用了3种方式，读者会发现其效果是一致的，第一种是在原列名之后使用 as 谓词并附带别名；第二种是 as 谓词省略，只用空格隔开；第三种是给别名使用双引号，如果别名中有空格或者其他特殊符号，则必须使用双引号。同样的，也可以使用这些方式给表取别名，具体请参见本情境中多表连接的部分。

（3）在 select 的选择列表中，列可以是经过计算的表达式，如可以使用 "||" 连接运算符来连接两个字符串列值，也可以根据需求在其中添加一些常量字符串，增强数据结构的可读性，下例中在每个列之间都添加了 "," 字符。

```
SQL> select gid ||','||gname ||','||gprice  from t_goods;
GID||','||GNAME||','||GPRICE
----------------------------------------------------------------
g0004 ,西装,6000
g0005 ,裙子,200
g0007 ,儿童鞋,430
g0009 ,杯子,45
g0010 ,牙膏,4
已选择 5 行。
```

7.2.4 任务 3～任务 5：带条件的数据查询

WHERE 子句包含一个必须满足的条件，在 SQL 语句中该子句紧跟在 FROM 子句之后。Oracle 中用于 where 比较条件的有如表 7-1 所示的常见条件运算符。

表 7-1 条件运算符及优先级

条件运算符	操作说明	优先级
=、!=、<>、<、>、<=、>=	大小比较运算符	①
[Not] between and	指定范围运算符	②
Is [not] null	专门针对 null 值的判断	②
In、not in	集合查询，用于进行多值匹配	②
Like、not like	进行字符串的模糊查询	②
Exists	用于子查询，子查询返回记录则为 true	②
Not、and、or	分别为非操作、与操作、或操作	③

使用 where 子句可以对查询的数据进行一个（多个）条件的筛选。

任务 3：查询显示有折扣的商品信息，要求显示商品名称、商品单价、折扣、库存。

此任务中限定列为商品名称、商品单价、折扣、库存，但是只需要有折扣的商品的这些信息，所以选择列是商品名称、商品单价、折扣、库存，条件是折扣列的值小于 1，应使用的语句如下。

```
SQL> select gname,gprice,gdiscount,gstocks from t_good where gdiscount<1;
GNAME                    GPRICE  GDISCOUNT    GSTOCKS
-------------------- ---------- ----------- -----------
女士衬衣                    192       .95          18
男装西服                    898       .92          20
```

任务 4：查询显示商品单价为 10～100 的商品信息。

此任务中选择表中所有列，所以使用*表示所有列，但是由于本书篇幅的问题，编者在此只选择商品编号、名称、单价，条件是单价为10~100，即条件为两个，要求单价大于等于10并且小于等于100。

```
SQL> select gid,gname,gprice from t_good where gprice>=10 and gprice<=100;
GID    GNAME                      GPRICE
------ --------------------- -----------
G04001 领带                          98
```

使用 and 关键字表示条件是"与"关系。对于这种具有闭区间特点的数值范围查询，可以使用 between…and…结构来实现，以下语句的效果与上面语句的效果是一致的。

```
SQL> select gid,gname,gprice from t_good where gprice between 10 and 100;
GID    GNAME                      GPRICE
------ --------------------- -----------
G04001 领带                          98
```

注意：between…and…结构只适用于闭区间的范围查询，如果是开区间就不适合了。例如，如果条件是单价大 10 且小于 100 的情况，则只能使用 gprice>10 and gprice<100 的方式来实现。

任务 5：查询商品库存超过最高库存或低于最低库存的商品信息。

该查询中同样没限定列，基于同样的道理，此处限定为商品编号、名称、最高库存和最低库存，条件为商品库存超过最高库存或低于最低库存，使用 or 关键字表示条件是"或"关系。

```
SQL> select gid,gname,gstocks,gmaxstocks,gminstocks from t_good
  2  where gstocks>=gmaxstocks or gstocks<=gminstocks;
GID    GNAME                  GSTOCKS GMAXSTOCKS GMINSTOCKS
------ --------------------- -------- ---------- ----------
G04001 领带                       200        500        600
```

7.2.5 任务6：NULL 的使用

任务 6：查询没有电话号码的供应商的信息。没有电话号码即电话号码为 null。根据一般的理解，select 语句应这样写：

```
SQL> select sid,sname,sphone from t_supplier where sphone=null;
未选定行
```

可是发现查询结果为空，但是实际上供应商表中有电话号码为 NULL 的。在 SQL 中，NULL 指不可用、未分配、未知或不适用的值。

Null 不同于零或空格。在 SQL 中，零是一个数字，而空格是一个字符。NULL 其实是数据库中特有的类型，当一条记录的某个列为 NULL 时，表示这个列的值是未知的、是不确定的。既然是未知的，就有无数种可能性。因此，NULL 并不是一个确定的值。所以 NULL 与 NULL 是不相等的，简单地说，由于 NULL 存在着无数的可能，因此两个 NULL 不是相等的关系，同样，也不能说两个 NULL 就不相等，或者比较两个 NULL 的大小，这些操作都是没有意义的，得不到一个确切的答案。判断一个字段是否为 NULL，应该使用 IS NULL 或 IS NOT NULL。

所以要实现上面的查询需求，select 语句应该这样写：

```
SQL> select sid,sname,sphone from t_supplier where sphone is null;
SID    SNAME                  SPHONE
------ ---------------------- -----------------
000001 广州电子
000002 李宁服装公司
000004 佛山电脑城
```

总结：数据库中 NULL，是数据库中特有的类型，它的特殊性使得其在查询、处理、比较 NULL 值时和其他数据不同。对 NULL 的=、!=、>、<、>=、<=等操作的结果都是未知的，也就是说，这些操作的结果仍然是 NULL。同理，对 NULL 进行＋、－、*、/等操作的结果也是未知的，所以也是 NULL。所以，除了 IS NULL、IS NOT NULL 以外，对 NULL 的任何操作结果还是 NULL。

7.2.6　任务7：Like 的应用

任务 7：查询供应商中联系人姓李的供应商信息。

本任务中的关键点是联系人姓李，即联系人的值是以"李"开头的字符串，可以使用 like 关键字来进行模糊查询，即

```
SQL> select sid,sname,scontact from t_supplier where scontact like '李%';
SID    SNAME                  SCONTACT
------ ---------------------- --------------------
000001 广州电子               李先生
```

说明：在字符串的条件匹配中，"＝"表示左边和右边的值完全匹配，在很多查询中，会有一些不完全匹配的模糊近似查询，这时可使用 like 来实现，在 like 中必须使用通配符来完成模糊查询，如果没有通配符，则其功能和"＝"是一致的，但是性能却比"＝"要差很多，所以要避免使用。

使用下画线(_) 匹配一个任意字符，使用百分号(%)匹配 0 或多个任意字符。

```
select * from t_supplier
where scontact like '李%';
```

以上语句实现查询联系人以"李"开头的任意字符串，包括类似'李', '李华', '李 Abc'等字符串的联系人。

```
select * from t_supplier where scontact like '李_' ;
```

以上语句实现查询联系人以"李"开头，并且其后面还有一个字符的联系人，包括类似'李华', '李 A'等字符串。注意，这里指的是一个字符而不是一个字节。

可以使用 not like 表示取反，如查询联系人不姓李的供应商信息的语句如下。

```
select * from t_supplier
where scontact not like '李%';
```

思考：

① 如果 like 查询中匹配的字符串中包含%或者_，即这个符号不是通配符而是匹配字符串，

则必须使用转义字符来实现。

```
select * from t_supplier where scontact like '%\%a' escape '\'
```

以上语句表示查询联系人以'%a'结尾的数据，'%\%a'中的第一个%是通配符，而第二个%因为前面有一个\，而且后面使用了 escape 关键字标识了\为转义字符，因此将后面的 '%' 当做一个普通的匹配字符而不当做通配符。

② 由于 like 查询的效率比较低，对于大表格数据查询，为了提高性能应该尽量避免使用 like，而转用其他方式实现。

7.2.7 实训练习

（1）创建一个序列，使用 select 语句产生序列的初始值之后，查询一下序列的当前值。

（2）查询性别为"女"的注册用户信息，显示用户名称、用户生日和用户地址。

（3）查询最高库存低于最低库存的商品信息，显示商品编号、商品名称、库存量、最高库存和最低库存。

（4）查询待审核的采购单信息，显示采购单号、供应商编号、采购日期和总金额。

（5）查询销售总金额为 200～1000 的订单信息，显示订单编号、用户编号、销售日期和总金额。

（6）请读者使用给列定义别名的方式实现任务 1～任务 7，显示标题为对应的中文。

7.3 常用函数的使用

在查询数据的过程中，为了满足系统的需求，常常需要使用 Oracle 提供的内置函数对列值或常量值进行一些加工处理，Oracle 中内置的函数很多，读者没有必要一一练习，也没有必要特意背记常用函数，了解大概功能以后，使用的时候进行查询即可。

根据处理功能分类，Oracle 有以下两种不同类型的函数。

（1）单行函数：这些函数仅对单行进行处理，并且为每行返回一个结果。单行函数具有不同的类型，包括字符、数字、日期和转换函数。

（2）多行函数：这些函数可以处理成组的行，为每组行返回一个结果。这些函数也被称为组函数。

7.3.1 任务 8、任务 9：常用字符串函数

Oracle 中常用的字符串函数如表 7-2 所示。

任务 8：根据输入的类型编号查询商品信息。

例如，在系统的一个 Web 页面中，需要根据用户在商品类型输入框中输入的类型编号查询商品信息，如用户输入了"t00003"，则根据该条件查询商品信息。

结果发现找不到数据，通过查询数据发现，商品类型有"T00003"的编号数据，即字符串的值是区分大小写的（尽管 SQL 对大小写是不敏感的，但是数据库中的数据值是区分大小写的），但是作为用户输入的字符串，一般除了密码之类的特殊字符串之外是不希望区分大小写

的，故在类似的处理中，最好能根据用户的需求不区分大小写，实现的方法是在匹配之前将两边的值转换为统一的大写或者小写，需要使用到 Oracle 的转换大小写的内置函数 upper()和 lower()。前者返回字符串，并将所有的字符转换为大写；后者返回字符串，并将所有的字符转换为小写。

表 7-2 常用字符串函数

函 数 名	功 能 说 明
upper（str）、lower（str）	返回字符串，并将所有的字符转换为大（小）写
instr(c1,c2,i,j)	在一个字符串中搜索指定的字符，返回发现指定的字符的位置；c1——被搜索的字符串；c2——希望搜索的字符串；i——搜索的开始位置，默认为1；j——出现的位置，默认为1。
length（）、lengthb（）	返回字符串的字符（字节）长度
substr(string,start,count)	在 string 中取子字符串，从 start 开始，取 count 个
replace('string','s1','s2')	String 是希望被替换的字符或变量，s1 是被替换的字符串，s2 是要替换的字符串
Trim、ltrim、rtrim	分别去掉左右、左、右边指定的字符，默认为空格
concat 与‖	连接两个字符串
lpad 与 rpad	分别在左边和右边填充指定的字符，默认为空格

```
SQL> select gid,gname,gtid,gprice from t_good where upper(gtid)=upper
('t00003');
   GID   GNAME                 GTID       GPRICE
   ------ --------------------- ------ -----------
   G03001 女士衬衣              T00003     192
```

以上 upper 函数将类型编号列和输入的值都同时转换为大写，达到不区分大小写的效果。

```
SQL> select gid,gname,gtid,gprice from t_good where lower(gtid)=lower
('T00003');
   GID   GNAME                 GTID       GPRICE
   ------ --------------------- ------ -----------
   G03001 女士衬衣              T00003     192
```

以上 lower 函数将类型编号列和输入的值都同时转换为小写，同样达到不区分大小写的效果。

任务 9：查询显示用户信息，要求电话号码显示固定电话中的非区号部分。

查看用户表数据，发现如果是固定电话，则区号与号码之间使用了一间隔，需要提取电话号码数据中一后面的号码部分，但是由于区号长度不固定，号码长度也不固定，因此需要根据字符串长度来确定提取字符串。

（1）要确定一在电话号码值中的位置（L1），来确定非区号部分从几位（L1＋1）开始取。

（2）要确定整个电话号码值的长度（L2），再确定共提取几位（L3＝L2－L1）。

具体实现如下。

（1）其中 L1 通过 INSTR 函数来实现。

INSTR(C1,C2,I,J)函数用于在一个字符串中搜索指定的字符，返回发现指定字符的位置。

C1 指被搜索的字符串；C2 指希望搜索的字符串；I 指搜索的开始位置，默认为1；J 指出现的位置，默认为1。

```
SQL> select instr(utelephone,'-') from t_user;
INSTR(UTELEPHONE,'-')
---------------------
                    5
                    4
                    5
                    5
```

（2）L2 通过 length 函数来实现。length()函数用于返回字符串的字符长度。

```
SQL> select length(utelephone) from t_user;
LENGTH(UTELEPHONE)
------------------
                13
                12
                13
                13
```

说明：length()函数返回字符串的字符长度，如果要获取字符串的字节长度，则可以使用 lengthb()。

（3）根据 L1 和 L2 提取部分字符串，通过 substr 函数嵌套上面的几个函数来实现。

substr(string,start,count)函数用于在 string 中取子字符串，从 start 开始，取 count 个。

本任务的实现语句如下。

```
SQL>select
substr(utelephone,instr(utelephone,'-')+1,length(utelephone)-instr(utelepho
ne,'-'))
固定电话号码 from t_user;
固定电话号码
---------------------------------------
89999999
68888888
86666666
69999999
```

总结：完成本任务时进行了功能分解，最后组合了 3 个函数来实现本任务，在必要的时候可以应用函数嵌套来实现一些较为复杂的业务规则，函数的应用不应该是循规蹈矩的，为了解决需求问题应该灵活多变。嵌套函数其计算过程是从最里层开始计算，直到最外层。

思考：substr(string,start,count)中的 start 如果是负数，则表示在字符串的末尾从右至左数 start 的绝对值位；如果 count 省略，则表示提取从 start 位置开始至末尾的所有字符串。例如：

```
SQL> select substr('Hello',-3,2)  from dual;
SU
--
ll
```

说明：substr('Hello',-3,2)表示从'Hello'字符串的右边的第 3 位开始提取 2 位，故返回'll'。

```
SQL> select substr('Hello',-3) from dual;
SUB
---
llo
```

说明：substr('Hello',-3)表示从'Hello'字符串的右边第 3 位开始一直提取到末尾字符串，故返回'llo'。

7.3.2 任务 10：常用数值函数

Oracle 中常用的数值函数如表 7-3 所示。

表 7-3 常用数值函数

函 数 名	功 能 说 明
ABS	返回指定值的绝对值
ROUND(N,I)	表示将 N 以四舍五入的方式保留 I 位小数，如果 I 默认为 0，则表示取整；如果是负数，则表示从小数点往左取整
TRUNC(N,I)	表示将 N 以截断的方式保留 I 位小数，如果 I 默认为 0，表示取整；如果是负数，则表示从小数点往左取整
MOD(n1,n2)	返回一个 n1 除以 n2 的余数

任务 10：查询显示商品信息，要求显示商品 ID、商品名称、单价（保留 1 位小数）、库存（取整）。

该查询中要求单价取整，折扣保留 1 位小数，库存取整，数值取精度在应用中有两种方式：一种是使用 ROUND 函数四舍五入，另一种是使用 TRUNC 函数截断。

本任务分别采取舍入和截断的方式实现。

```
----四舍五入的方式-----
SQL>  select  gid,gname,round(gprice,0)  价 格 ,round(gdiscount,1)  折
扣,round(gstocks) 库存 from t_good;
GID      GNAME          价格        折扣        库存
------ ----------     ----------  ----------  ----------
G01001 修正笔          6           1           1
G03001 女士衬衣        192         1           18
G04001 领带            98          1           200
G04002 男装西服        898         .9          20
----截断的方式----
SQL>  select  gid,gname,trunc(gprice,0)  价 格 ,trunc(gdiscount,1)  折
扣,trunc(gstocks) 库存 from t_good;
GID      GNAME          价格        折扣        库存
------ ----------     ----------  ----------  ----------
G01001 修正笔          5           1           1
G03001 女士衬衣        192         .9          18
```

| G04001 领带 | 98 | 1 | 200 |
| G04002 男装西服 | 898 | .9 | 20 |

7.3.3 任务 11 ~ 任务 13：日期函数的使用

Oracle 中常用的日期函数如表 7-4 所示。

表 7-4 常用日期函数

函 数 名	功能说明
SYSDATE	返回服务器的当前日期和时间
ADD_MONTHS(date,X)	在日期基础上增加或减去 X 月
LAST_DAY（date）	返回日期月份的最后一天
MONTHS_BETWEEN(date2,date1)	返回 date2-date1 的月份差，返回数值型数据
ROUND	舍入日期
TRUNC	截断日期

对于上节中的实训练习 3）中的查询结果如下。

```
SQL> select pmid,pdate,pamount from t_main_procure;
PMID          PDATE            PAMOUNT
------------- ---------------- ----------
P00000000001 12-7月 -10
P00000000002 18-7月 -10           765
P00000000003 18-7月 -10           198
P00000000004 18-7月 -10           800
```

读者或者系统用户看到结果数据会不会不习惯呢？Oracle 系统中的日期数据，是以 Oracle 系统特定的格式存储的，存储了年月日、时分秒，显示时是根据系统环境设置的格式显示的，默认格式为以上数据格式，可以通过一些设置来更改显示格式。

（1）在 SQL Plus 中修改当前会话日期格式。

```
SQL> alter session set nls_date_format = 'yyyy-mm-dd hh24:mi:ss';
会话已更改。
SQL> select pmid,pdate,pamount from t_main_procure;
PMID          PDATE                PAMOUNT
------------- -------------------- -----------
P00000000001 2013-07-12 22:37:44
P00000000002 2013-07-18 10:52:48       765
P00000000003 2013-07-18 10:52:55       198
P00000000004 2013-07-18 10:53:03       800
```

说明：这种修改方法只对当前会话有效。注意，是对当前会话有效，而不是当前的 SQL Plus 窗口，即这样修改之后，又使用 connect 命令以其他用户连接到数据库或者连接到其他数据库，则此日期格式会失效，又恢复为默认的日期格式。

（2）也可以通过修改系统环境变量的值来修改日期格式，修改方法请读者详阅相关资料并进行测试，这里要关注的是，若修改了系统的默认格式，则整个系统中只能有一种格式，但实际上不同的场合、不同的用户对于日期格式的要求是不一致的，可以利用 TO_CHAR (datetime,fmt)函数根据用户的需求来设置有效的日期格式，具体请见 7.3.4 小节。

下面是几个基本函数的应用举例，可以通过结果来理解函数的作用。

```
SQL> select sysdate from dual;
SYSDATE
--------------
2013-10-12
SQL> select round(sysdate,'year')年份舍入,trunc(sysdate,'yy') 年份截断 from dual;
年份舍入    年份截断    --精确年份,月份根据规则舍入和截断
---------- ----------
2014-01-01 2013-01-01
SQL> select round(sysdate,'month')月份舍入,trunc(sysdate,'mm') 月份截断 from dual;
月份舍入    月份截断    --精确月份,天数根据规则舍入和截断
---------- ----------
2013-10-01 2013-10-01
```

说明：sysdate 用于返回服务器系统日期和时间，根据日期格式来显示；round 函数返回第二个参数根据年份（月份、天、小时等，具体的字符格式参照后续的小节）以四舍五入的方式得到的日期；trunc 函数返回第二个参数根据年份（月份、天、小时等，具体的字符格式参照后续的小节）以截断的方式得到的日期。

任务 11：系统需要查询当日起前两个月的采购单信息。

要实现日期时间的月份计算，可以使用 ADD_MONTHS（date,n）函数来增加或减去月份，n 为负数时表示减去月份，故本任务中的需求可以按如下步骤实现。

（1）查看当日起前两个月是哪一天：

```
SQL> select ADD_MONTHS(sysdate,-2) from dual;
ADD_MONTHS(SYS
--------------
18-5 月 -10
```

（2）将该值作为条件进行查询：

```
select * from t_main_procure where pdate>ADD_MONTHS(sysdate,-2);
```

思考：日期值可以直接进行一些加减运算，如两个日期相减，返回的是日期之间的天数（因为时间点的差异，故会有小数点，可以利用精度函数得到需要的值）；如果日期加上一个整数 m，则表示在该日期的 m 天后是哪一天；如果日期减去一个整数 m，则表示该日期的 m 天以前是哪一天。

如果想计算日期之间的月份差，则可以使用 MONTHS_BETWEEN(date2,date1)来实现。

如果想计算两个日期之间的年份差，则可用先计算月份差，再除以 12 的方式来实现。

7.3.4　常用转换函数

Oracle Server 可以在内部将 VARCHAR2 和 CHAR 数据类型转换为 NUMBER 和 DATE 数据类型，它可以将 NUMBER 和 DATE 数据类型转换为 CHARACTER 数据类型，这种转换称为强制隐式转换。但是一般情况下，最好显式执行数据类型转换，以确保 SQL 语句可靠。Oracle 常用的转换函数如表 7-5 所示。

表 7-5　常用转换函数

函 数 名	功 能 说 明
TO_CHAR(date,'format')	将日期按照指定的格式转换为字符串
TO_CHAR(number,'format')	将数字按照指定的格式转换为字符串
TO_DATE(string,'format')	将字符串按照指定的格式转换为日期
TO_NUMBER(string,'format')	将字符串按照指定的格式转换为数字

1）TO_CHAR (datetime,fmt)：根据 fmt 格式将 date 值进行格式转换。

Oracle 常用的日期样式如表 7-6 所示。

表 7-6　日期样式

日 期 样 式	含 义	日 期 样 式	含 义
YYYY	以数字形式显示完整年份	YYYY	以数字形式显示完整年份
YEAR	以文本形式显示年份	DAY	显示星期几的全称
MM	以两位数形式显示月份	DD	以数字形式显示月中的某日
MONTH	显示月份的全称	HH24/HH12	使用 24 或者 12 小时制的两位数显示小时
MON	以三字母缩写形式显示月份	MI	以两位数形式显示分钟
DY	以三字母缩写形式显示星期几	SS	以两位数形式显示秒

例如，将系统时间 sysdate 转换成以下格式。

```
SQL> select to_char(sysdate,'yyyy-mm-dd') 系统日期 from dual;
系统日期
2013-07-18
SQL> select to_char(sysdate,'yyyy/mm/dd') 系统日期 from dual;
系统日期
2013/07/18
SQL> select to_char(sysdate,'yy/mm/dd') 系统日期 from dual;
系统日期
10/07/18
SQL> select to_char(sysdate,'yyyy"年"mm"月"dd"日"') 系统日期 from dual;
系统日期
2013 年 07 月 18 日
SQL> select to_char(sysdate,'mm"月"dd"日":hh:mi:ss') 系统日期 from dual;
系统日期
07 月 18 日:01:50:57
```

```
SQL> select to_char(sysdate,'mm"月"dd"日":hh24:mi') 系统日期 from dual;
系统日期
07月18日:13:51
SQL> select to_char(sysdate,' hh24:mi') 系统时间 from dual;
系统时间
13:51
```

总结：可以利用这些日期样式来获得日期数据的任一部分，并且根据需要进行任意组合，同时在输出格式上还可以利用-, /,: 等标准字符隔开，如果需要一些特殊字符（如中文等字符），则需要使用双引号括起来。

任务 12：查询在 5 月和 6 月过生日的用户信息。

5 月和 6 月过生日的标志是出生日期中的月份值为 5 和 6，读者不应该只局限于 5 和 6，而应该举一反三，如会查询某年某月某日出生的用户信息。故此查询实现语句如下。

```
SQL> select uname,ubirthday from t_user where to_char(ubirthday,'mm') in
(5,6);
UNAME             UBIRTHDAY
-------------------- ---------------
罗华              26-5 月 -70
```

说明：格式中只有 mm 格式字符串，表示函数只返回日期数据的月份，可以使用 to_char 函数得到一个日期数据中年月日时分秒的任意数据，满足系统中的一些业务需求。这里使用了 in 集合运算符，表示 or 关系。

任务 13：查询当月过生日的用户信息。

当月过生日的条件是用户的出生日期中的月份与系统时间的月份相等，所以采取以下方式来表示。

```
SQL> select uname,ubirthday from t_user
where to_char(ubirthday,'mm')=to_char(sysdate,'mm');
UNAME             UBIRTHDAY
-------------------- ---------------
孔卿              28-7 月 -81
```

进一步来看，如果查询到当月过生日的用户信息，还想知道当月该用户具体哪天过生日，则可以提取当前的年份和出生日期的月和日，组合起来就是此用户具体的生日日期。

```
SQL> select uname,to_char(sysdate,'yyyy-')||to_char(ubirthday,'mm-dd')
生日 from t_user where to_char(ubirthday,'mm')=to_char(sysdate,'mm');
UNAME             生日
-------------------- -----------
孔卿              2013-07-28
```

说明：在此任务中，使用了字符串连接运算符||，表示连接左右的字符串，在 SQL Server 中可以直接使用字符串的+来表示字符串的连接，熟悉 SQL Server 数据库操作的读者很容易写为+的形式。请读者查看写为这种形式以后会出现什么错误。

除了该运算符可以连接字符串以外，Oracle 还提供了一个字符串的连接函数 CONCAT(str1,str2)，其使用方法如下。

```
SQL>   select   uname,concat(to_char(sysdate,'yyyy-'),to_char(ubirthday,
'mm-dd')) 生日  from t_user where to_char(ubirthday,'mm')=to_char(sysdate,
'mm');
   UNAME            生日
   -------------------- ----------
   孔卿              2013-07-28
```

（2）TO_CHAR(number,'format')将一个数字型数据按照指定的格式转换为字符串型，在情境6中也有应用。例如，将数字123转换为'000123'的字符串，可以这样做：

```
SQL> select to_char(123,'000000') from dual;
TO_CHAR
-------
 000123
```

但是要注意to_char函数返回值的第一位是用来存放符号的，如果为正数，则用空格代替；如果为负数，则显示-符号，在有需要的情况下，可以使用ltrim函数将前面的空格去掉。

```
SQL> select to_char(123,'999.99') from dual;
TO_CHAR
-------
 123.00
```

具体数字格式的参数对应如表7-7所示。

表7-7　常用数字格式表

元　素	说　　明	示　例	结　果
9	数字位置（9 的个数决定数字位数）	999999	1234
0	显示前导零	099999	001234
$	浮动美元符号	$999999	$1234
L	浮动本币符号	L999999	FF1234
.	指定小数点的位置	999999.99	1234.00
,	指定逗号千位分隔符的位置	999,999	1,234

在项目开发中，应用比较多的是前导零、美元符号和千位分隔符等，下面举例说明。

```
SQL> select to_char(1234567,'00000000'),to_char(1234567,'$99999999')
  2 ,to_char(1234567,'999,999,999') from dual;
TO_CHAR(1 TO_CHAR(12 TO_CHAR(1234
--------- ---------- -------------
 01234567  $1234567   1,234,567
```

（3）TO_DATE(string,'format')函数将字符串按指定的格式转换为日期数据，特别是在insert和update中列值为日期型数据时，需要使用to_date函数将字符串表示的日期数据转换为日期型数据。例如，现在离2015年11月12号的某个重大活动日期有多少天？可以用当天日期与该日期相减得到相隔天数，但是必须将字符串表示的开幕式转换为日期数据后才能相减。

```
SQL> select trunc(sysdate-to_date('2015-11-12','yyyy-mm-dd')) 天数  from
dual;
      天数
     ----------
         -114
```

（4）TO_NUMBER(string,'format')函数用于将一个数字字符串转换为数字，例如：

```
SQL> select to_number('123') from dual;

TO_NUMBER('123')
------------------------
             123
```

如果 string 是非数字，则将会提示出错。

```
SQL> select to_number('12ab') from dual;
第 1 行出现错误：
ORA-01722：无效数字
```

7.3.5 多行统计函数

Oracle 常用的统计函数如表 7-8 所示。

表 7-8 常用统计函数

函 数 名	功 能 说 明
avg(distinct|all)	all 表示对所有的值求平均值，distinct 表示只对不同的值求平均值
max(distinct|all)	求最大值，all 表示对所有值求最大值，distinct 表示对不同的值求最大值，相同的只取一次
max(distinct|all)	求最小值，all 表示对所有值求最小值，distinct 表示对不同的值求最小值，相同的只取一次
sum()	表示对所有非空的列值求和
count()	表示对非 null 的列值计数

在数值查询当中，经常会涉及一些统计计算的应用，如以下几种统计。
（1）统计商品的平均单价：

```
SQL> select avg(gprice) from t_good;
AVG(GPRICE)
-----------
   298.375
```

（2）统计商品的最高价格：

```
SQL> select max(gprice) from t_good;
MAX(GPRICE)
-----------
       898
```

（3）统计商品的最低价格：

```
SQL> select min(gprice) from t_good;
MIN(GPRICE)
-----------
        5.5
```

（4）统计商品总价值：

```
SQL> select sum(gprice*gstocks) from t_good;
SUM(GPRICE*GSTOCKS)
-------------------
            41021.5
```

（5）统计商品数据的种类：

```
SQL> select count(gid) from t_good;
COUNT(GID)
-----------
          4
```

注意：

① 所有的统计函数都只统计非 null 的数值，如在统计商品数据种类时，使用了 gid 的 count 计算，如果使用备注计算，则结果为 0，即所有的备注都为 null。

```
SQL> select count(gmemo) from t_good;
COUNT(GMEMO)
------------
           0
```

② 统计函数中的 sum、avg 函数都是针对数值类型的列进行计算的，不能对一个字符串类型的列进行求和与求平均值计算，如执行以下语句，会提示出错。

```
SQL> select sum(uname) from t_user;
select sum(uname) from t_user
           *
第 1 行出现错误：
ORA-01722：无效数字
```

思考：上面说的 sum 和 avg 函数仅仅针对数值列，而 count、max、min 等函数可以针对任何数据类型。

7.3.6　其他常用函数

1. 条件函数和 DECODE 函数

在数据查询中，有时也需要使用编程时用到的简单条件分支结构来处理数据，Oracle 共有两种条件表达式，即 CASE 表达式和 DECODE 表达式。

CASE 表达式所执行的操作基本上就是 IF…THEN…ELSE 语句所执行的操作。

CASE 语法格式如下。

```
CASE 表达式 WHEN 比较表达式 1 THEN 返回表达式 1
[WHEN 比较表达式 2 THEN 返回表达式 2
WHEN 比较表示式 n THEN 返回表达式 n
ELSE else_表达式]
END
```

如在订单主表数据中，有一项订单状态在数据库中存储的是'1'和'2'，根据需求分别表示的含义是"未审核"和"已审核"，查询数据显示如下。

```
SQL> select omid,uiid,ostate from t_main_order;
OMID         UIID   O
------------ ------ -
o001         u001   1
o002         u002   2
o003         u003   1
```

说明：很显然，最终用户肯定不希望看到这样的数据，而希望看到有实际意义的表示，所以可以使用条件表达式来进行转换，即如果值为"1"则显示"待审核"，如果值为"2"则显示"已审核"，而且需要对其他数据进行"不明确"提示。那么应用 case 表达式后的结果如下。

```
SQL> select omid,uiid,
  2  case ostate
  3    when '1' then '待审核'
  4    when '2' then '已审核'
  5    else '不明确'
  6  end 状态    ---在这里给表达式取别名
  7  from t_main_order;
OMID         UIID   状态
------------ ------ ------
o001         u001   待审核
o002         u002   已审核
o003         u003   待审核
```

当数据的匹配项比较多时，CASE 表达式就显得比较繁琐了，如果条件是匹配值，那么可以使用 DECODE 函数来简化语句。

DECODE 将表达式和每个搜索值进行比较。DECODE 的语法格式如下。

```
DECODE(列|表达式, 搜索值 1, 结果 1 [, 搜索值 2, 结果 2,...,][, 默认值])
```

如果省略了默认值，则当搜索值与任何值都不匹配时，会返回一个 null 值。

上面的例子可以改写为如下语句。

```
SQL> select omid,uiid,
  2  decode(ostate,'1','待审核', '2','已审核' ,'不明确') 状态
  3  from t_main_order;
OMID         UIID   状态
------------ ------ ------
```

o001	u001	待审核
o002	u002	已审核
o003	u003	待审核

说明： 条件表达式中的条件如果不是直接匹配的简单条件，而是条件范围之类的吗，则适合使用 CASE 表达式实现，否则需要进行转换。

思考： 条件表达式的另外一个实用的功能是可以在报表输出中将行数据转换为列形式输出，如员工的工资是按照年月以行的形式存储的，但是在年报表中，希望给每位员工生成一个月工资的行记录，这时就可以使用 DECODE 函数很方便地实现，有兴趣的读者可以设计相应的表对象和数据来进行测试。

2. NULL 处理函数

在前面的部分已经介绍过，NULL 就是不可用、未指定、未知或不适用的值。从根本上讲，无法测试该值是否与其他值一样，因为不知道它是什么值。它不等于任何值，也不等于零。NULL 不代表任何实际值，但这并不意味着它不重要。所以需要对数据表中的 NULL 进行处理。

Oracle 有 4 个涉及使用 NULL 值的常规函数。这 4 个函数为 NVL、NVL2、NULLIF 和 COALESCE。

NVL 函数可以将 NULL 值转换为固定数据类型（日期、字符或数字）的已知值。NULL 值的列和新值的数据类型必须相同。NVL 函数的语法格式如下。

```
NVL (可能包含 NULL 的值或列，用以替换 NULL 的值)。
```

例如，计算订单明细表中的金额：

```
SQL> select omid,gid,oprice*onum from t_order_items ;
OMID          GID    OPRICE*ONUM
------------  ------ -----------
o001          g0009          270
o001          g0010           36
o002          g0005        20000
o002          g0006
o003          g0001       350000
o003          g0002
已选择 6 行。
```

由于数据表中的数量在输入过程中因故出现了 NULL，导致计算的金额也出现了 NULL，根据需求可以将数量为 NULL 的列用任一数值来代替，如用 0 来代替，即：

```
SQL> select omid,gid,oprice*nvl(onum,0) from t_order_items ;
OMID          GID    OPRICE*NVL(ONUM,0)
------------  ------ --------------------
o001          g0009                270
o001          g0010                 36
o002          g0005              20000
o002          g0006                  0
o003          g0001             350000
```

```
o003        g0002                    0
```
已选择 6 行。

说明：onum 列应用了 NVL 函数，如果值为 NULL，则用 0 来代替参与计算，这样每项都有一个具体的值。当然，在具体业务规则中要选择一个合适的值来代替。

NVL2 函数对包含 3 个值的表达式求值。如果第一个值不为 NULL，则 NVL2 函数返回第二个表达式；如果第一个值为 NULL，则返回第三个表达式。表达式 1 中的值可以采用任意数据类型；表达式 2 和表达式 3 可以采用 LONG 之外的任意数据类型。其语法格式如下。

NVL2 (可能包含 NULL 的表达式 1 值，表达式 1 不是 NULL 时要返回的表达式 2 值，表达式 1 是 NULL 时用以替换 NULL 的表达式 3 值)

在上面的例子中，如果数量是由于默认数量为 1 时出现了没有保存该值引起的，那么在计算金额时可以认为如果数量不为 NULL，则单价乘以数量，否则直接以单价值赋值，此时可以应用 NVL2 函数来实现。

```
SQL> select omid,gid,nvl2(onum,oprice*onum,oprice) from t_order_items ;
OMID        GID     NVL2(ONUM,OPRICE*ONUM,OPRICE)
------------ ------ ----------------------------
o001        g0009                    270
o001        g0010                    36
o002        g0005                    20000
o002        g0006                    4570
o003        g0001                    350000
o003        g0002                    1780
```
已选择 6 行。

说明：对 NULL 执行算术计算时，结果为 NULL。NVL 函数可以在进行算术计算之前，将 NULL 值转换为数字，以避免结果为 NULL。

NULLIF 函数对两个函数进行比较。如果它们相等，则函数返回 NULL；如果不相等，则函数返回第一个表达式。

NULLIF 函数的语法格式如下。

NULLIF(表达式 1，表达式 2)。

COALESCE 函数是 NVL 函数的扩展，但是 COALESCE 函数可以接收多个值。COALESCE 的字面意义是"联合"，这就是该函数所要执行的操作。

如果第一个表达式值是 NULL，则函数会继续执行下一行，直到找到一个非 NULL 表达式。当然，如果第一个表达式有值，则函数将返回第一个表达式并就此结束。

COALESCE 函数在具体的业务规则中，对于那些用一个表结构实现父子关系实体结构的结构非常有用。下面设计一个测试表格，假设有一个员工薪水表，分别有 3 种岗位，每种岗位的薪水列是排斥的，详见建表列的注释。

（1）创建测试用的 emp 表格。

```
SQL>  create table emp
  2     (eid number,
  3     ename varchar2(20),
```

```
4        salary number,        --行政岗位
5        num_salary number,    --生产岗位
6        comm_salary number    --销售岗位
7    );
```

（2）表创建后添加一些数据，注意薪水的 3 列值是互相排斥的。

```
insert into emp values(101,'mary',2000,null,null);
insert into emp values(102,'tom',3000,null,null);
insert into emp values(103,'john',null,4000,null);
insert into emp values(104,'jack',null,null,5000);
insert into emp values(105,'smith',null,null,3000);
commit;
```

（3）查询数据存储的状态，显然人力资源部门拿到此数据结果时不方便制作工资表。

```
SQL> select * from emp;
     EID ENAME      SALARY NUM_SALARY COMM_SALARY
---------- ------- ---------- ---------- -----------
     101 mary       2000
     102 tom        3000
     103 john                   4000
     104 jack                             5000
     105 smith                            3000
```

（4）使用 COALESCE 函数进行联合查询。

```
SQL>  select eid,ename,
  2        COALESCE(salary,num_salary,comm_salary) 收入
  3      from emp;
EID ENAME      收入
----- --------- --------
101 mary       2000
102 tom        3000
103 john       4000
104 jack       5000
105 smith      3000
```

7.3.7　实训练习

（1）有一个人力资源管理系统，其中有一个业务规则，读者可以试着实现：我国公民的身份证号码中有 8 位表示出生年月日，倒数第二位表示性别男女（奇数为男，偶数为女），请根据身份证号码，输出员工的出生日期和性别。

（2）查询商品类型信息，要求商品类型编号中的't'（不区分大小写）以'type'显示。

（3）查询订单明细信息，显示订单编号、商品编号、单价（截断精确 1 位小数）、数量（四舍五入取整）。

（4）计算离当前最近的一个重大活动开始的倒计时月数和天数。

（5）查询用户信息，将出生日期转换为当年生日（即年份为当年的年份，其他不变）。

（6）查询显示订单明细，显示每项商品的金额（带有 $ 符号并有两位小数）。

（7）隐式和显式数据类型转换之间有什么区别？为每种方法举出一个示例。

（8）订单中的状态存储的也是数字字符，请根据"1——审核中，2——发货中，3——已完结，4——取消"规则进行订单数据查询和输出。

7.4 分组计算

7.3 节中的多行统计函数值只是一些简单的统计计算，在应用系统中，往往在计算时会根据一些值进行分组以后再进行统计，这时就要用到分组计算。

7.4.1 任务 14：分组汇总计算

统计每个用户的订单次数和订单总金额。

（1）计算订单次数和订单总金额时可以用以下语句实现。

```
SQL> select count(omid) ,sum(oamount) from t_main_order;
COUNT(OMID)  SUM(OAMOUNT)
-----------  ------------
    4            1310
```

（2）以上显示了订单表中的所有数据，但是任务中要求的是根据用户进行统计，所以需要将订单数据根据用户 ID 进行分组并计算，故在 select 语句中使用 group by 根据用户 ID 进行分组，得出以下结果。

```
SQL> select count(omid) ,sum(oamount) from t_main_order group by uiid;
COUNT(OMID)  SUM(OAMOUNT)
-----------  ------------
2               990
1
1               320
```

（3）在上面的结果中，如何看出每项数据属于哪个用户呢？故应该在选择列表中添加分组的用户 ID 项。

```
SQL> select uiid,count(omid) ,sum(oamount) from t_main_order group by uiid;
UIID    COUNT(OMID)  SUM(OAMOUNT)
------  -----------  ------------
000002       2           990
000004       1
000001       1           320
```

思考：如果需要看到用户的姓名，而不是用户编号，应该如何实现呢？请读者思考并测试。

在分组计算中，select 选择列只可以显示分组的列以及分组计算的值，如果出现了一个既不是 group by 列也不是分组计算表达式则会提示以下错误。

第 1 行出现错误：
ORA-00979：不是 GROUP BY 表达式

7.4.2　任务 15：分组汇总条件

任务 15：查询 2013 年 7 月订单总金额在 200 元以上的用户的订单次数和订单总金额。

在任务 14 中添加了 2013 年 7 月订单总金额在 200 元以上的条件，其实这里有两个条件：一是 2013 年 7 月的订单，二是用户的订单总金额在 200 元以上。请仔细分析，这两个条件的区别在哪里？订单根据用户编号分组计算的数据，最终要根据这两个条件过滤，但是订单日期是在分组计算之前进行过滤还是分组计算之后进行过滤呢？总金额的过滤又在什么时候进行呢？

（1）由于只计算 2013 年 7 月的订单，所以在分组之前先把 2013 年 7 月的订单过滤处理了，作为分组计算的数据。

```
SQL> select uiid,oamount from t_main_order where to_char(odate,'yyyymm')=
'201307';
  UIID     OAMOUNT
  ------   ----------
  000001   320
  000002   990
  000002
  000004
```

（2）根据用户 ID 进行分组计算：

```
SQL> select uiid,count(omid),sum(oamount) from t_main_order
  where to_char(odate,'yyyymm')='201307'  group by uiid;
  UIID    COUNT(OMID) SUM(OAMOUNT)
  ----------  -----------  ------------
  000002   2           990
  000004   1
  000001   1           320
```

（3）根据计算出来的总金额使用 having 子句进行分组计算以后的条件过滤。

```
SQL> select uiid,count(omid),sum(oamount) from t_main_order
  where  to_char(odate,'yyyymm')='201307'    group  by  uiid   having
sum(oamount)>=200;
  UIID    COUNT(OMID) SUM(OAMOUNT)
  ------   -----------  ------------
  000002   2           990
  000001   1           320
```

说明：having 子句与 group by 子句匹配出现，指根据分组计算以后的数值条件对计算以后的数据进行过滤，以上语句的执行顺序是，where 子句从数据源中去掉不符合搜索条件的数据；group by 子句根据分组条件搜集数据行到各个组中，统计函数为各个组计算统计值；having 子句去掉不符合其组搜索条件的各数据行。

7.4.3 实训练习

（1）查询每个供应商在 2013 年的采购总金额，显示供应商 ID、采购总金额。
（2）查询 2013 年 10 月以前订单次数在 10 次以上的用户编号和订单次数。
（3）查询采购总数量在 100 以内的商品 ID，并显示采购平均单价和采购总数量。

7.5 排序

Select 语句中可以使用 order by 字句根据某些列值按照升序或者降序的规则进行排序。

在任务 15 中，如果想将结果数据按照用户订单总金额进行升序排序，则使用 order by sum（oamount）asc 子句，默认为升序。

```
SQL>select uiid,count(omid),sum(oamount) from t_main_order
where to_char(odate,'yyyymm')='201307'
group by uiid  having sum(oamount)>=200
order by sum(oamount) asc;
UIID   COUNT(OMID) SUM(OAMOUNT)
------ ----------- ------------
000001          1         320
000002          2         990
```

如果想将结果数据按照用户订单总金额进行降序排序，则使用 order by sum(oamount) desc 子句。

```
SQL>select uiid,count(omid),sum(oamount) from t_main_order
where to_char(odate,'yyyymm')='201307'
group by uiid  having sum(oamount)>=200
order by sum(oamount) desc;
UIID   COUNT(OMID) SUM(OAMOUNT)
------ ----------- ------------
000002          2         990
000001          1         320
```

思考：

① 可以根据多个列（表达式）进行排序，依据从左至右的优先原则。还可以按不同的规则，如先按订单总金额进行降序排序，再按用户 ID 进行升序排序，请读者详阅相关资料进行测试。

② 在确定排序列以后，如果同时可以确定该列在 select 选择列表中的位置，则可以使用 1、2、3 等序号来代替列名，请读者根据此规则将上面示例中的排序列用序号替代。

③ 对于升序排序，Null 值应显示在最后；对于降序排序，Null 值应显示在最前。

④ 如果不指定排序的规则，那么 Oracle 中的查询数据是按照隐藏字段 rowid 排序的，rowid 是在数据插入时进行编号的，也不一定按照数据输入的先后次序，和主键等索引也有一定的关系，所以不要期待没有 order by 语句就能得到想要的顺序，如果有必要可设置排序的列，有心的读者可以自己测试。

7.6　多表连接

到目前为止，SQL 使用经验只限于一次在一个数据库表中查询并返回信息。在应用系统中，有很多的数据查询结果与系统中的多个表有关联，SQL 提供了连接条件，可以从不同表中查询信息，然后将其组合到一个报表中，这就是多表连接查询，也是关系型数据库系统的一个最主要的特点。Oracle 提供从任何多个表中查询任何列值的功能，需要注意的是，如果要选择的列在多个表中名称相同，则在语句中必须通过指定表名的方式进行限定，以防出现歧义，在大多数的多表查询中，需要通过指定关联条件将表与表进行关联，其具体格式有 Oracle 数据系统专用的连接，也支持 SQL 99 中的标准连接。

Oracle 专用连接语法格式如下。

```
select 表 1.字段名 1，表 2.字段名 2，...
from 表 1，表 2
where 连接条件
```

SQL 99 标准连接。

```
select 表 1.字段名 1，表 2.字段名 2，...
from 表名 join_type 表名 [on (连接条件)]
```

标准的多表连接查询有以下几种类型。

（1）自连接查询，对同一个表进行连接操作。

（2）内连接查询，又分为自然连接、等值连接、不等值连接 3 种。

（3）外连接查询，又分为左外连接、右外连接、全外连接三种。

（4）交叉连接查询，也称无条件查询。

（5）联合查询。

下面结合 Jack 的任务清单中涉及的多表连接查询任务进行操作。

7.6.1　任务 16、任务 17：内连接

任务 16：查询显示有折扣的商品信息，要求显示商品名称、商品类型名、商品单价、折扣、库存。

本任务中要查询的数据分别来源于商品信息表和商品类型表，其中商品类型名是存储在商品类型表中的，根据需求可以分析出，主要数据来源于商品信息表，由于需要根据商品信息表中的商品类型 ID 到商品类型表中找到对应的类型名称进行显示，所以在查询商品信息表的同时，需要连接商品类型表，并且需要指定是通过商品类型 ID 关联查询的。

分为以下几个步骤来完成任务 16，以便读者更好地理解多表连接的概念。

（1）查询显示商品类型 ID 的商品信息：

```
SQL> select gname,gtid,gprice,gstocks from t_good;
GNAME                    GTID      GPRICE    GSTOCKS
-------------------- ------- ---------- -----------
```

修正笔	T00001	5.5	1
女士衬衣	T00003	192	18
领带	T00004	98	200
男装西服	T00004	898	20

（2）查看与商品信息有关联的商品类型表中的数据：

```
SQL> select gtid,gtname from t_gtype;
GTID   GTNAME
------ --------------------
T00001 日用百货
T00002 儿童用品
T00003 女装精品
T00004 男装精品
T00005 电子精品
已选择 5 行。
```

（3）根据需求，在（1）中数据的基础上关联（2）的数据，其条件是根据（1）中的商品类型 ID 到（2）中找到对应的商品类型名称代替 ID。

使用 Oracle 专用连接，语句如下。

```
SQL> select gname,gtname,gprice,gstocks from t_good,t_gtype
where t_good.gtid=t_gtype.gtid;
GNAME                GTNAME                    GPRICE     GSTOCKS
-------------------- -------------------- ----------- -----------
修正笔               日用百货                    5.5         1
女士衬衣             女装精品                    192        18
领带                 男装精品                    98        200
男装西服             男装精品                    898        20
```

使用 SQL 99 标准连接，语句如下。

```
SQL> select gname,gtname,gprice,gstocks from t_good
join t_gtype on t_good.gtid=t_gtype.gtid;
GNAME                GTNAME                    GPRICE     GSTOCKS
-------------------- -------------------- ----------- -----------
修正笔               日用百货                    5.5         1
女士衬衣             女装精品                    192        18
领带                 男装精品                    98        200
男装西服             男装精品                    898        20
```

说明：可以看到两种格式的结果都是一样的，这种连接称为内连接，即表关联的条件必须是相等的。在这里可以使用表别名的方式简化 SQL 语句，具体的形式与列别名的形式一样，此处不再赘述，当使用了表别名以后，除了 from 子句以外，所有需要引用该表的地方都应该使用别名。

```
SQL> select gname,gtname,gprice,gstocks from t_good a,t_gtype b
where a.gtid=b.gtid;
```

任务 17：查询商品领带共采购了多少。

商品领带的信息在商品信息表中，而具体采购了多少需要统计采购单明细表，所以该表的查询涉及这两个表，需要将这两个表关联起来才能得到想要的信息。

同样分步骤进行查询。

（1）查询所有商品的采购数量：

```
SQL> select sum(pinum) from t_procure_items;
SUM(PINUM)
----------
       318
```

（2）因为需要用到商品名称，故与存储商品名称的商品信息表关联：

```
SQL> select sum(pinum) from t_procure_items a ,t_good b where a.gid=b.gid ;
SUM(PINUM)
----------
       318
```

（3）在关联完相关的表以后就可以根据这些表中的数据设置条件来完成需求了，即设置商品信息表中的商品名称必须是"领带"：

```
SQL> select sum(pinum) from t_procure_items a ,t_good b
where a.gid=b.gid and b.gname='领带';
SUM(PINUM)
----------
       206
```

说明：从本任务可以看出，一个查询语句要关联的表不仅由 select 选择列决定，还跟查询条件，甚至分组条件涉及的列对应的表有关，多表查询中要确定从哪些表中查询，需要从查询任务中分析所有相关的表并分析出各表之间可以关联的关联列。当然，这个任务同样可以采用子查询来实现，具体的实现请读者参考子查询部分，但是一般情况下，多表连接查询的性能比子查询高，但这也是由各数据表的数据量大小来决定的。

7.6.2 任务 18：左外连接

目前为止，所有的连接都返回与连接条件相匹配的数据。但有时，不仅要检索满足连接条件的数据，还要检索不满足连接条件的数据。这种情况应该很常见，如果连接返回匹配行和不匹配行，则称为外部连接，简称为外连接。

任务 18：查询显示采购单信息，要求显示采购单号、采购日期(yyyy 年 mm 月)、供应商名称、状态。

查询的数据来源于采购单表与供应商信息表，主要显示采购单数据，并将其供应商编号关联的供应商名称显示出来，同样分步来实现，观察与内连接有什么区别。

（1）查询采购单信息：

```
SQL> select pmid,pdate,sid,pstate from t_main_procure;
PMID         PDATE         SID     P
```

```
            ------------ --------------- ------ -
P00000000001 12-7月 -10              1
P00000000002 18-7月 -10     000001 2
P00000000003 18-7月 -10     000003 1
P00000000004 18-7月 -10     000001 1
P00000000005 18-7月 -10     000004 2
```

（2）关联供应商信息表，显示供应商名称：

```
SQL> select pmid,pdate,sname,pstate from t_main_procure a,t_supplier b
where a.sid=b.sid;
PMID         PDATE           SNAME                P
------------ --------------- -------------------- -
P00000000002 18-7月 -10     广州电子              2
P00000000003 18-7月 -10     利口福食品公司        1
P00000000004 18-7月 -10     广州电子              1
P00000000005 18-7月 -10     佛山电脑城            2
```

（3）发现（1）中的数据记录条数比（2）中的结果要多，也就是说，关联供应商表以后，采购单数据被过滤掉一些，对比分析之后不难发现，丢失的那条数据的特点是供应商编号为null，即供应商信息表中找不到供应商编号为 null 的供应商名称，故该条数据被过滤了。实际上，按照一般需求来说，该条数据不应该被过滤，在找不到对应的名称关联数据时，该数据应该被加上，只在供应商名称列显示为 null 即可，要满足该需求，需要用到外连接。

外连接是相对内连接而言的，并是对内连接的扩充，除了将两个数据集合中重叠部分以内的那些数据行连接起来之外，还可以根据要求返回左侧或右侧数据集合中非匹配的数据或全部数据，即左外连接(LEFT OUTER JOIN)和右外连接(RIGHT OUTER JOIN)。左外连接的意思是除了返回内连接条件满足的数据以外，还返回连接左侧数据集中非匹配的数据；右外连接的意思是除了返回内连接条件满足的数据以外，还返回连接右侧数据集中非匹配的数据。

在本任务中，要另外返回采购单表中找不到供应商名称的采购数据，而采购单表在连接的左侧，故使用左外连接。

使用 SQL 99 标准连接，语句如下。

```
SQL> select pmid,pdate,sname,pstate
from t_main_procure a left join t_supplier b on a.sid=b.sid;
PMID         PDATE           SNAME                P
------------ --------------- -------------------- -
P00000000001 12-7月 -13                           1
P00000000002 18-7月 -13     广州电子              2
P00000000003 18-7月 -13     利口福食品公司        1
P00000000004 18-7月 -13     广州电子              1
P00000000005 18-7月 -13     佛山电脑城            2
```

使用 Oracle 专用连接，语句如下。

```
SQL> select pmid,pdate,sname,pstate from t_main_procure a,t_supplier b
where a.sid=b.sid(+);
PMID         PDATE           SNAME                P
```

```
------------ --------------- --------------------- -
P00000000001 12-7月 -13                            1
P00000000002 18-7月 -13      广州电子               2
P00000000003 18-7月 -13      利口福食品公司          1
P00000000004 18-7月 -13      广州电子               1
P00000000005 18-7月 -13      佛山电脑城             2
```

说明：Oracle 格式中的（＋）放在＝的左边代表右外连接，放在右边表示左外连接，分别表示显示右边或者左边的全部内容包括不匹配的内容，初接触的读者可能会觉得不好理解，可以非官方地这样理解：左外连接，因为在左侧的表中存在一些数据在右侧表中匹配不到，故需要将右表的数据以 null 的形式加（＋）上显示，反之亦然。

思考：如果写错了方向，那么结果是否是我们需要的呢？

```
SQL> select pmid,pdate,sname,pstate from t_main_procure a,t_supplier b
where a.sid(+)=b.sid;
PMID            PDATE          SNAME                 P
------------ --------------- --------------------- -
P00000000002 18-7月 -10      广州电子               2
P00000000004 18-7月 -10      广州电子               1
                             李宁服装公司
P00000000003 18-7月 -10      利口福食品公司          1
P00000000005 18-7月 -10      佛山电脑城             2
```

显示的数据除了完全匹配的数据以外，多余显示的是供应商表中没有采购单的供应商，而应该显示的采购单却没有显示，显然这不是我们要的结果。

（4）外连接的查询结果，大多会有不匹配的数据为 null 的情况，如本任务中第一条数据供应商名称为 null，结果的可读性，是比较差的，因为看到结果的用户对于这个显示结果不确定，为了增强可读性，可以使用 NVL 函数对 null 进行处理，即如果为 null 的情况，则进行默认显示。

```
SQL> select pmid,pdate,nvl(sname,'内部调整'),pstate
from t_main_procure a,t_supplier b where a.sid=b.sid(+);
PMID            PDATE          NVL(SNAME,'内部调整' P
------------ --------------- --------------------- -
P00000000001 12-7月 -10      内部调整               1
P00000000002 18-7月 -10      广州电子               2
P00000000003 18-7月 -10      利口福食品公司          1
P00000000004 18-7月 -10      广州电子               1
P00000000005 18-7月 -10      佛山电脑城             2
```

（5）进一步来看上面的结果还有哪些地方可以改进。对于采购单的状态，数据表中存储的是 1、2 等数字，对与终端用户来讲，这些数字的可读性较差，如果需要显示表定义的说明（1为待审核，2为已审核），则可以使用一个新的函数 decode 来实现。

```
SQL> select pmid 单号,pdate 日期,nvl(sname,'内部调整') 供应
商,decode(pstate,'1','待审核','2','已审核') 状态
from t_main_procure a,t_supplier b where a.sid=b.sid(+);
```

```
单号                日期              供应商              状态
------------   ---------------   -----------------   ------
P00000000001  12-7月 -10        内部调整             待审核
P00000000002  18-7月 -10        广州电子             已审核
P00000000003  18-7月 -10        利口福食品公司        待审核
P00000000004  18-7月 -10        广州电子             待审核
P00000000005  18-7月 -10        佛山电脑城           已审核
```

在上面的语句中，decode(pstate,'1','待审核','2','已审核')表示 if pstate 的值为'1'，则返回'待审核'；if pstate 的值为'2'，则返回'已审核'。

7.6.3 补充任务 1：右外连接

下面以一个简单的例子来熟悉右外连接。

查询用户的所有订单信息，包括订单 ID、订单日期、订单总金额、用户姓名，用户地址，要求没有订单的用户，其订单信息显示为"无"。

分步骤来实现此任务。

（1）显示所有的订单信息，并连接用户信息表，将用户姓名和地址显示出来。

```
SQL> select omid,odate,oamount,uname,uaddress
from t_main_order a,t_user b where a.uiid=b.uiid;
OMID            ODATE             OAMOUNT UNAME   UADDRESS
------------   ---------------   ---------- --------------------
O000000000002  12-7月 -10         320     系统管理员
O000000000003  18-7月 -10         990     李宇    佛山禅城区
O000000000004  18-7月 -10                 李宇    佛山禅城区
O000000000005  18-7月 -10                 韩乐    深圳宝安区
```

结果只显示了用户 ID 完全匹配的订单和用户信息。订单中有没有匹配的订单数据，用户表中有没有匹配的用户数据，在本任务中，需要怎样调整呢？按照任务需求，要显示没有订单的用户数据，用户表在连接的右侧，故应该是右外连接。

```
SQL> select nvl(omid,'无') 单号,odate 日期,nvl(oamount,0) 金额,uname 用户
名,uaddress 用户地址 from t_main_order a,t_user b where a.uiid(+)=b.uiid;
单号                日期              金额      用户名       用户地址
-------------------------------------------------------
O000000000002  12-7月 -10         320     系统管理员
O000000000003  18-7月 -10         990     李宇      佛山禅城区
O000000000004  18-7月 -10         0       李宇      佛山禅城区
无                                0       罗华      广州天河区
O000000000005  18-7月 -10         0       韩乐      深圳宝安区
无                                0       孔卿      佛山高明
```

使用 SQL 99 标准的右外连接，语句如下。

```
SQL> select nvl(omid,'无') 单号,odate 日期,nvl(oamount,0) 金额,uname 用户名,uaddress 用户地址 from t_main_order a right join t_user b on a.uiid=b.uiid;
```

7.6.4　补充任务2：自连接

在数据建模中，有时需要表示一个实体与自身的某种关系。例如，在用户表中，如果添加一个推荐人属性，那么这个推荐人也必须是已存在的用户。有了这个真实的用户表后，需要使用一种称为自连接的特殊连接来访问此类数据。

首先在 t_user 表中添加一列表示推荐人 ID，作为一个外键，参考自己表中的用户 ID：

（1）在 t_user 表中添加推荐人列 uintrid。

```
SQL> alter table t_user add uintrid char(6) references t_user(uiid);
表已更改。
```

（2）修改数据，用户 000004 是用户 000002 推荐的，用户 000004 又推荐了 000005，数据显示如下。

```
SQL> update t_user set uintrid='000002' where uiid='000004';
已更新 1 行。
SQL> update t_user set uintrid='000004' where uiid='000005';
已更新 1 行。
SQL> select uiid,uname,uintrid from t_user;
UIID   UNAME                UINTRI
------ -------------------- ------
000001 系统管理员
000002 李宁
000003 罗华
000004 韩乐                 000002
000005 孔卿                 000004
```

（3）现在需要显示每个用户的推荐人姓名，因为推荐人 ID 是参考本表的外键，所以在关联查询的时候就使用自连接的方式，将一个表与自身连接时，需要为该表赋予两个名称或别名。这样数据库就会"认为"存在两个表。

```
SQL> select u1.uiid,u1.uname,u1.uintrid,u2.uname as uintrname from t_user u1,t_user u2
  2 where u1.uintrid=u2.uiid(+);
UIID   UNAME                UINTRI UINTRNAME
------ -------------------- ------ -----------------
000004 韩乐                 000002 李宁
000005 孔卿                 000004 韩乐
000003 罗华
000002 李宁
000001 系统管理员
```

总结：使用自连接可以将自身表的一个镜像当做另一个表来对待，从而得到这些特殊的数据。

思考： 在业务系统中，常常利用这种自连接的方式来实现一些分层关系，如公司的组织管理机构，如果需要跟踪多层的这种关系，可以应用 Oracle 提供的分层查询来实现，分层查询有自己独特的关键字：START WITH、CONNECT BY PRIOR 和 LEVEL。具体内容请读者自学测试。

7.6.5 其他连接

限于本书篇幅问题，重点介绍了两个表之间的等值内连接、左外连接和右外连接和自连接，在复杂的应用系统中，还会用到自然连接、不等值内连接、交叉连接和全外连接等，而且根据需要可以有 3 个以上的表连接（其实也是由两两连接和两两连接构成的），特别是交叉连接一般情况下是没有意义的，但是初学的读者却很容易做出交叉连接的效果，即连接了表，但是没有连接条件，那么结果就会是两个表结果的笛卡儿积，有兴趣的读者可以试试。

7.6.6 实训练习

（1）查询显示采购单信息，要求显示采购单 ID、供应商名称、采购日期。

（2）查询显示采购单明细数据，要求显示采购单 ID、商品名称、单价、数量。

（3）查询显示订单信息，要求显示订单 ID、用户名称、用户电话。

（4）查询显示订单信息，要求显示订单 ID、用户名称（如果为 null，则显示"匿名用户"）、订单日期、订单金额（取整）。

7.7 子查询

子查询是一个 select 语句，它嵌套在 select、insert...into、delete、update 语句或另一子查询中。子查询在主查询之前执行一次，主查询（也称外部查询）使用子查询的结果。在情境 6 中的 insert 与 update 语句中嵌套了 select 子查询实现一些较为高级的应用。其实不管嵌套在什么样的语句中，其用法都是一样的，故如果在情境 6 中对子查询不了解，可在本部分学习。

子查询的语法格式很简单，就是在 SQL 语句的值或者表达式部分用括号括起来的 select 语句，如可以用在 select 语句的列表中、计算表达式中、where 子句中、having 子句中、insert 语句的值列表中、update 的值表达式中和 where 子句中等。其语法格式如下。

```
SELECT 选择对象列表
FROM 表  WHERE 表达式 运算符
```

子查询有以下两种类型。

（1）单行子查询，该查询使用单行运算符（>、=、>=、<、<>、<=）并仅从内部查询返回一行。

（2）多行子查询，该查询使用多行运算符（IN、ANY、ALL）并从内部查询返回多行。

7.7.1　任务 19：查询年龄最小的用户

任务 19：查询年龄最小的用户信息。

要查询年龄最小的用户，需要先知道年龄最小用户的出生日期，再查找出生日期为前面查询结果的用户，分析后知道，这里需要两个 select 语句，第一个 select 语句的结果将作为第二个 select 语句的查询条件。

可以分步骤来了解子查询。

查找年龄最小（即出生日期最大）的出生日期，结果作为 X。

```
SQL> select max(ubirthday) from t_user;
MAX(UBIRTHDAY)
--------------
25-10 月-89
```

将出生日期为 X 的用户信息查询显示出来。

```
SQL> select uiid,uname,ubirthday from t_user where ubirthday=(select
max(ubirthday) from t_user);
UIID   UNAME                UBIRTHDAY
------ -------------------- --------------
000002 李宇                 25-10 月-89
```

说明：一个查询结果作为另外一个查询的条件，子查询返回的值列数必须与条件列数一致，如下面的写法会出现错误。

```
SQL> select uiid,uname from t_user
where ubirthday=(select min(ubirthday),max(ubirthday) from t_user);
第 1 行出现错误：
ORA-00913：值过多
```

即子查询返回了两列值，而前面的条件列是一列，故会提示值过多的错误。

另外，=是单值匹配运算符，则子查询只能返回单行值，否则会出现如下错误。

```
SQL> select uiid,uname from t_user
where ubirthday=(select ubirthday from t_user);
第 1 行出现错误：。
ORA-01427：单行子查询返回多个行
```

总结：使用单行运算符（>、=、>=、<、<>、<=）的匹配只适用于子查询返回单行的结果，被称为子查询，如果子查询返回的出生日期有多条记录，则不能使用这些运算符；如果子查询返回了多行值，而条件是只匹配任何一个即可，那么可以使用多行子查询中的集合运算符来匹配。当然，如果刚好返回的是一个行值，那么该查询语句不会出错，所以 SQL 语句能否执行成功很多情况下与数据表中的数据有关。读者在学习时不要只关注 SQL 的语法，还要关注数据库中的数据情况。为了避免单值运算符碰到多行的子查询结果，应该在子查询中使用汇总函数（返回唯一值）找到所需要的条件值，否则应该尽量使用集合运算符来匹配。

7.7.2 任务 20：查询当月有采购来往的供应商

任务 20：查询显示在当月有采购来往的供应商信息。

任务中的主查询用于查询供应商信息，条件是当月有采购来往。什么样的条件表示有采购来往呢？在本月的采购单中的供应商 ID 都表示有来往，很显然本月的采购单会有多个供应商，也不能使用汇总函数过滤为唯一值。所以这个子查询应该使用多行子查询，即任务分解为查询供应商 ID 在本月采购单中的供应商 ID 的供应商信息，虽然读起来有点拗口，但实际情况就是这样。

（1）查询本月的采购供应商 ID：

```
SQL> select sid from t_main_procure
where to_char(pdate,'yyyymm')=to_char(sysdate,'yyyymm');
SID
------
000001
000003
000001
000004
```

说明：分析上面的查询结果，如果查询供应商 ID 为'000001'的数据记录需要返回多行吗？答案是否定的，不需要知道供应商采购了多少次，只要有采购即可，所以在这里可以把重复的记录过滤掉,在 SQL 查询中,如果要去掉列值重复的记录,可以在 select 与列的中间使用 distinct 关键字去掉重复的记录。

```
SQL> select distinct sid from t_main_procure
where to_char(pdate,'yyyymm')=to_char(sysdate,'yyyymm');
SID
------
000001
000003
000004
```

（2）查找的供应商满足的条件是供应商 ID 只要是上述结果中的任意一个即可，所以使用多行子查询中的 in 集合运算符。

```
SQL> select sid,sname from t_supplier
where sid in(select sid from t_main_procure
where to_char(pdate,'yyyymm')=to_char(sysdate,'yyyymm'));
SID    SNAME
------ --------------------
000001 广州电子
000003 利口福食品公司
000004 佛山电脑城
```

说明：in 和 not in 子查询性能比较差，如果对象是大表格数据，则应尽量避免使用。

7.7.3 补充任务 3：ANY 和 ALL 子查询

如果内部查询返回一个值列表，则外部查询 WHERE 子句仅选择与该列表中的某一值相等的那些行，此时可以使用 IN 运算符。

如果希望外部查询 WHERE 子句选择等于、小于或大于子查询结果集中至少一个值的行，则可使用 ANY 运算符。

希望外部查询 WHERE 子句选择等于、小于或大于子查询结果集中所有值的行时，可使用 ALL 运算符。

如需要查询商品库存单价大于所有商品采购单价的商品信息：

```
SQL> select gid,gname,gprice from t_goods where gprice>all(select piprice
from t_procure_items);
    GID        GNAME                    GPRICE
    ------     --------------------     ----------
    GO1004     男装西服                  898
```

说明：

① ALL 运算符会将一个值与内部查询返回的每个值进行比较。

② 假设多行子查询返回的值中有一个是 Null，但其他值不是 Null。如果使用了 IN 或 ANY，则外部查询会返回与非 Null 值相匹配的行。如果使用的是 ALL，则外部查询不返回任何行。因为 ALL 会将外部查询行与子查询返回的每个值进行比较，包括 Null 值。此时，将任何值与 Null 相比较其结果都是 Null，因此不适用。

7.7.4 任务 21：将多表连接使用子查询实现

在多表连接查询中，如果多表关联只是因为条件的关系，那么多表连接可以用子查询来实现，但是能使用多表连接的尽量使用多表连接查询，因为从性能上考虑，多数情况下多表连接性能好过子查询，在这里只是想通过任务 18 用子查询的方式来实现的过程体现子查询与多表连接查询的相似处：

任务 21：查询商品领带共采购了多少。

条件"领带"是存储在商品信息表中的，而采购数量是从采购单明细表中统计的，可以通过查询领带的商品 ID，再使用此商品 ID 作为采购单的查询条件来统计数量。

```
SQL> select  sum(pinum) from t_procure_items
where gid =(select gid from t_good where gname='领带');
SUM(PINUM)
----------
   206
```

总结：一般情况下，多表连接中的另外一个表如果没有选择列，而只是作为其中的条件，则可以与子查询互换。

以上子查询的结果都作为主查询的条件，但应用系统中，子查询作为选择列数据的情况也很多，如任务 22 就是将子查询的结果作为一个列值进行显示的。

7.7.5　任务 22：用户基本信息与统计信息

任务 22：查询显示用户信息，并加上每个用户的订单总金额。

本任务中的需求功能常见于各大应用系统和网站功能，如当当网上的用户信息查询中会有这样的信息显示：<u>截至 2013 年 07 月 18 日</u>，您共有 <u>14</u> 张订单完成交易，累计消费 <u>1073.52</u> 元。这就是使用子查询实现的订单次数和消费的统计功能。

很明显，要显示用户的订单总金额就是在用户信息数据库列后添加一列值为该用户的订单总金额。

```
SQL> select uiid,uname,(select sum(oamount) from t_main_order a where
a.uiid=b.uiid) 总金额 from t_user b;
    UIID   UNAME                        总金额
    ------ -------------------- ----------
    000002 李宇                          990
    000003 罗华
    000004 韩乐
    000005 孔卿
    000001 系统管理员                    320
```

总结：在子查询的条件中，订单表中的 uiid 应该等于用户表中的 uiid，在子查询中要使用主查询中的列，必须通过指定表名的方式来引用，为了避免产生歧义，相同名称的列名前最好带上表名，虽然在此例中，左侧的 uiid 可以不带表名。此处使用了表别名的方式。

思考：如果本任务中想输出的形式与当当网上的类似，如需要输出"尊敬的××××：截止（当天），您共提交的订单总金额为×××元"，这应该任何实现呢？

可以在 select 语句中将查询结果附加一些可读性的字符串常量合并后产生以上效果。

```
SQL> select '尊敬的'||uname||'：截止 ('||to_char(sysdate,'yyyy-mm-dd')||'),
您共提交的订单总金额为'||nvl((select sum(oamount) from t_main_order a where
a.uiid=b.uiid),0
    )||'元.' 输出提示     from t_user b;
    输出提示
----------------------------------------------------------------------
尊敬的李宇：截止（2013-07-19），您共提交的订单总金额为990元.
尊敬的罗华：截止（2013-07-19），您共提交的订单总金额为0元.
尊敬的韩乐：截止（2013-07-19），您共提交的订单总金额为0元.
尊敬的孔卿：截止（2013-07-19），您共提交的订单总金额为0元.
尊敬的系统管理员：截止（2013-07-19），您共提交的订单总金额为320元.
```

请读者自行阅读该 select 语句和结果并理解，由于篇幅问题，此处不再详述。

Oracle 中支持多层嵌套子查询，最多可到 32 层，但是从语句的可读性和查询数据的性能来讲，不要嵌套过多，根据实际需要有选择性地使用子查询即可。

注意:

① 应将子查询括在括号中。

② 应将子查询放置在比较条件的右侧。

③ 外部查询和内部查询可以从不同的表中获得数据。

④ 一个 SELECT 语句只能使用一个 ORDER BY 子句; 如果使用了此子句, 则它必须是外部查询中的最后一个子句。子查询不能有自己的 ORDER BY 子句。

⑤ 如果子查询返回 Null 值或未返回任何行, 则外部查询采用子查询的结果(Null), 并在其 WHERE 子句中使用此结果。所以外部查询不会返回任何行, 因为一个值与 Null 相比, 其结果始终是 Null。

7.7.6　实训练习

(1) 查询订单金额高于平均金额的订单信息。

(2) 查询商品单价最高的商品信息。

(3) 查询在本月没有采购来往的供应商信息。

7.8　集合查询

Oracle 数据库中涉及多表的查询时, 除了可以使用多表连接查询和子查询以外, 还可使用数据的表集合查询, 包括并、交、差 3 种运算。集合查询要求集合的查询结果结构上是一致的, 即结构列数、从左至右列值对应的数据类型等必须保持一致。

7.8.1　基本集合查询

对于商品表 (t_good) 的备份表 (t_good_b) 中的数据, 想查看以下数据, 分析得出一些结果供管理员做决策时使用。

(1) 想知道 t_good 表中有而 t_good_b 表没有的数据, 可以通过这两个表的差集合来查询。

```
SQL> select gid,gname from t_good
        minus
        select gid,gname from t_good_b;
GID    GNAME
------ --------------------
G03001 女士衬衣
G04001 领带
```

(2) 想知道 t_good 表中有而且 t_good_b 表也有的数据, 可以通过这两个表的交集合来查询。

```
SQL> select gid,gname from t_good
     intersect
     select gid,gname from t_good_b;
GID    GNAME
------ --------------------
```

```
G01001 修正笔
G04002 男装西服
```

（3）合并两个表中的数据，如果需要去掉重复的数据记录，则可以使用 union 进行合并查询。

```
SQL> select gid,gname from t_good
    union
     select gid,gname from t_good_b;
GID    GNAME
------ ---------------------
G01001 修正笔
G03001 女士衬衣
G04001 领带
G04002 男装西服
```

（4）合并两个表中的数据，如果不需要删除重复的数据记录，则可以使用 union all 进行合并查询。

```
SQL> select gid,gname from t_good
    union all
     select gid,gname from t_good_b;
GID    GNAME
------ ---------------------
G01001 修正笔
G03001 女士衬衣
G04001 领带
G04002 男装西服
G01001 修正笔
G04002 男装西服
```

注意： 这些集合运算要求上下查询结构保持一致，否则会提示出错。列名不必相同，输出的列名取自第一个 SELECT 语句中的列名。因此，若要在最终报表中显示某个列别名，应在第一个语句中输入该列别名。以下两种查询分别出现如下错误提示。

```
SQL> select gid,gname,gprice from t_good_b
    union
     select gid,gname from t_good;
第 1 行出现错误:
ORA-01789: 查询块具有不正确的结果列数

SQL> select gprice,gname from t_good
    union
     select gid,gname from t_good_b;
第 1 行出现错误:
ORA-01790: 表达式必须具有与对应表达式相同的数据类型
```

7.8.2　任务23：集合采购单和订单

任务 23：年底报表中需要将采购单主表和订单主表信息显示在一个报表中，显示单号、客户名称（采购单主表显示为供应商名称，订单主表显示为用户名称）、日期（yy-mm-dd）、总金额（四舍五入取整）、单据状态、类型（采购单显示"采购"，订单显示"订购"）。

该任务要求将两个没有关联的表数据进行合并输出，由于采购单主表和订单主表在数据上没有交集，只是要求进行合并，故在这里应用 union 来进联合。

union 联合表数据分为两种方式：一种是 union，去掉重复的行数据；另一种是 union all，不去掉重复的行，进行简单的合并。

1）按照需求查询采购单信息。

```
SQL> select pmid,sname,to_char(pdate,'yy-mm-dd') pdate,pamount,
decode(pstate,'1','待审核','2','已审核')
from t_main_procure a,t_supplier b   where a.sid=b.sid;
PMID          SNAME                 PDATE    PAMOUNT DECODE
------------- --------------------- -------- ----------- ------- ------

P00000000002 广州电子              10-06-18        765 已审核
P00000000003 利口福食品公司        10-07-02        198 待审核
P00000000004 广州电子              10-07-10        800 待审核
P00000000005 佛山电脑城            10-07-18            已审核
```

（2）查询订单信息。

```
SQL> select omid,uname,to_char(odate,'yy-mm-dd') odate,oamount,
decode(ostate,'1','审核中','2','发货中','3','已完结','4','取消')
from t_main_order a,t_user b           where a.uiid=b.uiid;
OMID         UNAME         ODATE     OAMOUNT DECODE
------------ ------------- --------- ----------- ------- ----

O000000000003 李宇         10-06-10        990 审核中
O000000000004 李宇         10-07-18            审核中
O000000000005 韩乐         10-07-07            审核中
```

（3）将两个查询结果应用 union 联合起来，由于联合起来分不清楚哪些是采购，哪些是订单，故在每个 select 选择列表添加一列常量值以区分。

```
SQL> select pmid,sname,to_char(pdate,'yy-mm-dd') pdate,pamount,
decode(pstate,'1','待审核','2','已审核') ,'采购'
from t_main_procure a,t_supplier b  where a.sid=b.sid
    union
select omid,uname,to_char(odate,'yy-mm-dd'),oamount,
decode(ostate,'1','审核中','2','发货中','3','已完结','4','取消') ,'订购'
from t_main_order a,t_user b     where a.uiid=b.uiid;
PMID          SNAME                 PDATE    PAMOUNT DECODE
------------- --------------------- -------- ----------- ------- ----

O000000000003 李宇                  10-06-10        990 审核中 订单
```

O00000000004 李宇	10-07-18	审核中 订单	
O00000000005 韩乐	10-07-07	审核中 订单	
P00000000002 广州电子	10-06-18	765 已审核 采购	
P00000000003 利口福食品公司	10-07-02	198 待审核 采购	
P00000000004 广州电子	10-07-10	800 待审核 采购	
P00000000005 佛山电脑城	10-07-18	已审核 采购	

说明：

① 如果要从没有共有列的表中选择行，则可能需要生成列以匹配查询。最简单的方法是在 SELECT 列表中包含一个或多个 NULL 值或者常量值，并给它们指定适当的别名和匹配的数据类型。

② 在查询中使用集合运算符时，如果要控制返回行的顺序，则 ORDER BY 语句只能使用一次，并且必须用在查询的最后一条 SELECT 语句中，只有第一条语句中的列在 ORDER BY 子句中是有效的。

7.8.3　实训练习

将采购单明细表数据和订单明细表数据进行集合显示，显示为单号、商品编号、商品名称、单价、数量、备注、类型（采购单明细显示为"采购"，订单明细显示为"销售"）。

7.9　视图和同义词的使用

7.9.1　视图

对于任务 23 的执行情况，如果每次要编写和执行这样的 SQL 语句，编写语句是非常不方便的，而且输出结果也不直观，这时，可以利用数据库中的视图来简化复杂的 select 语句。也就是说，可以通过 select 语句从一些基表中把相关数据查询出来并将这个 select 语句定义为一个窗口，以后就可以通过这个窗口来查询这些数据了。查询视图与查询基表的方式是一样的，不仅方便，还能保证安全性。例如，对于基表的拥有者，如果只是有选择性地将局部数据列和数据记录给其他用户查询和修改，则可以通过这种方式提供相关的数据窗口，从而屏蔽要保护的数据，提高数据库的安全性。

创建视图的语法格式如下。

```
CREATE [OR REPLACE] [FORCE|NO FORCE] VIEW view_name [(alias[,alias]...)]
AS select 语句
[WITH CHECK OPTION]
[WITH READ ONLY];
```

说明： or replace 子句的意思是当创建的视图名已经存在时，替换原来的试图，可以实现修改视图的作用；force 选项用于不管视图对应和参考的基表对象是否存在，都强制创建视图，no force 与 force 相反，如果对应基表不存在，则不能创建视图，默认为 no force；alias 用于给 select 语句中的选择列定义别名，增强可读性，如果没有，则默认为 select 中的名称；with check option 选项标识不能改变视图中数据超出 select 语句所标识的数据条件；with read only 表示不能通过该视图进行 DML 操作

7.9.2 任务 24、任务 25：视图的应用

任务 24：将任务 23 中的查询定义为一个视图。

根据创建视图的语法，将任务 23 中的 select 语句定义为名为 v_procure_order 的视图，语句如下。

```
SQL> create or replace view v_procure_order as
  2  select pmid,sname,to_char(pdate,'yy-mm-dd'),pamount,
  3  decode(pstate,'1','待审核','2','已审核') ,'采购'
  4  from t_main_procure a,t_supplier b  where a.sid=b.sid
  5      union
  6  select omid,uname,to_char(odate,'yy-mm-dd'),oamount,
  7  decode(ostate,'1','审核中','2','发货中','3','已完结','4','取消') ,'订单'
  8  from t_main_order a,t_user b   where a.uiid=b.uiid
create or replace view v_procure_order as
*
第 1 行出现错误:
ORA-00998: 必须使用列别名命名此表达式
```

可是在执行时，却出现了错误。原来建立视图的时候，之前说过给列取别名是可选的，如果不给列取别名则默认为 select 选择列的名称，但是当 select 中有未命名的计算列和常量列时，就必须给列取命名，否则视图无法标识选择列，而出现上面的错误，给所有列名赋别名，增强其可读性。

```
SQL> create or replace view v_procure_order(单号,客户名称,日期,总金额,状态,
类型) as
  2  select pmid,sname,to_char(pdate,'yy-mm-dd'),pamount,
  3  decode(pstate,'1','待审核','2','已审核') ,'采购'
  4  from t_main_procure a,t_supplier b  where a.sid=b.sid
  5  union
  6  select omid,uname,to_char(odate,'yy-mm-dd'),oamount,
  7  decode(ostate,'1','审核中','2','发货中','3','已完结','4','取消') ,'订单
'
  8  from t_main_order a,t_user b   where a.uiid=b.uiid;
视图已创建。
```

视图创建以后，就可以像查询基表一样查询视图了，查询语句如下。

```
SQL> select * from v_procure_order;
SQL> select * from v_procure_order where 类型='订单';
```

说明：

① 视图本身不包含数据，视图是现有表或其他视图的逻辑表示。

② 定义视图的子查询可以包含复杂的 SELECT 语法，只要是有效的能够返回数据行的 select 语句都可以将其定义为视图。

③ 定义视图的子查询不能包含 ORDER BY 子句。应在视图中检索数据时指定 ORDER BY 子句。

④ 视图分为简单视图和复杂视图，简单视图是一个基表中不经过函数处理的查询，在满足基本约束条件的基础上可以通过视图进行 DML 操作（insert、update、delete），在任务 25 中会进一步学习；复杂视图是一个或多个表中可能经过一些函数的处理的查询，一般情况下是不能通过视图进行 DML 操作的。

任务 25：系统中有多个商品信息数据维护人员 是根据商品类型分工的，其中，维护人员 Jane 是维护童装精品的商品信息的，为 Jane 创建一个视图。

（1）创建一个列结构与 t_good 完全一样的视图，但商品类型为'T00002'：

```
SQL> create or replace view v_good_童装 as
select * from t_good where gtid='t00002'
视图已创建。
```

（2）通过视图可以查询到相关的数据。

```
SQL> select gid,gname,gtid from v_good_童装;
GID     GNAME                GTID
------  -------------------- ------
G02001 儿童鞋                t00002
G02003 小西装                t00002
```

说明：查询视图跟查询基表一样，但是视图本身是没有存储数据的，通过执行视图中的 select 语句来查询基表中的数据，也可以在此基础上进行 where 条件限定和分组计算等功能。

（3）这个视图就是一个简单视图，以通过视图进行 DML 操作，首先 insert 两条数据。

```
SQL>  insert into v_good_童装 values('G02002','小猪短裤','t00002',20,1,10,
10,null,null);
已创建 1 行。
SQL>  insert into v_good_童装 values('G02004','短裤','t00003',20,1,10,10,
null,null);
已创建 1 行。
```

说明：

① 以上操作说明可以通过简单视图来进行数据的添加、修改和删除，此处关于修改和删除的暂时省略，请读者自行操作测试。

② 添加的第一条数据类型为 t00002，即 Jane 为自己管理的童装添加了一个商品；第二条数据类型为 t00003，即 Jane 添加了一个不属于他维护管理的商品数据，同时他可以修改和删除其他类型的商品信息，很显然，这不符合创建视图时的要求。关于 Jane 的视图，通过这个视图只能查询、添加、修改和删除类型属于 t00002 的商品数据，在此情况下，应该在创建视图的语句后加上 WITH CHECK OPTION 来实现此控制。

```
SQL> create or replace view v_good_童装 as
  2  select * from t_goods where gtid='t00002'
  3  with check option;
视图已创建。
```

在添加了此选项以后，所有通过这个视图进行的查询和 DML 操作都必须满足视图对应 SQL 语句中的 where 条件，否则将会出现违反了条件的错误提示，如试图继续通过这个视图来添加一个商品类型为 t00003 的商品数据，则会提示错误。

```
SQL> insert into v_good_童装 values('G03003','铅笔裤','300003',90,1,6,10,
null,null);
第 1 行出现错误:
ORA-01402: 视图 WITH CHECK OPTIDN where 子句违规
```

总结:

① WITH CHECK OPTION 可以确保对视图执行的 DML 操作只在视图范围内起作用。

② 为 Jane 建立的视图如果将视图的相关对象权限赋给 Jane，Jane 就可以通过这个视图来维护商品信息表中类型为'T00002'的数据，他不能查询也不能修改其他数据，既方便了 Jane 维护这些数据，又为其他数据提高了安全性。

进一步来说，如果不希望通过视图来进行 DML 操作，则 WITH READ ONLY 选项可以确保无法通过视图执行 DML 操作。

```
SQL> create or replace view v_good_童装 as
  2  select * from t_goods where gtid='t00002'
  3  with read only;
视图已创建。

SQL> insert into v_good_童装 values('G02006','牛奶','t00002',20,1,10,10,
null,null);
第 1 行出现错误:
ORA-01733: 此处不允许虚拟列
```

思考:

① 视图是一种常用的数据库对象，其定义的信息也会存储在以 views 后缀的三级数据字典中，如可以通过 user_views 来查询视图以及视图对应的 SQL 语句。

② 视图是一个数据库对象，如果不需要使用视图了，则应该将其删除，删除视图的语句为 DROP view viewname；删除视图只是从数据库中删除了视图定义，不会对基表有任何的影响。

③ 有一种内嵌视图可以将一个 SELECT 查询作为一个 from 子句，Top-N-Analysis 查询就是使用内嵌子查询返回结果集的。可以在查询中使用 ROWNUM 为结果集分配行号。主查询后使用 ROWNUM 对数据进行排序并返回所有需要的前 N 个记录。由于篇幅的关系，此处不再赘述。

7.9.3　同义词的使用

同义词是数据库方案对象的一个别名，经常用于简化对象访问和提高对象访问的安全性。Oracle 中允许给数据库对象取别名来简化查询中复杂的对象名，特别是在多用户查询中，如果一个用户要查询其他用户的表，不仅要具有相应的权限，而且查询的时候要带上表对象的所有者和表名，这样书写的时候比较麻烦，为了简化工作，有时也可以隐藏一些重要的表名，起到保护的作用，可以使用同义词给这些对象取别名。下次查询这些表时，可以直接查询对应的同义词。在使用同义词时，Oracle 数据库将它翻译成对应方案对象的名称。与视图类似，同义词并不占用实际存储空间，只在数据字典中保存了同义词的定义。

同义词的语法格式如下。

```
CREATE [OR REPLACE] [PUBLIC] SYNONYM NAME
FOR 数据库对象名;
PUBLIC 的意思是共享的，可以给所有的用户访问，
```

如任务 25 中的视图名是 v_procure_order，所有者是 developer，那么其他用户要访问这个视图就要写 developer. v_procure_order，这样书写很麻烦，而且不好记忆，所以 developer 可以给这个视图取一个同义词，可以给所有用户访问。

```
SQL> create public synonym v_p_o for v_procure_order;
同义词已创建。
```

公共同义词创建以后，其他用户访问就可以直接使用同义词的名称来访问，不需要再挂所有者的名字。

```
SQL> select * from v_p_o;
```

思考：

① 多用户协同开发中，可以屏蔽对象的名称及其持有者。如果没有同义词，当操作其他用户的表时，必须使用 user 名.object 名的形式，采用了 Oracle 同义词之后就可以去掉 user 名。这里要注意的是，public 同义词只是为数据库对象定义了一个公共的别名，其他用户能否通过这个别名访问此数据库对象，还要看是否已经为这个用户授权。

② 为用户简化 SQL 语句。上面的一条其实就是一种简化 SQL 的体现，同时如果自己创建的表名很长，则可以为这个表创建一个 Oracle 同义词来简化 SQL 开发。

7.9.4　实训练习

（1）创建采购单明细表的视图，包含采购单号、商品编号、采购单价、采购数量、采购金额（采购单价*采购数量）、备注。

（2）创建订单明细表的视图，包含订单号、商品编号、单价、数量、金额（单价*采购数量）、备注。

（3）创建视图，包含用户的订单次数和订单总金额。

（4）在以上视图中执行 insert、update、delete 语句，观察会发生什么问题。

（5）请读者给系统中需要简化的数据库对象名或者需要保护数据库对象名称的对象取同义词。

7.10　技能拓展

在很多文本编辑器或其他工具中，正则表达式通常被用来检索和/或替换那些符合某个模

式的文本内容。许多程序设计语言都支持利用正则表达式进行字符串的操作。从 Oracle10g 开始，正式引入了正则表达式，提供了数据库内部强大的字符串处理函数，从而极大地方便了开发人员。Oracle 10g 提供了以下 4 个函数支持正则表达式。

REGEXP_LIKE：模式是否匹配？

REGEXP_SUBSTR：它与什么匹配？

REGEXP_INSTR：它在哪里匹配？

REGEXP_REPLACE：替换匹配的记录。

Oracle 11g 不仅改进了以上函数，还新增了 REGEXP_COUNT 函数。

（1）REGEXP_LIKE(x,pattern[,match_option])用于在 X 中查找正则表达式 pattern，该函数还可以提供一个可选的参数 match_option，用于说明默认的匹配选项。match_option 的取值如下。

'c'说明在进行匹配时区分大小写（默认值）。

'i'说明在进行匹配时不区分大小写。

'n'允许使用可以匹配任意字符的操作符。

'm'将 X 作为一个包含多行的字符串。

例子，查找 2013 年 1 月至 6 月的订单信息，语句如下。

```
SQL> select * from t_main_order where  REGEXP_LIKE(TO_CHAR(odate, 'YYYYMM'),
'^20130[1-6]$');

OMID          UIID   ODATE          OAMOUNT O
------------- ------ -------------- ---------- -
O00000000001 000001 18-5 月 -10        320 1
O00000000003 000002 10-6 月 -10        990 1
```

说明：REGEXP_LIKE(TO_CHAR(odate, 'YYYYMM'), '^20130[1-6]$');表示日期的 yyyymm 满足以'20130'开头并且后缀为 1~6 的数字字符，表示年月为 201301~201306。

（2）REGEXP_INSTR(x,pattern[,start[,occurrence[,return_option[, match_option]]]])用于在 X 中查找 pattern，返回 pattern 在 X 中出现的位置。匹配位置从 1 开始。可以参考字符串函数 INSTR()，相关参数如下。

'start'：开始查找的位置。

'occurrence'：说明应该返回第几次出现 pattern 的位置。

'eturn_option'：说明应该返回什么整数。若该参数为 0，则说明要返回的整数是 X 中的一个字符的位置；若该参数为非 0 的整数，则说明要返回的整数为 X 中出现在 pattern 之后的字符的位置。

'match_option'：修改默认的匹配设置。

例如，查找在字符串中的符合某些条件的字符的位置，语句如下。

```
SQL> SELECT REGEXP_INSTR('数据库版本是 Oracle 11g','o[[:alpha:]]{5}') result
     from dual;
RESULT
-----------------
      8
```

说明：该例返回在"数据库版本是 Oracle 11g"字符串中出现的后面带 5 个任意字符的'o'字符出现的位置。

（3）REGEXP_REPLACE(x,pattern[,replace_string[,start[,occurrence[, match_option]]]])用于在 X 中查找 pattern，并将其替换为 replace_string。可以参考字符串函数 replace()，参数同 REGEXP_INSTR 函数。

```
SQL> SELECT REGEXP_REPLACE('数据库版本是 Oracle 10g','1[[:alnum:]]{2}',
'11gR2') result FROM dual;

RESULT
-------------------------
数据库版本是 oracle 11gR2
```

说明：该例实现将"数据库版本是 Oracle 10g"字符串中以'1'开头并且后带 2 个任意数字或字母的字符串替换为'11gR2'。

（4）REGEXP_SUBSTR(x,pattern[,start[,occurrence[, match_option]]])用于在 X 中查找 pattern 并返回。可以参考字符串函数 SUBSTR()，参数同 REGEXP_INSTR 函数。

```
SQL> SELECT REGEXP_SUBSTR('数据库版本是 oracle 11gR2','o[[:alnum:]]{5}')
result FROM dual;
RESULT
------
oracle
```

说明：该例实现将"数据库版本是 Oracle 11gR2"字符串中以'o'开头并且后带 5 个任意数字或字母的字符串截取出来。

（5）REGEXP_COUNT()是 Oracle Database 11g 新增加的一个函数。REGEXP_COUNT(x, pattern[, start [,match_option]])用于在 X 中查找 pattern，并返回 pattern 在 X 中出现的次数。可以提供可选参数 start，指出要从 X 中开始查找 pattern 的那个字符；也可以提供可选的 match_option 字符串，指出匹配选项。

```
SQL> SELECT REGEXP_COUNT ('数据库版本是 oracle 11gR2','o[[:alnum:]]{5}')
result FROM dual;
RESULT
------
1
```

说明：该例返回在"数据库版本是 Oracle 11gR2"字符串中以'o'开头并且后带 5 个任意数字或字母的字符串出现的次数。

总结：正则表达式是 Oracle 10g 中开始增加的新功能，功能强大，能够在应用开发中满足较为复杂的字符串处理功能，但是在应用过程中涉及的相关匹配字符和匹配选项等较为繁杂，需要读者在使用时参考。请读者根据需要对这 5 个函数进行测试，了解正则表达式的强大功能，以便在需要的时候得心应手的使用。

网上购物系统的业务数据处理

背景：网上购物系统的系统设计文档中，有一部分是针对数据业务处理的，Jack 在与 Smith 沟通以后，确定本情境中的任务使用 Oracle 数据库中的函数、存储过程和触发器等数据库对象来实现，具体任务见任务清单。

8.1 任务分解

8.1.1 任务清单

任务清单 8

公司名称：××××科技有限公司

项目名称：网上购物系统　　　　　　　　　　项目经理：Smith

执行者：Jack　　　　　　　　　　　　　　　时间段：21 天

任务清单：

1. 根据"双 11 促销活动"策略，将原来折扣为 0 的，调整为 0.9；将原来折扣为 1 的调整为 0.95，其他的调整为 0.92，之后输出"目前 0.9 折的商品有××件，0.92 折的商品有××件，0.95 折的商品有××件"；引入 PL/SQL、SQLcode 的引用，输出语句、变量等。

2. 用 PL/SQL 程序块将最早的采购单信息输出为"最早的采购单单号为××××，采购日期为××××年××月××日，供应商名称是×××××，采购总金额为×××××元"。

3. 在用户信息查询中，要求除了显示用户基本信息以外，还要显示该用户成功的订单总金额，使用存储函数实现此功能。

4. 在订单中选购商品时，当用户选择了某商品，提取商品信息表中的价格（单价*折扣），销售价格根据用户持有 VIP 会员卡类型（通过业务系统输入，G 为金卡，折扣为折上 9 折；S 为银卡，折扣为折上 92 折；O 为普通卡，折扣为折上 95 折）计算。

5. 采购单号的编码规则为"PYYYYMMXXXXX"，其中，"P"为采购单的前缀表示，"YYYYMM"表示采购单生成的年月，"×××××"为每月的流水号码，如第一个单为"00001"，第二个单为"00002"，以此类推。例如，2013 年 6 月 3 号生成的本月第 20 采购单号为"P20130600020"。与其类似，要求订单号的编码规则为"OYYYYMMXXXXX"。

6. 在页面上发起采购任务时，操作为选中供应商并填写备注信息，确定无误后生成一个新的采购单主表信息，要求采购单编号使用单号编码函数中的功能生成，供应商编号使用选中的供应商编号，日期为默认的系统时间，总金额在有明细数据的时候自动计算，采购单状态为'1'，备注为填写的备注信息。

7. 在修改采购单据的时候，可以重新选择供应商或者修改备注信息。

8. 编写根据采购单单号审核采购单的过程，根据输入的采购单号，将采购单的状态列值修改为'2'（已审核）。但是修改之前需要检查，如果采购单的状态值已经为'2'，则提示错误信息"×××××单据已经审核！"。

9. 在本情境任务 7 中，采购单的审核只是将单据的状态变为审核而已，事实上，对于采购单的审核确认，还要做一件非常重要的事情，就是一旦采购单审核确认，那么采购明细表中的商品采购数量应该更新到商品表中，即完成系统中的商品账面入库操作，如果一张采购单上面有多个商品，则需要根据每个商品的采购数量来更新商品表中的库存。

10. 编写根据订单编号审核订单的过程，输入订单编号，进行订单出库处理，即更新商品的库存，要求库存不能少于 0，即如果有库存不够的，则不能审核，并提醒用户进行修改。

11. 采购单上的总金额，应该根据采购单明细数据自动更新，即在每次新增、修改、删除采购单明细数据以后进行更新。

12. 对于采购单而言，如果是已经审核的单据，则不能再删除或者修改。

13. 对于采购单，建立视图（包含内容为采购单编号、供应商编号、供应商名称、联系人、联系电话、采购日期），即采购单中包含了供应商的基本信息，现在想通过视图来添加新的采购单，如果输入的供应商不存在，则当做新的供应商添加到供应商表中。

8.1.2　任务分解

要完成任务清单中的任务，在工作过程中会涉及 PL/SQL 中的存储过程、函数、触发器等的应用，故本情境中包含如下典型工作任务。

（1）PL/SQL 的基本应用。
（2）函数的应用。
（3）存储过程的应用。
（4）游标的应用。
（5）触发器的应用。

8.2　PL/SQL 的基本应用

8.2.1　PL/SQL 的概念

结构化查询语言（Structured Query Language，SQL）是用来访问关系型数据库的一种通用语言，其执行特点是非过程化，即不用指明执行的具体方法和途径，而是简单地调用相应语句来直接取得结果。显然，这种不关注任何实现细节的语言对于开发者来说有着极大的便利。然而，有些复杂的业务流程要求相应的程序来描述或者控制，这种情况下 SQL 的优势不明显。PL/SQL 正是为了解决这一问题而出现的。PL/SQL 是一种过程化语言，可以用来实现比较复杂的业务逻辑功能。

PL/SQL 语言是过程化语言（PL）与结构化查询语言（SQL）进行完美结合的 Oracle 数据库程序设计语言。

一段 PL/SQL 程序由 begin 开始，由 end 结束，如果需要在程序中使用自定义的变量、常量等对象，则需要在 begin 之前进行声明，并且需要使用 declare 关键字表示声明部分的开始，如同其他程序设计语言一样，也需要在 PL/SQL 程序中处理异常，异常处理部分放在 end 之前，故一段标准的 PL/SQL 程序是由 3 部分组成的。

PL/SQL 程序都以块为基本单位，整个 PL/SQL 块分为 3 部分，如图 8-1 所示。

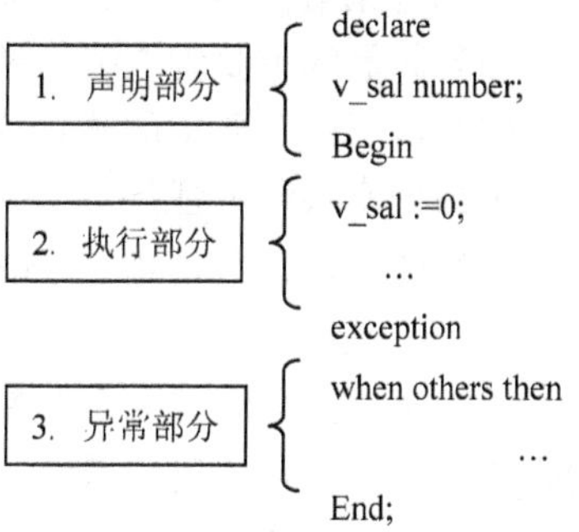

图 8-1　PL/SQL 程序的组成

PL/SQL 程序块在 SQL Plus 中使用'/'表示执行。PL/SQL 程序块包括命名的程序和未命名的程序块，未命名的也称匿名块。匿名块程序编译一次只能执行一次，在一个执行块中必须至少有一条语句，否则编译就会失败。

下列是一个最简单的匿名块语句，只包含一条 NULL 语句。

```
BEGIN
NULL; --什么事情也不做
END;
/
```

8.2.2　任务 1：调整商品折扣

任务 1：根据新一轮的促销策略，将原来折扣为 0 的，调整为 0.9；将原来折扣为 1 的，调整为 0.95；其他的调整为 0.92，之后输出 "0.9 折的商品有 XX 件，0.92 折的商品有 XX 件，0.95 折的商品有 XX 件"。

请读者先思考，要完成这项调整任务，利用之前所学的 SQL 语句如何实现？

可以使用以下两种方法来实现此任务。

（1）用 3 个 update 语句分别来完成，根据条件一定要注意语句的顺序，因为每一个 update 语句修改的数据都会影响下一个 update 语句修改的条件。

```
SQL> update t_good set gdiscount=.92 where gdiscount not in(0,1);
SQL> update t_good set gdiscount=.95 where gdiscount=1;
SQL> update t_good set gdiscount=.90 where gdiscount=0;
```

（2）利用 decode 函数和 update 语句来完成。

```
SQL> update t_good set gdiscount=decode(gdiscount,0,0.9,1,0.95,0.92);
```

说明：以上方法都能按照要求调整商品的折扣，特别是第二种方式，只用一条 update 语句就完成了 3 种调整需求，但是从这两种方法中都无法得到要输出的结果，即每种方法修改了多少条数据呢？要得到 SQL 语句执行成功影响了多少条数据，必须使用 PL/SQL 中的隐式游标功能来实现。

根据任务要求，并以过程化的程序思想来考虑如何完成，方法如下。

（1）将原来折扣为 0 的，调整为 0.9，并将修改的行数记录下来。

（2）将原来折扣为 1 的，调整为 0.95，并将修改的行数记录下来。

（3）其他的调整为 0.92，并将修改的行数记录下来。

（4）按照任务要求的格式输出结果。

下面分步实现本任务。

（1）前 3 步前段使用 update 语句可以实现，但是修改的行数如何得到呢？

Oracle PL/SQL 中提供了 SQL 隐式游标获取这个信息。

SQL 隐式游标：当用户在 PL/SQL 中使用数据操纵语句时，Oracle 预先定义一个名为 SQL 的隐式游标，可以通过检查这个隐式游标的属性获取与最近执行的 SQL 语句的相关信息。

当执行一条 DML 语句后，DML 语句的结果保存在 4 个游标属性中，这些属性用于控制程序流程或者了解程序的状态。当运行 DML 语句时，PL/SQL 打开一个内建游标并处理结果，游标用于维护查询结果的内存中的一个区域，游标在运行 DML 语句时打开，完成后关闭。隐式游标只使用 SQL%FOUND（布尔值），SQL%NOTFOUND（布尔值），SQL%ROWCOUNT（整数值）3 个属性。

在执行任何 DML 语句前，SQL%FOUND 和 SQL%NOTFOUND 的值都是 NULL，在执行 DML 语句后，SQL%FOUND 的属性值将根据 DML 语句的执行情况取值：如果 DML 语句执行成功并影响了数据记录（即 select 返回了数据，insert 插入了数据，update 修改了数据，delete 删除了数据），那么值为 TRUE，当 SQL%FOUND 为 TRUE 时，SQL%NOTFOUND 为 FALSE；如果 DML 语句执行不成功或者没有影响到数据记录（即 select 没有返回数据，insert 没有插入数据，update 没有修改数据，delete 没有删除数据），那么值为 FALSE，当 SQL%FOUND 为 FALSE 时，SQL%NOTFOUND 为 TRUE。

在执行任何 DML 语句之前，SQL%ROWCOUNT 的值也是 NULL，在执行 DML 语句后，SQL%ROWCOUNT 的属性值将根据 DML 语句的执行情况取值：对于 insert、update、delete 语句，返回的是语句执行成功影响的行数（insert 添加的数据记录行数，update 修改的数据行数，delete 删除的数据行数），对于 select 语句，因为在 PL/SQL 中最多只能返回单行，所以如果 select 语句返回单行，则 SQL%ROWCOUNT 的值为 1；如果返回多行或者没有找到数据记录，将抛出异常，这将在后续任务中讲解。

（2）已经可以通过 SQL%ROWCOUNT 获取每一条 update 语句修改的数据行数，那么应该怎样记录下来呢？

PL/SQL 中通过声明变量来存储程序中使用的数值，在这里需要定义 3 个存储整数的变量来分别存储 3 次修改数据的结果。

```
V_u1 number;
V_u2 number;
V_u3 number;
```

定义了变量以后可以在程序执行的过程中分步通过 SQL%ROWCOUNT 存储每条 update 语句修改的数据行数。

（3）需要通过提示字符串与 3 个变量值进行组合输出，PL/SQL 中用于输出信息的语句是系统包 DBMS_OUT 中的 PUT_LINE 方法，即

```
DBMS_OUT.PUT_LINE (string);
```

如果需要输出提示信息，则在执行之前需要将 Oracle 环境的输出服务打开，默认是 off 状态，并且这个环境设置是会话期，即每一个会话都应该进行如下的设置才能显示输出信息。

```
SET SERVEROUTPUT ON
```

（4）通过前面的 3 步分析，可以将这些组合在一起来实现任务 1。

```
SQL> set serveroutput on
SQL> declare
  2 v_u1 number;
  3 v_u2 number;
  4 v_u3 number;
  5 begin
  6    update t_good set gdiscount=.92 where gdiscount not in(0,1);
  7       v_u1 :=SQL%rowcount;--将上行的修改语句结果进行存储
  8     update t_good set gdiscount=.90 where gdiscount=0;
  9      v_u2 :=SQL%rowcount;
 10     update t_good set gdiscount=.95 where gdiscount=1;
 11      v_u3 :=SQL%rowcount;
 12     dbms_output.put_line('0.92折的商品有'||v_u1||'件,0.90折的商品
有'||v_u2||'件, 0.95折的商品有'||v_u3||'件');
    --在这个过程中有可能会出现异常，具体的异常处理请见后续任务
 13 end;
 14 /--SQL Plus 的命令，编译执行语句或者程序块
```

0.92 折的商品有 3 件，0.90 折的商品有 1 件，0.95 折的商品有 2 件
PL/SQL 过程已成功完成。

说明：

① SQL Plus 中会对换行的语句进行自动编行号（第一行除外），之前没有记录是因为 SQL 语句不长，笔者将其去掉，本情境中将会截取实际的效果展示给读者，以便增强可读性。

② SQL%ROWCOUNT 是隐式游标属性，程序中只能读而不能写（由 Oracle 系统设置），而且只能通过它读取最近上一条 DML 语句的执行状态，故每一条 update 语句都要获取一次。

③ Oracle 中的语句是以;结束的，故在程序中每条语句都应该以;结束。

④ PL/SQL 中赋值符号是:=，表示将右边表达式的值赋给左边的变量。

⑤ 变量或者其他对象命名应该遵守 Oracle 标识符的命名规范。

⑥ PL/SQL 中可以定义的常见数据类型为 number、char、varchar2、date、integer，在后面的任务中会逐渐涉及。

思考： 前面讲过 PL/SQL 是 PL 语言与 SQL 语言的完美结合，请读者根据以上例子分析哪些语句是 PL 语句，哪些语句是 SQL 语句，哪些语句是 PL/SQL 语句的结合？只有在编程中自如地编写 PL 语句、SQL 语句以及 PL/SQL 的结合语句才能更加完美地应用好 PL/SQL 语言。

8.2.3 任务 2：输出采购单

任务 2：用 PL/SQL 程序块将最早的采购单信息输出为"最早的采购单单号为××××，

采购日期为××××年××月××日，供应商名称是×××××，采购总金额为×××××元"。

任务分析：该任务要求将最早的采购单数据查询出来并按照要求进行输出。在 PL/SQL 程序块中，通过 select 语句查询的数据通过 select…into…结构将查询的数据赋值给变量进行存储，以便处理。下面分步实现。

（1）定义变量：因为需要显示的数据项有 4 个，所以必须定义 4 个变量分别存放单号、日期、供应商名称、总金额。

（2）执行 select…into…语句赋值时，需要根据 select 语句中的选择列表顺序和数据类型对相应变量进行赋值。

（3）根据变量的值按要求进行输出。

代码实现：

```
SQL> set serveroutput on
SQL> declare
  2  v_pmid char(12);
  3  v_pdate date;
  4  v_sname varchar2(4);
--假设不知道供应商名称的最大长度,此处定义的最大4位的供应商名称将引发异常
  5  v_pamount number(5);
  6  begin
  7       select pmid,pdate,sname,pamount  into v_pmid,v_pdate,v_sname,
v_pamount
  8       from t_main_procure a,t_supplier b where a.sid=b.sid
  9       and pdate=(select min(pdate) from t_main_procure);
 10      dbms_output.put_line('最早的采购单单号为'||v_pmid||', 采购日期为
'||v_pdate
 11       ||', 供应商名称是'||v_sname||', 采购总金额为'||v_pamount||'元');
 12  end;
 13  /--
declare
*
第 1 行出现错误:
ORA-06502: PL/SQL: 数字或值错误 :  字符串缓冲区太小
ORA-06512: 在 line 7
```

说明：出现以上的错误，一般原因是变量定义的长度比实际数据值的长度小，以这种方式定义变量存储数据表中数据的时候，需要了解查询的每个列的数据类型及长度，否则很容易出现这种错误。故可以将变量的类型锚定到表中目标列来声明变量。

v_pmid t_main_procure.pmid%type; 表示 v_pmid 的数据类型与 t_main_procure 表中的 pmid 列一样（包括数据类型和长度），定义的变量存放对应的 pmid 列数据，即使该列的数据类型和长度在项目开发、测试和运行过程中进行了修改也会出错，而由程序编译时根据实际的表列数据类型和长度自动做调整，这种方式适合定义的变量在本程序段只存放该表中该列的值，提高了程序的高可维护性。

```
SQL> set serveroutput on
SQL> declare
  2  v_pmid t_main_procure.pmid%type;--锚定变量，以下同
  3  v_pdate t_main_procure.pdate%type;
  4  v_sname t_supplier.sname%type;
  5  v_pamount t_main_procure.pamount%type;
  6  begin
  7      select pmid,pdate,sname,pamount into v_pmid,v_pdate,
         v_sname, v_pamount
  8        from t_main_procure a,t_supplier b where a.sid=b.sid
  9        and pdate=(select min(pdate) from t_main_procure);
 10      dbms_output.put_line('最早的采购单单号为'||v_pmid||', 采购日期为
'||v_pdate
 11          ||', 供应商名称是'||v_sname||', 采购总金额为'||v_pamount||'元');
 12  end;
 13  /
```

最早的采购单单号为 P00000000002，采购日期为 18-6 月-10，供应商名称是广州电子，采购总金额为 765 元

PL/SQL 过程已成功完成。

注意：使用%TYPE 锚定变量，当列的数据尺寸改变时，情况确实如此，但当基类型改变时则不一定，因为会引起其他操作问题。例如，当基类型由字符串转换成日期型时，程序中涉及的一些逻辑、赋值和比较运算可能会失败，因为隐式转换的数据内容可能不能满足所有的逻辑条件。

下面来看看该程序结构还有什么异常隐患。

（1）如果修改数据查询的条件，不是查找最早的数据，而改为查找一个具体日期的数据：

```
SQL> declare
  2  v_pmid t_main_procure.pmid%type;
  3  v_pdate t_main_procure.pdate%type;
  4  v_sname t_supplier.sname%type;
  5  v_pamount t_main_procure.pamount%type;
  6  begin
  7      select pmid,pdate,sname,pamount into v_pmid,v_pdate,
         v_sname, v_pamount
  8        from t_main_procure a,t_supplier b where a.sid=b.sid
  9          and pdate=to_date('2013-05-12','yyyy-mm-dd');
 10      dbms_output.put_line('最早的采购单单号为'||v_pmid||', 采购日期为
'||v_pdate
 11          ||', 供应商名称是'||v_sname||', 采购总金额为'||v_pamount||'元');
 12  end;
 13  /
declare
*
第 1 行出现错误:
ORA-01403: 未找到数据
ORA-06512: 在 line 7
```

说明：当把条件改为没有采购单的 2013 年 05 月 12 日（读者在测试的时候应该根据实际数据情况选择不存在采购单的日期数据）的时候，该程序不是找不到数据且不显示数据，而是直接出现了异常，这是 Oracle 系统的特点（不像 SQL Server 那样），如果 select 查询没有找到数据，则会抛出 no_data_found 的预定义异常，即错误提示中的"未找到数据"。

（2）同样，再来看这个程序在不同的数据状态下有什么不一样的结果：如果将一条采购单的日期数据修改为 2013 年 05 月 12 日，再次运行上面的程序块后，结果如下。

```
SQL> select pmid,pdate,sname,pamount
  2  from t_main_procure a,t_supplier b where a.sid=b.sid
  3  and to_char(pdate,'yyyy-mm-dd'>'2013-05-12';
PMID          PDATE          SNAME                 PAMOUNT
------------  -------------  -------------------   ----------
P00000000003 12-5月 -13      利口福食品公司          198
P00000000004 12-5月 -13      广州电子                800
SQL> ——再次运行程序块（篇幅的问题，本书不再重复代码）
declare
*
第 1 行出现错误：
ORA-01422: 实际返回的行数超出请求的行数
ORA-06512: 在 line 7
```

说明：当 select 语句查询返回多行数据以后，就会出现 too_many_rows 的异常，即"实际返回的行数超出请求的行数"的异常。

总结：综上所述，select...into...语句只能处理返回单行的数据，一旦找不到数据或者找到多行都会抛出相应的异常，而且这两个情况又是最容易发生的，故在程序中为了避免程序由于异常而中断应该通过异常处理部分来保护程序的健壮性。

在程序块的最后添加以下异常处理部分。

```
exception
when no_data_found then
dbms_output.put_line('没有找到数据，请检查数据');
when too_many_rows then
dbms_output.put_line('返回多条数据，请使用其他方式实现');
--将在后续任务中使用游标来处理多行数据
when others then -others --用来处理没有匹配上的其他异常的通用处理
dbms_output.put_line(SQLERRM); -- SQLERRM 为异常的错误提示信息，其中包含
SQLCODE 为异常的错误代码
end;
```

说明：其中 no_data_found 和 too_many_rows 分别是两个错误的系统预定义异常（详见表 8.1）名称，可以使用选择分支结构——when 结构，与异常进行匹配以后进行对应的异常处理，也可以使用 others 来匹配其他情况，其中 SQLERRM 为 Oracle 内置函数，表示发生错误的提示信息。另外，SQLCODE 也为系统内置函数，异常时会返回错误代码，读者可以根据需要选择使用。Oracle 系统定义了两千多个错误，其中只有一部分有异常名称（详见表 8.1），其他都是代码和提示信息。

表 8-1 系统预定义异常表

命名的系统异常	产 生 原 因
ACCESS_INTO_NULL	未定义对象
CASE_NOT_FOUND	CASE 中未包含相应的 WHEN，并且没有设置 ELSE 时
COLLECTION_IS_NULL	集合元素未初始化
CURSER_ALREADY_OPEN	游标已经打开
DUP_VAL_ON_INDEX	唯一索引对应的列上有重复的值
INVALID_CURSOR	在不合法的游标上进行操作
INVALID_NUMBER	内嵌的 SQL 语句不能将字符转换为数字
NO_DATA_FOUND	使用 select into 未返回行，或应用索引表未初始化的元素
TOO_MANY_ROWS	执行 select into 时，结果集超过一行
ZERO_DIVIDE	除数为 0
SUBSCRIPT_BEYOND_COUNT	元素下标超过嵌套表或 VARRAY 的最大值
SUBSCRIPT_OUTSIDE_LIMIT	使用嵌套表或 VARRAY 时，将下标指定为负数
VALUE_ERROR	赋值时，变量长度不足以容纳实际数据
LOGIN_DENIED	PL/SQL 应用程序连接到 Oracle 数据库时，提供了不正确的用户名或密码
NOT_LOGGED_ON	PL/SQL 应用程序在没有连接 Oracle 数据库的情况下访问数据
PROGRAM_ERROR	PL/SQL 内部问题，可能需要重装数据字典和 PL/SQL 系统包
ROWTYPE_MISMATCH	宿主游标变量与 PL/SQL 游标变量的返回类型不兼容
SELF_IS_NULL	使用对象类型时，在 null 对象上调用对象方法
STORAGE_ERROR	运行 PL/SQL 时，超出内存空间
SYS_INVALID_ID	无效的 ROWID 字符串
TIMEOUT_ON_RESOURCE	Oracle 在等待资源时超时

8.2.4 PL/SQL 基本结构总结

通过上面的两个例子，已经大概了解了 PL/SQL 程序块的基本结构，结构中标量的定义（使用数据类型的方式和%type 锚定表中目标列的方式）、简单赋值语句、select into 赋值语句、DML 语句的执行、输出语句、异常处理，以及一些系统变量的使用，在以后的任务中还会涉及这些内容更加丰富的应用以及程序设计中的选择分支结构和循环结构，这几个任务使用的都是匿名块（未命名的程序块），匿名块的应用可以解决一些简单的数据处理，但是不能被多次调用，只能每次编译执行，所以适用性不广，匿名块程序在有些情况下有用，如在构建脚本播种数据或执行一次性的处理活动时。但是对于一些需要反复执行的业务活动，应该将程序块根据需要进行命名，如函数、过程、触发器和包等类型的数据库对象命名程序，它们的结构多了一个头部分，头部分用于定义程序名称、形参列表（根据需要），以及返回类型（根据需要）。匿名块和命名的程序块基本结构如图 8-2 所示。

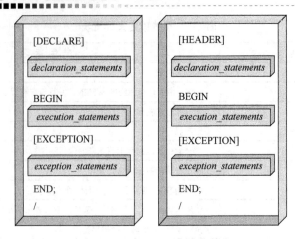

图 8-2　PL/SQL 程序结构图

8.2.5　思考与提高

如果编写匿名块，要显示在当月有采购来往的供应商信息，由于满足条件的采购单有很多，而且确实有必要输出所有满足条件的数据，则应该怎样来实现这个效果呢？

8.2.6　实训练习

（1）编写匿名块，输出"商品领带共采购的数量为××××"。

（2）编写匿名块，输出年龄最小的用户信息，并思考当数据具有什么特点的时候，程序会抛出什么异常？在程序中应该做什么样的处理？

8.3　函数在系统业务中的应用

存储函数（或者自定义函数，以下简称为函数）是命名程序块的一种对象，Oracle 系统有很多预定义好的系统函数，常见的函数请见情境 7，用户也可以根据需要自定义函数，用于在程序中返回特定的数据，函数一次编译成功和优化以后，存储在数据库服务器中，可以在需要的地方进行调用。如果客户需要经常查询或者简单的计算处理以后返回特定的数据，那么可以考虑基于这些操作程序建立函数，通过函数的应用，可以简化客户应用的开发与维护，并提高应用程序的运行性能。

创建函数的用户必须具有 CREATE PROCEDURE 的系统权限，请注意不是 FUNCTION，创建函数和过程的权限是一样的，如果是为其他用户创建函数，则需具有 CREATE ANY PROCEDURE 的系统权限。

函数可使用 SELECT 语句查询数据，但是不能执行 DML 和 DDL 语句，如 INSERT、UPDATE 或 DELETE，以及 CREATE、ALTER 等管理表格的语句。同时，由于函数是不能独立调用的，必须作为一个语句的表达式而存在，所以也不能使用 COMMIT 和 ROLLBACK 进行事务处理，其他用于匿名块的规则同样适用于存储函数。

创建函数的语法如下。

```
CREATE   [OR   REPLACE]   FUNCTION   function_name   [(parameter1   [in]
datatype1, ...)]
    RETURN datatype IS|AS  --函数必须有返回值
    [local_variable_declarations; …]
    BEGIN -- actions;
    RETURN expression;
    END [function_name];
```

8.3.1　任务 3：订单金额的函数实现

任务 3：在用户信息查询中，要求除了显示用户基本信息以外，还要求显示该用户交易成功的订单总金额，请使用存储函数返回用户订单总金额。

本任务中要实现的功能可以分为两部分，一部分是查询用户表中的基本信息，可以用简单的 select 语句实现；另一部分是统计该用户的订单总金额，需要根据用户编号到订单中统计。在此需要应用存储函数来实现第二部分的功能，返回用户的订单总金额。

算法设计：

（1）查询用户基本信息，由简单 select 语句实现。

```
select uiid,uname,ubirthday,usex,utelephone,订单总金额 from t_user;
```

其中"订单总金额"是待实现的部分。

（2）设计编写统计用户订单总金额的函数 f_sumoamount，需要根据用户编号进行统计，故输入参数为用户编号，数据类型可以使用%type 锚定为订单表中的用户 ID 列数据类型，函数统计返回该用户的订单总金额，即函数的返回值，返回值只需要指定数据类型，而不能指定长度。

（3）定义函数程序块头格式为如下。

```
create [or replace] function 函数名([参数列表]) return datatype as
begin
end;
```

[or replace]表示如果该函数已经存在则替换，由于编写程序时经常进行修改和调整，故建议读者默认写上；as 谓词也可以使用 is，表示程序体的开始。

（4）由于函数具有返回值，故应该在程序的执行结束部分（异常部分之前）使用 return 对值进行返回。

（5）由于编写程序会碰到比编写 SQL 语句更多的问题和错误，在程序编译的过程中，会有一些编译错误，但是 Oracle 解释器只会提示出现编译错误，没有具体的错误提示，此时需要使用 show error 来显示具体的错误提示，故一般在所有的程序编译之后随即使用此命令，在此要求读者将 show error 命令作为程序代码的标配，具体表示请见下面的代码段。

代码实现：

① 带有编译错误的演示：

```
SQL> create or replace function f_sumoamount(i_uiid in t_main_order.
uiid%type)
  2  return number
```

203

```
    3  as
    4  v_osum number(12,3);
    5  begin
    6          select sum(oamount) into v_osum  from t_main_order  where
uiid=i_uiid
    7        return v_osum;
    8  exception  --异常处理
    9     when others then
   10         dbms_output.put_line(SQLERRM);
   11         return null;
   12  end;
   13  /
警告：创建的函数带有编译错误。
SQL> show error;
FUNCTION F_SUMOAMOUNT 出现错误：
LINE/COL ERROR
-------- --------------------------------------------------------------------
    6/1     PL/SQL: SQL Statement ignored
    6/71    PL/SQL: ORA-00933: SQL 命令未正确结束
```

② 修改以后的编译效果演示：

```
SQL> create or replace function f_sumoamount(i_uiid in  t_main_order.
uiid%type)
    2  return number
    3  as
    4  v_osum number(12,3);
    5  begin
    6          select sum(oamount) into v_osum  from t_main_order  where
uiid=i_uiid;
    7        return v_osum;
    8  exception  --异常处理
    9     when others then
   10         dbms_output.put_line(SQLERRM);
   11         return null;
   12  end;
   13  /
函数已创建。
SQL> show error;
没有错误。
```

调用测试及结果：

```
SQL> select uiid,uname, nvl(f_sumoamount(uiid),0) 订单金额 from t_user;
UIID   UNAME                    订单金额
------ -------------------- ----------
000002 李宇                        990
000003 罗华                       2899
```

000004 韩乐	0
000005 孔卿	0
000001 系统管理员	0

说明：没有特殊数据类型参数的存储函数可以像 Oracle 内置函数这样调用，非常方便并且实用，能够简化查询统计中的 SQL 语句，并且提高查询的效率和性能。

8.3.2 任务 4：商品单价的函数实现

任务 4：在订单中选购商品时，当用户选择了某商品后，需要提取商品信息表中的价格（单价*折扣），而且销售价格根据用户持有会员卡的类型（通过业务系统输入，G 为金卡，折扣为折上 9 折；S 为银卡，折扣为折上 92 折；O 为普通卡，为折上 95 折；默认为 W，没有折扣）进行组合计算。

该业务要求在用户选定了商品编号之后，根据商品编号提取相应的商品单价，并根据会员卡的各种折扣比例进行计算，然后返回一个价格作为销售单价，这个过程中只有查询和简单的数值计算，根据存储函数的要点，可以考虑编写一个存储函数根据商品编号返回其销售单价以便在生成订单业务活动中调用。

算法设计：

（1）设计函数 f_goodprice，由于函数的计算过程必须根据商品编号查询，所以设计第一个输入参数为商品编号，数据类型为使用%type 锚定商品表中的商品编号列；同时销售单价需要根据客户的等级折扣组合计算，所以设计第二个输入参数为会员卡的类型（G、S、O），由于这个值就是一个简单的常量，因此数据类型为 char 即可，根据商品编号参数到商品表中查询相应的商品单价，再根据会员卡的类型参数计算并返回销售单价，数据类型为 number，输入参数的 mode 为 in，默认情况下就是 in，要注意函数的参数只能是 in 模式，输出的 out 参数使用 return 代替了。

所以这个函数对象的函数头可以写为：

```
create or replace function f_goodprice
    (i_gid in t_good.gid%type,i_vip_type in char)
    return number
```

（2）根据会员卡的类型设置默认值的要求，即如果用户没有会员卡则默认为 W，可以在参数的定义后使用 default 指定参数默认值，函数调用时如果没有传值，则程序中应使用该默认值，格式如下：parameter1 [IN][OUT] sql_datatype | plsql_datatype [default value]。

修改以上的函数头如下。

```
create or replace function f_goodprice
    (i_gid in t_good.gid%type,i_vip_type in char default 'W')
    return number
```

（3）根据会员卡的类型规则来计算，故要使用条件选择分支结构，常用的条件选择分支有 if 语句，if 分支的基本结构如下。

```
        IF ... THEN
        ELSIF ... THEN
        ELSE
        END IF;
```

结构与其他程序设计语言类似，要注意的有两点：一是 ELSIF，读者千万不要认为这是笔误，在 PL/SQL 中就是这样书写的，而不是一般的 ELSEIF，中间少了一个 E；二是与 IF 对应的 END IF 一定不要忽视，而且最后有一个 ";" 来表示这是一条完整的条件选择语句。

代码实现：

```
SQL> create or replace function f_goodprice
 2  (i_gid in t_good.gid%type,i_vip_type in char default 'W')
 3  return number
 4  as
 5   v_price t_good.gprice%type;
 6   begin
 7       select nvl(gdiscount,1)*nvl(gprice,0) into v_price
from t_good where gid=i_gid;
 8       if upper(i_vip_type)='G' then
--为避免输入时有大小写的问题，使用 upper 函数进行统一转换
 9           v_price:=v_price*0.9;
10       elsif upper(i_vip_type)='S' then
11           v_price:=v_price*0.92;
12       elsif upper(i_vip_type)='O' then
13           v_price:=v_price*0.9;
14       else
15        null; --如果为 W,没有折扣则不需进行计算,这部分可以省略,此处为了表示
                 --NULL, 所以将其作为一条语句说明,什么也不做
16       end if;
17     return v_price;
--函数的正常退出是由 RETURN 语句来实现的,而且必须有一个具体的返回值
18   exception  --异常处理
19      when others then
20   dbms_output.put_line(SQLERRM);
21    return null;--由于函数必须有 return 语句,所以在函数的异常处理部分不要忘记
--使用 return 返回一个用户认为合适的值,此处使用后返回 NULL
22   end;
23   /   --SQL Plus 的命令,编译执行语句或者程序块
函数已创建。
```

调用测试及结果：

（1）使用 select 语句查询某商品的单价。

```
SQL> select gid,gprice from t_good where gid='G03001';
GID       GPRICE
------  ----------
G03001      192
```

（2）在添加订单明细数据后调用函数返回销售单价并插入表中。

```
SQL>  insert into t_order_items values('O20130700001','G03001'
    2    ,f_goodprice('G03001','S'),2,'调用函数实现单价');
已创建 1 行。
```

（3）查询插入的商品单价。

```
SQL> select omid,gid,oprice from t_order_items where omid='O20100700001';
OMID          GID        OPRICE
------------- ------- ----------
O20130700001 G03001     167.81
```

这时发现查询到的销售单价为原商品的单价经过计算以后的值，即函数的返回值。

（4）如果要使用参数的默认值，而且默认的参数值是最后的，那么在调用的时候当做没有这个参数即可。

```
SQL> select f_goodprice('G03001') from dual;
F_GOODPRICE('G03001')
---------------------
             182.4
```

说明：通过以上测试，可以根据任务需求中的规则来提取商品的销售单价。在此任务中，学习了函数对象的创建与调用；输入参数的设置；条件选择分支结构语句的实现等。

8.3.3 任务 5：单号构造函数实现

任务 5：采购单号的编码规则为"PYYYYMM×××××"，其中"P"为采购单的前缀表示，"YYYYMM"表示采购单生成的年月，"×××××"为每月的流水号码，如第一个单为"00001"，第二个单为"00002"，以此类推。例如，2013 年 6 月 3 号生成的本月的第 20 个采购单号为"P20130600020"。

该业务实现的主要功能为根据一定的规则生成采购单号，其中并不涉及其他的 DML（insert、update、delete）操作，根据 Oracle PL/SQL 子程序的特点，适合选用函数来实现该任务。

算法设计：

（1）定义一个生成采购单编号的函数 P_createPMID，由于采购单号是根据采购单主表中现有单号和采购时间（默认为生成单据的系统时间）确定计算的，故不需要设置输入参数，函数直接返回采购单号。

（2）程序中首先查询确定现有的当月最大的采购单号最后 5 位的值，先使用 max（）函数取当月最大的单号，再使用 substr 函数截取最后 5 位。

```
select substr(max(pmid),-5)
    from t_main_procure     --查询当月采购单的最后 5 位编号
    where substr(pmid,2,6)=to_char(sysdate,'yyyymm');
```

（3）有两种情况需要处理，如果没有找到当月数据，该查询的 max 值为 NULL，则最后 5

位值也为 NULL，说明当月没有采购单，编码返回"PYYYYMM00001"；否则将最后 5 位值转换为 NUMBER 以后增 1，再转换为字符串合并"PYYYYMM"生成采购单号。

　　trim(to_char(to_number(v_pmid)+1,'00000'))将 v_pmid 使用 to_number 函数转换为数字以后加 1，再使用 to_char 函数按照'00000'（如果不够 5 位，则在左边补充'0'）的格式转换为字符串，由于数字转换为字符串时左边留一位代表符号，为整数时该位为空格，故在此使用 trim 函数将前面的空格去掉。

代码实现：

```
SQL>  create or replace function f_createPMID
  2    return char
  3    is
  4    v_pmid t_main_procure.pmid%type ;
  5    begin
  6     select substr(max(pmid),-5) into v_pmid
  7        from t_main_procure
  8          where substr(pmid,2,6)=to_char(sysdate,'yyyymm');
  9     if v_pmid is null then    --如果当月没有单据，则从 1 开始编号
 10        v_pmid:='P'||to_char(sysdate,'yyyymm')||'00001';
 11     else  --如果有单据，则在原来的最后的单据的编号上加 1
 12        v_pmid:='P'||to_char(sysdate,'yyyymm')||
 13             trim(to_char(to_number(v_pmid)+1,'00000'));
 14     end if;
 15     return v_pmid;
 16   exception  --运行错误
 17    when others then
 18       dbms_output.put_line(SQLERRM);
 19     return null;
 20    end;
 21  /
函数已创建。
SQL> show error;
没有错误。
```

调用测试及结果：

（1）使用 select 测试函数的功能。

```
SQL> select f_createPMID from dual;
--没有参数的函数调用直接输入名称即可，也可以加上()
F_CREATEPMID
------------------------------------------------------------------------
P20130700001
```

（2）在添加采购单数据中进行调用。

```
SQL> insert into t_main_procure(pmid,sid,pstate,pmemo)
  2  values(f_createPMID,'000003','1','单号调用函数实现');
已创建 1 行。
```

```
SQL> select pmid,sid,pmemo from t_main_procure where pmemo like '%函数%';
PMID         SID    PMEMO
------------ ------ --------------------------------------------------
P20130700001 000003 单号调用函数实现
SQL> insert into t_main_procure(pmid,sid,pstate,pmemo)
  2 values(f_createPMID,'000004','1','单号调用函数实现');
已创建 1 行。
SQL> select pmid,sid,pmemo from t_main_procure where pmemo like '%函数%';
PMID         SID    PMEMO
------------ ------ --------------------------------------------------
P20130700001 000003 单号调用函数实现
P20130700002 000004 单号调用函数实现
```

说明：在此函数中，如何确定数据为当月的？有两种方式，一是将采购日期列数据和系统时间的年月数据相比，二是根据采购单编号中的"YYYYMM"部分来和系统时间的年月数据比较，本例中选用了第二种方式，同学们可以试着使用第一种方式实现。

8.3.4　常见的函数运行错误

（1）如果 select 语句调用函数时中不能有 insert、update 和 delete 的 DML 操作，也不能使用事务处理语句命令（COMMIT、ROLLBACK），为了避免出现这些情况，如果需要这些操作，应尽量用存储过程来实现。

```
SQL> create or replace function f_goodprice
  2 (i_gid in t_good.gid%type)
  3 return t_good.gprice%type
  4 as
  5 v_price t_good.gprice%type;
  6 begin
  7   select nvl(gdiscount,1)*nvl(gprice,0) into v_price
from t_good where gid=i_gid;
  8     insert into t_order_items values('O20130700001','G03001'
  9    ,v_price,2,'调用函数实现单价');
  10       return v_price;
  11 exception  --异常处理
  12 when others then
  13  dbms_output.put_line(SQLERRM);
  14   return null;
  15 end;
  16 /
函数已创建。
SQL> show error;
没有错误。
SQL> select f_goodprice('G03001') from dual;
ORA-14551: 无法在查询中执行 DML 操作
```

（2）函数结束之前必须由 return 语句得到返回值。

```
SQL> create or replace function f_goodprice
  2  (i_gid in t_good.gid%type)
  3  return t_good.gprice%type
  4  as
  5  v_price t_good.gprice%type;
  6  begin
  7  select nvl(gdiscount,1)*nvl(gprice,0) into v_price
     from t_good where gid=i_gid;
  8  --return v_price;
  9  exception  --异常处理
 10  when others then
 11  dbms_output.put_line(SQLERRM);
 12  --return null;
 13  end;
 14  /
函数已创建。
SQL> show error;
没有错误。
SQL> select f_goodprice('G03001') from dual;
第 1 行出现错误:
ORA-06503: PL/SQL: 函数未返回值
ORA-06512: 在 "SHOPPING_DBA.F_GOODPRICE", line 13
```

总结：应该尽量避免在函数程序中使用 DML 语句（特指 insert、update、delete）、DDL 语句、事务处理语句，以及改变全局变量；在程序中至少要有一个 return 语句并且必须返回一个值，特别是在异常处理中，应该提供发生错误时的返回值，否则同样会提示出错。

8.3.5 实训练习

（1）查询供应商信息时，显示从供应商外采购的次数和采购的总金额，分别用两个存储函数实现返回采购次数和采购总金额。

（2）请读者编写用于获取采购单明细表中的商品单价的函数，直接提取商品表中的商品单价即可。

（3）请读者根据现行的个人所得税规则编写函数，根据输入工资返回应缴的个人所得税。

（4）确定当月的采购单的条件，这里采用采购单编号中的"YYYYMM"部分来和系统时间的年月数据匹配，也可以利用采购日期来进行判断，请读者修改程序，利用采购日期和系统日期来匹配是否为当月。

（5）订单的订单编号规则为"OYYYYMM00001"，请读者编写函数实现。

（6）请读者自己总结存储函数的特点，并结合自己的理解分析适合使用存储函数来实现的业务的特点。

8.4　存储过程在系统业务中的应用

存储过程（以下简称为过程）是命名程序块的一种数据库对象，就是一组命名的、可调用的 PL/SQL 程序块，编写好的过程通过一次编译成功和优化以后，存储在数据库服务器中，在需要的程序中可以进行反复调用。在程序开发中使用存储过程，可以为系统提供完整性、安全性、可用性并提高性能，过程不仅用在需要事务处理的复杂的业务逻辑中，即使是添加、修改数据也可以使用过程来完成，因为如果是经常要执行的 insert、update 语句，Oracle 每次都要进行编译，并判断语法正确性，因此执行速度慢，如果将其定义成为一个过程，一次编译以后，只在需要的时候从高速缓冲存储器中调用已编译的代码执行即可。

创建过程的用户必须具有 CREATE PROCEDURE 的系统权限，如果是为其他用户创建过程，则需具有 CREATE ANY PROCEDURE 的系统权限，创建函数和过程的权限是一样的。

创建存储过程的语法格式如下。

```
CREATE [OR REPLACE] PROCEDURE name [parameters] IS|AS-- (必需的)
Variables, cursors, etc.-- (可选的，根据程序的需要设置)
BEGIN --(必需的)
SQL and PL/SQL statements;
EXCEPTION --(可选的异常部分，一般建议有)
WHEN exception-handling actions;
END [name]; --(必需的)
```

给过程头定义参数的形式如下。

```
parameter1 [IN][OUT] [IN OUT] sql_datatype | plsql_datatype
```

说明：IN 表示参数为输入参数，为值传递参数，意味着在程序中不能改变；OUT 表示参数为输出参数，为引用传递参数，通过在程序中赋值和引用的方式返回程序外；IN OUT 表示参数既作为输入参数也作为输出参数；datatype 可以是 SQL 中的数据类型，也可以是 PL/SQL 中的数据类型（包含 SQL 数据类型），如果函数定义了 PL/SQL 中才有的数据类型参数，或者具有输出参数，那么函数的调用只能在程序中调用，否则可以像情境 7 中内置函数那样在一般的 SQL 语句中调用。

过程与函数的本质区别就是函数可以通过 return 语句设置返回值，但是过程不行，如果要有类似的功能，则需要通过输出参数来实现。

8.4.1　任务 6：新增采购单数据

任务 6：在页面上发起采购任务时，选中供应商并填写备注信息，确定信息无误以后生成一个新的采购单主表信息，采购单编号使用单号编码函数中的功能生成，供应商编号使用选中的供应商编号，日期为默认的系统时间，总金额在有明细数据的时候自动计算，此时为 NULL，采购单状态为'1'，备注为填写的备注信息。

需要使用过程来实现数据的添加，添加中需要的数据一部分来自于过程的输入参数，一部分通过调用自定义的函数来实现，还有一部分可以为 null。这里会初步接触程序中的事务处理，即添加数据成功以后使用 commit 提交数据，一旦发生异常则使用 rollback 回滚操作。

算法设计：

（1）定义一个 p_insertmainprocure 过程，输入参数为供应商编号（i_sid t_main_procure.sid%type）、备注（i_pmemo t_main_procure.pmemo%type）；

（2）采购单号调用 8.3.3 小节中的采购单号生成函数 P_createPMID 产生（如没有编写该函数，则请先完成该函数，或者在此程序中作为输入参数来实现），日期使用表定义的默认系统时间，总金额为 null，状态为'1'。

（3）该程序需不需要输出参数呢？如果是在程序中调用的，并且需要知道数据是否添加成功，则可以设置一个输出参数(o_result number)，表示执行的结果，在此处如果执行成功，则返回添加的记录数；否则返回发生错误的系统代码。

代码实现：

```
SQL> create or replace procedure p_insertmainprocure
  2      (i_sid  in    t_main_procure.sid%type,i_pmemo  in  t_main_procure.
pmemo%type ,
  3   o_result out number)
  4   is
  5   begin
  6     insert into t_main_procure values
  7     (f_createPMID(),i_sid,default,null,'1',i_pmemo);
  8     o_result:=SQL%rowcount;
  9     commit;
 10   exception
 11      when others then
 12        dbms_output.put_line(sqlerrm);
 13        o_result:=SQLCODE;
 14   end;
 15   /
过程已创建。
```

调用测试及结果：

调用存储过程的方法有以下几种。

（1）如果是没有输出参数的过程调用，则可以在 SQL Plus 中使用 exec 存储过程名（输入参数值）；调用过程。

（2）但是对于有输出参数的过程调用，由于需要使用变量存储输出参数，故需要在程序中进行调用，在这里使用匿名块程序来调用存储过程，并需要先定义一个变量 v_res 来存储输出结果，调用的时候，将变量置于输出参数位置进行引用并传值。

```
SQL> set serveroutput on  --在 SQL*Plus 中设置输出信息开关 SQL> declare
  2   v_res number;
  3   begin
  4     p_insertmainprocure('000003','使用过程添加数据',v_res );
  5     dbms_output.put_line('添加了'||v_res ||'条采购单数据');
  6   end;
  7   /
添加了 1 条采购单数据
PL/SQL 过程已成功完成。
```

说明：在调用过程时需要注意的是，输入的值必须满足输出参数的类型，输出变量的类型也必须符合输出参数的类型。

下面的调用中第一个参数的长度写多了 2 位，就会提示出错，输出变量返回的是 Oracle 系统错误代码。

```
SQL> set serveroutput on
SQL> declare
  2  res number;
  3  begin
  4    p_insertmainprocure('00000003','使用过程添加数据',res);
  5    dbms_output.put_line('添加了'||res||'条采购单数据');
  6  end;
  7  /
ORA-12899: 列 "SHOPPING_DBA"."T_MAIN_PROCURE"."SID" 的值太大 (实际值: 8, 最
大值: 6)
添加了-12899 条采购单数据
PL/SQL 过程已成功完成。
```

再来看一个问题，如果在供应商参数值中忘记如单引号，则情况如下。

```
SQL> set serveroutput on
SQL> declare
  2  res number;
  3  begin
  4    p_insertmainprocure(00000003,'使用过程添加数据',res);
  5    dbms_output.put_line('添加了'||res||'条采购单数据');
  6  end;
  7  /
添加了 1 条采购单数据
PL/SQL 过程已成功完成。
SQL> select pmid,sid,pmemo from t_main_procure where pmemo like '%过程%';
PMID          SID    PMEMO
------------- ------ -------------------------------------------------------
P20130700004  3      使用过程添加数据
```

说明：系统将 000003 认为是一个数字值，在转换为字符串时变成了'3'，或者输入了一个满足参数类型的其他值，那么输入的供应商编号就是错误的，如果系统业务中不允许输入供应商表中不存在的供应商编号（null 除外，从规范化的数据库设计来讲应该设置外键约束），为了防止这个问题，应该怎样做？

算法改进：根据上面的提示，在过程中添加数据之前应该做数据检查。数据满足业务规则要求才执行 insert 语句，否则返回错误提示。故在 insert 语句之前使用 select 语句查询供应商表中供应商编号等于参数值的记录是否存在，存在则执行 insert 语句，否则返回错误代码'-1'。

```
SQL> create or replace procedure p_insertmainprocure
  2   (i_sid  in   t_main_procure.sid%type,i_pmemo  in  t_main_procure.
pmemo%type ,
  3   o_result out number)
```

```
 4  is
 5  v_count number:=0;
 6  begin
 7      select count(sid) into v_count from t_supplier where sid=i_sid;
 8      if v_count>0 then
 9        insert into t_main_procure values
10        (f_createPMID(),i_sid,default,null,'1',i_pmemo);
11        o_result:=SQL%rowcount;
12        commit;
13      else
14        o_result:=-1;
15      end if;
16  exception
17        when others then
18          dbms_output.put_line(sqlerrm);
19          o_result:=SQLCODE;
20      rollback; --撤销
21  end;
22  /
过程已创建。
```

再次调用，并且这次根据输出变量的值进行选择性提示，增强输出结果的可读性：

```
SQL> set serveroutput on
SQL> declare
 2    v_res number;
 3  begin
 4    p_insertmainprocure('00003','使用过程添加数据',v_res);
 5    if v_res>0 then
 6    dbms_output.put_line('添加了'||v_res||'条采购单数据');
 7    else
 8    dbms_output.put_line('添加数据失败，错误代码为:'||v_res);
 9    end if;
10  end;
11  /
添加数据失败，错误代码为:-1
PL/SQL 过程已成功完成。
```

总结： 过程中可以包含程序设计中常用的赋值语句、选择分支结构、select 查询语句（必须使用 select into 将查询结果保存到变量中）、insert 语句、update 语句、delete 语句以及事务控制语句，并且可以根据需要设置输入参数、输出参数和输入输出参数，所以可以实现一些较为复杂的业务逻辑的流程处理。

思考： 在经过改进以后的算法设计中，设置了程序中的不符合业务规则的一些处理，并且将结果返回到调用过程的程序当中，但是目前的情况只能根据返回结果知道执行出错，却不知道具体的错误原因，应该在程序中做哪些改进来提高程序和程序结果的可读性呢？

8.4.2　任务7：修改采购单数据

任务7：在修改采购单据的时候，可以重新选择供应商或者修改备注信息。
算法设计：
（1）输入参数为要修改的采购单编号、新的供应商编号和备注。
（2）根据输入的采购单编号，使用update语句修改供应商编号为输入的供应商编号，修改备注为输入的备注信息。
（3）没有输出参数。
代码实现：

```
SQL> create or replace procedure p_updatetmainprocure
  2  (i_pmid  t_main_procure.pmid%type,
  3  i_sid  t_main_procure.sid%type,
  4  i_pmemo   t_main_procure.pmemo%type)
  5  is
  6  begin
  7    update t_main_procure set sid=i_sid,pmemo=i_pmemo where pmid=i_pmid;
  8    dbms_output.put_line('您成功修改了'||i_pmid||'单据的供应商和备注信息');
  9    commit;
 10  exception
 11    when others then
 12      dbms_output.put_line('修改数据发生错误，原因为:'||sqlerrm);
 13      rollback;
 14  end;
 15  /
过程已创建。
```

调用测试及结果：

（1）查询要修改的数据。

```
SQL> select pmid,sid,pmemo from t_main_procure where pmid='P20130700002';
PMID         SID    PMEMO
------------ ------ ----------------------------------------
P20130700002 000003 使用过程添加数据
```

（2）使用exec调用无输出参数的存储过程。

```
SQL> exec P_UPDATETMAINPROCURE('P20130700002','000004','修改了的备注');
您成功修改了 P20130700002 单据的供应商和备注信息
```

如果采取程序中调用的方法，则

```
Begin
P_UPDATETMAINPROCURE('P20130700002','000004','修改了的备注');
End;
/
您成功修改了 P20130700002 单据的供应商和备注信息
```

（3）查询修改以后的数据。

```
SQL> select pmid,sid,pmemo from t_main_procure where pmid='P20130700002';
PMID          SID    PMEMO
------------- ------ --------------------------------------------------------
P20130700002 000004 修改了的备注
```

　　总结：上面的程序已经实现了基本的修改功能，但是在用户的角度考虑，其常常会只修改供应商编号或者备注信息，这样的情况下，调用这个过程就很不方便，用户会提出这样的需求——如果不需要修改，则不提供输入参数。能够满足这个需求的就是存储过程中的给输入参数提供默认值的方法。

　　算法改进：

　　（1）在上面存储过程的基础上，设置供应商编号和备注的输入参数默认值。

　　（2）在程序中判断输入参数值是否等于默认值以判断是否修改该值，即如果匹配默认值，则代表不用修改，否则将按照输入值来修改相应的列值。

```
SQL> create or replace procedure p_updatemainprocure
  2  (i_pmid   t_main_procure.pmid%type,
  3   i_sid  t_main_procure.sid%type default 'SID',
  4   i_pmemo   t_main_procure.pmemo%type default 'PMEMO')
  5  as begin
  6   if i_sid='SID' and i_pmemo!='PMEMO' then
  7    update t_main_procure set pmemo=i_pmemo where pmid=i_pmid;
  8     dbms_output.put_line('您成功修改了'||i_pmid||'单据的备注信息');
  9   elsif  i_sid!='SID' and i_pmemo='PMEMO' then
 10     update t_main_procure set sid=i_sid where pmid=i_pmid;
 11     dbms_output.put_line('您成功修改了'||i_pmid||'单据的供应商信息');
 12   elsif  i_sid!='SID' and i_pmemo!='PMEMO' then
 13     update t_main_procure set sid=i_sid,pmemo=i_pmemo where pmid=i_pmid;
 14     dbms_output.put_line('您成功修改了'||i_pmid||'单据的供应商和备注信息');
 15   else
 16     dbms_output.put_line('您没有需要修改的信息。');
 17     end if;
 18    commit;  --提交
 19  exception
 20    when others then
 21      dbms_output.put_line(sqlerrm||'执行错误');
 22      rollback; --撤销
 23  end;
 24  /
过程已创建。
```

　　调用改进的过程：

　　调用有默认值参数的过程，一般情况下，直接当做没有这个参数即可，如以下前两种调用方式。

　　（1）备注不修改，当做没有备注参数。

```
SQL> exec p_updatemainprocure('P20130700002','000001');
您成功修改了 P20130700002 单据的供应商信息
```

（2）供应商和备注不修改，当做没有供应商和备注参数。

```
SQL> exec p_updatemainprocure('P20130700002');
您没有需要修改的信息。
```

（3）可是问题出现了，如果供应商参数不修改，而只想修改备注参数，那么该怎么办呢？当有多个默认值参数的时候，调用过程时，对其参数的输入有以下 3 种方式。

① 名称表示法。

② 位置表示法。

③ 混合表示法。

这里采用名称指定法，即通过指定参数名称来确定参数传入对象。

名称指定法：

```
SQL> exec p_updatemainprocure('P20130700002',i_pmemo=>'只修改备注');
您成功修改了 P20130700002 单据的备注信息
```

说明： =>左边为过程定义的参数名称，=>右边为输入的变量或值，用这种方式调用过程的参数，没有指定名称的按照参数的位置顺序来确定，有指定名称的按照名称匹配来确定。

如果是通过名称指定参数的，则顺序可以任意，如以下的调用方法，把备注放在了供应商编号的前面，功能是一样的。

```
SQL> exec p_updatemainprocure('P20130700002',i_pmemo=>'修改备注',
i_sid= >'000003');
您成功修改了 P20130700002 单据的供应商和备注信息
```

总结： 修改这个过程，查看新供应商编号是否存在于供应商表中，如果不存在，则提示不能修改并且终止程序的执行；修改之前应该先判断该单据是否已经审核（状态为'2'表示已审核），如果已经审核，则提示不能修改并且终止程序的执行。

思考与提高： 在上面的任务中，根据输入参数的值，update 语句的结构有所不同。这里使用了 3 个 update 语句，这种方式比较烦琐，在开发中还有另外一种方式可以实现这种功能，即动态 SQL 语句，限于本书篇幅，没有涉及动态 SQL 语句的应用，请有兴趣的读者参考相关资料进行自学和测试。

8.4.3　任务 8：审核采购单

任务 8：编写根据采购单号审核采购单的过程，根据输入的采购单号，将采购单的状态列值修改为'2'（已审核），但是需要检查，如果修改之前采购单的状态值已经为'2'，则提示错误信息 "XXXXX 单据已经审核！"。

算法设计：

（1）编写名为 p_checkmainprocure 的过程，输入参数为采购单号。

（2）查询该采购单的状态值，如果不为'2'，则使用 update 语句将该采购单的状态修改为'2'；如果为'2'（已审核），则需要设置错误提示信息，由于已经审核的单据不能再审核，这不是 Oracle

系统的定义错误，而属于业务规则中定义的错误，故这里需要使用程序的自定义异常功能来终止程序。

下面用不同的自定义异常方法来编写代码实现。

（1）可以在过程的声明部分声明一个自定义的异常对象，然后在违反了业务规则的地方使用 RAISE 强制抛出这个异常，这个异常可以在 exception 部分根据定义的异常名进行匹配，匹配以后根据情况输出错误信息。

```
SQL> create or replace procedure p_checkmainprocure
  2  (i_pmid  t_main_procure.pmid%type) as
  3  v_pstate char;
  4  e_checked exception;
  5  begin
  6    select pstate into v_pstate from t_main_procure where pmid=i_pmid;
  7    if v_pstate='2' then
  8     raise e_checked;
  9     else
 10       update  t_main_procure set pstate='2'  where pmid=i_pmid;
 11       dbms_output.put_line('审核单据'||i_pmid||'成功! ');
 12     end if;
 13   exception
 14     when e_checked then
 15       dbms_output.put_line(i_pmid||'单据已经审核! ');
 16  end;
 17  /
过程已创建。
SQL> exec p_checkmainprocure('P00000000002');
P00000000004 单据已经审核！
```

（2）在违反业务规则的地方使用 RAISE_APPLICATION_ERROR 来强制抛出自定义异常，这种方法定义的异常没有异常名，不能在 exception 部分根据名称进行匹配，但是可以通过 others 捕获，具体语法格式如下。

```
RAISE_APPLICATION_ERROR ( error_number_in  IN  NUMBER, error_msg_in  IN
VARCHAR2);
```

error_number：自定义的错误代码，必须是-20999～-20000，-20000 之前的错误代码是 Oracle 系统自用的，可以通过 SQLcode 获得。

error_msg：自定义的错误提示信息，可以通过 SQLERRM 获得。

代码实现：

```
SQL> create or replace procedure p_checkmainprocure
  2  (i_pmid  t_main_procure.pmid%type) as
  3  v_pstate char;
  4  begin
  5    select pstate into v_pstate from t_main_procure where pmid=i_pmid;
```

```
 6     if v_pstate='2' then
 7     raise_application_error(-20012,i_pmid||'单据已经审核！');
 8     else
 9       update  t_main_procure set pstate='2'  where pmid=i_pmid;
10    end if;
11   exception
12    when others then
13      dbms_output.put_line(SQLERRM);
14  end;
15  /
过程已创建。
SQL> show error;
没有错误。
```

调用异常测试：

```
SQL> exec p_checkmainprocure('P00000000002');
ORA-20012: P00000000002 单据已经审核！
```

一个没有审核的单据审核调用测试：

```
SQL> exec p_checkmainprocure('P00000000004');
审核单据 P00000000004 成功！
```

8.4.4　任务 9：审核采购单中的商品入库

任务 9：在任务 8 中，采购单的审核只是将单据的状态变成审核而已，事实上，对于采购单的审核确认，还有一件非常重要的事情要做，就是一旦采购单审核确认，那么采购明细表中的商品采购数量应该更新到商品表中，即完成系统中的商品账面入库操作，如果一个采购单上有多个商品，则需要根据每个商品的采购数量来更新商品表中的库存。

可以将此任务看做任务 7 的子任务，即这里编写的过程，可以在任务 7 的过程中进行调用。根据任务 7 中要审核的采购单单号，在本过程中将采购单明细数据查询出来，根据商品编号到商品表中将库存加上相应的采购数量。这里的关键点就是采购单的明细数据有多条，从以上程序中已经了解 select into 结构只能返回单行数据，如何处理多行数据就成为了本任务的关键，在 Oracle 程序开发中，一般使用显式游标来处理多行数据。

游标： 在 PL/SQL 程序中可以用游标与 SELECT 一起对表或者视图中的数据进行查询并逐行读取。Oracle 的游标分为显式游标和隐式游标，隐式游标已在本情境中进行了应用，这里来学习如何使用显式游标。

显式游标在程序中使用时分为 4 个步骤。

（1）需要在声明部分对游标要处理的 select 查询进行定义，方法如下。

Cursor cur_name（参数）for select 语句；可以根据需要定义带有参数的游标，select 语句可以是任何一个有效的查询语句，定义部分实际上就是定义一个游标变量并指向指定的 select 语句。

（2）在程序中应用游标之前使用 open cur_name;打开游标，游标必须打开才能使用，打开游标的同时分配游标所需的内存空间，并执行 select 语句的查询任务，将游标指针指向查询结果集的第一条数据记录，不能打开一个已经打开的游标，标识游标是否打开的属性有 cur_name%isopen，如果已经打开，则属性值为 true，否则为 false。

（3）游标打开以后即可使用，即通过步骤（2）以后，游标指向了结果集的第一条记录，所以可以采用 fetch   cur_name   into 变量列表;来提取游标指向的数据记录值，以这种方式提取数据，要求游标对查询语句返回的数据列数与变量列表从数量上和类型上保持一致。当提取完第一条记录以后，游标会自动跳到下一条记录，准备好提取第二条记录，此时可以使用提取的记录数据进行相应的处理，处理完毕之后再来提取第二条记录，如此反复，可以使用循环体来进行反复操作，直到游标指向最后一条记录。处理完毕以后，如何知道游标指向的数据都提取完毕了呢？游标有几个常用的属性，如 cur_name%found，如果该值为 true，则表示游标指向结果集中的数据；如果为 false，则表示数据已经处理完毕，游标指针指向了结果集的外部；与之对应的一个属性为 cur_name%notfound，同时 cur_name%rowcount 属性表示已经提取了多少条数据，但是要注意并非指查询结果。

（4）使用完毕的游标必须使用 close cur_name;关闭游标，并释放游标所占用的内存。

循环结构：在游标的数据处理中，经常会用到循环结构，PL/SQL 中支持多种循环结构（while 循环、for 循环等），在此任务中使用 while 循环来处理。

```
while 循环条件 loop
    循环体
end loop;
```

算法设计：

（1）设计一个用于采购更新商品库存的过程 p_procureupdategstocks，输入参数为采购单编号（i_pmid），数据类型可以锚定采购单表中的单号列，由于本过程属于子过程，主过程的程序执行要根据子过程的执行情况来选择，故需要设置一个输出参数 o_result 来返回执行成功与否的结果参数。

（2）定义一个用于处理采购单号对应的采购商品明细数据的游标：

```
cursor cur_p_items for select gid, piprice, pinum from t_procure_items where pmid=输入参数采购单编号
```

下面根据游标的处理步骤来提取数据并进行处理。
任务

```
SQL> create or replace procedure p_procureupdatestocks
  2 (i_pmid in t_procure_items.pmid%type,o_result  out varchar2 ) as
  3 cursor  cur_p_items is select gid, pinum from t_procure_items where
pmid=i_pmid;
  4 v_gid t_procure_items.gid%type; --定义两个变量分别存放游标提取的数据记录值
  5 v_pinum t_procure_items.pinum%type;
  6 begin
  7   open cur_p_items;---打开游标
  8   fetch cur_p_items into v_gid,v_pinum;
  9   --将游标指针指向的第一条数据提取出来，并将是分别存放到对应的变量中
```

```
10      while cur_p_items%found loop
11        update t_good set gstocks=gstocks+v_pinum where gid=v_gid;
12        fetch cur_p_items into v_gid,v_pinum;
13      end loop;
14      close cur_p_items;
15
--commit 在这里不能提交，因为这个过程属于主过程的子程序，是否能够提交要在主程序中判断
16      o_result:='1';
17      exception
18      when others then
19        o_result:=SQLERRM;
20  end;
21  /
过程已创建。
```

任务 7 中的调用子过程的代码改进如下：

```
SQL> create or replace procedure p_checkmainprocure
  2  (i_pmid  t_main_procure.pmid%type) as
  3  v_pstate char;
  4  e_checked exception;
  5  v_result varchar2(100);
  6  begin
  7    select pstate into v_pstate from t_main_procure where pmid=i_pmid;
  8    if v_pstate='2' then
  9     raise e_checked;
 10     else
 11       p_procureupdatestocks(i_pmid,v_result);
 12       if v_result='1' then --在采购单明细数据入账成功后再修改状态标记
 13       update  t_main_procure set pstate='2'  where pmid=i_pmid;
 14       dbms_output.put_line('审核单据'||i_pmid||'成功! ');
 15       commit;
--采购单明细数据成功入账，状态标记修改成功后才能提交事务，否则应该撤销事务
 16       else
 17         dbms_output.put_line('采购入账发生错误:'||v_result);
 18         rollback;
 19       return;
 20      end if;
 21     end if;
 22    exception
 23     when e_checked then
 24       dbms_output.put_line('ERROR:'||i_pmid||'单据已经审核! ');
 25     when others then
 26     dbms_output.put_line(SQLERRM);
 27      rollback;
 28  end;
 29  /
过程已创建。
```

说明：

① 子过程中的输出参数在这里使用了字符串型（o_result out varchar2），目的是返回错误具体信息给主过程。

② 根据业务特点分析，主过程调用子过程实现的所有操作都应该属于同一个事务，即所有操作要么一起提交，要么一起撤销，故不要在子程序中 commit 事务，而在主过程中当所有操作完成后统一 commit。

③ 游标的操作应用，读者不要想得过于复杂，其实就是一个指针指向一个数据结果集，根据这个指针来一条一条地提取数据并利用循环一条一条地进行处理，应用时根据这个结构来操作即可。

④ 使用 fetch 语句提取数据的时候，一定要检查游标定义时的 select 语句选择的列数和数据类型，以便使赋值变量与之对应。

如果 fetch 语句中的变量少了或者多了，如 fetch cur_p_items into v_gid;，那么程序编译的时候就会提示编译错误。

警告： 创建的过程带有编译错误。

```
SQL> show error;
PROCEDURE P_PROCUREUPDATESTOCKS 出现错误:
LINE/COL ERROR
-------- --------------------------------------------------------------
8/4      PL/SQL: SQL Statement ignored
8/4      PLS-00394: 在 FETCH 语句的 INTO 列表中值数量出现错误
```

如果 fetch 语句中的变量数据类型与 select 语句中的返回值无法实现系统强制转换，如定义变量 v_gid number;，由于这个变量定义必须等到查询数据以后进行转换的时候才能验证，故编译程序不会有错，但是当调用主过程以后显示：

```
SQL> exec p_checkmainprocure('P00000000004');
采购入账发生错误:ORA-06502:
PL/SQL: 数字或值错误 :  字符到数值的转换错误
```

所以，请读者了解这些错误发生的原因，以便发生问题的时候有针对性地找到具体的原因。

调用测试及结果：

（1）查询想要审核的单据状态。

```
SQL> select pmid,pstate from t_main_procure where pmid='P00000000002';
PMID          P
------------- -
P00000000002 1
```

（2）查询要审核的单据的采购明细：

```
SQL> select gid,pinum from t_procure_items where pmid='P00000000002';
GID        PINUM
------     ----------
G01001        30
G03001         3
```

（3）对比查询审核该单据之前这些商品的现有库存量。

```
SQL> select gid,gstocks from t_good where gid='G01001' or gid='G03001';
GID       GSTOCKS
------    ----------
G01001        61
G03001        24
```

（4）成功调用主过程以后单据的状态。

```
SQL> select pmid,pstate from t_main_procure where pmid='P00000000002';
PMID          P
------------  -
P00000000002  2
```

（5）成功调用以后商品的最新库存。

```
SQL> select gid,gstocks from t_good where gid='G01001' or gid='G03001';
GID       GSTOCKS
------    ----------
G01001        91
G03001        27
```

（6）如果已经审核的单据再次被审核，则：

```
SQL> exec p_checkmainprocure('P00000000004');
ERROR:P00000000004 单据已经审核！
PL/SQL 过程已成功完成。
```

总结：以上的调用测试结果显示，已经实现了任务8和任务9的基本功能，即完成了采购单明细数据的入账处理，这里是通过主过程调用子过程来实现整体功能的。事实上，为了方便，也可以用一个过程来实现，8.4.5小节的任务10就将用一个过程来实现。

8.4.5　任务10：订单审核

任务10：编写订单编号审核订单的过程，输入订单编号，进行订单出库处理，即更新商品的库存；要求库存不能少于0，即如果库存不够，则不能审核，并提醒用户进行修改。

任务10描述的需求不多，但是到现在为止，作为一个系统开发人员应该具有一定的系统分析与设计能力了，所以要从已知的任务需求中挖掘一些隐含的潜在需求并在程序中实现，至于哪些是开发人员应该挖掘的需求，或者哪些是正确的隐含的需求，没有客观的评价标准，但是应该站在用户的角度考虑，哪些功能是当前用户需要但是没有提出来的，哪些功能是用户将来需要但是没有想到的，等等，而且这一切应该建立在具有丰富的系统开发的经验的基础上，并且与用户进行充分的沟通与确认。在此，编者只是抛砖引玉，给读者一些参考，请读者对比任务、算法设计及代码实现的功能。

算法设计：

（1）设计一个 p_checkorder 过程，输入参数为订单编号，数据类型为锚定的订单表中的订单编号列。

（2）过程中先判断输入参数订单编号值是否正确，即查询订单编号为输入参数值的数据记录是否存在，如果不存在，则提示错误并且退出程序；如果存在，则继续下面的操作。

（3）订单存在以后要继续判断该订单是否属于待审核，已经发货、完结和取消的订单都不能再审核，提示出错信息并退出程序，如果待审核，则继续下面的操作。

（4）待审核的订单还要进一步判断该订单是否有明细，根据经验，经常会有一些空的订单让其审核，这样的数据应该提示错误并退出程序，只有订单非空的情况下才继续进行审核。

（5）经过以上几个步骤的判断以后，现在可以真正来做审核订单商品出库的操作了。由于订单明细一般有多件商品，因此必须在程序中处理多行数据记录，所以这里定义一个带有参数的游标，参数为订单编号（这里并不是必须设置参数，而是让读者了解一下带参数游标的应用，带有参数的游标必须在打开游标时提供参数值），指向该订单的订单明细数据，并且定义存储游标变量数据值的存储变量。

（6）利用循环结构操作游标的多行数据，每取一行数据，就根据该数据记录的商品编号找到对应的商品库存，判断是否缺货，如果不缺货，则将商品库存减去订单数量，并进行下一条数据的处理；否则将抛出库存不够的异常，并且回滚此次订单审核之前的操作，保证数据的完整性。

（7）当完成订单中的每件商品的出库操作以后，修改订单的状态信息为发货中，提示审核成功并提交此次审核中的所有操作。

代码实现：

```
SQL> create or replace procedure p_checkorder
  2  (i_omid in t_main_order.omid%type) as
  3  v_exists number:=0;
  4  v_checked char:='';
  5  cursor cur_items(cv_omid t_main_order.omid%type) is select
     upper(gid),onum from t_order_items where omid=cv_omid;
  6  v_gid t_order_items.gid%type;
  7  v_onum t_order_items.onum%type;
  8  begin
  9  select count(omid) into v_exists from t_main_order where omid=i_omid;
 10  if v_exists<1 then
 11    dbms_output.put_line('您输入的单号不正确，请检查以后再操作');
 12    return;
 13  end if;
 14  v_exists:=0;
 15   select ostate into v_checked from t_main_order where omid=i_omid;
 16  if v_checked<>'1' then
 17    dbms_output.put_line('订单不是待审核的状态!');
 18    return;
 19  end if;
 20  select count(omid) into v_exists from t_order_items where omid=i_omid;
 21  if v_exists<1 then
 22    dbms_output.put_line('订单为空单，不能审核!');
 23    return;
```

```
24      end if;
25      open cur_items(i_omid);
26      fetch cur_items into v_gid,v_onum;
27      while cur_items%found loop
28        v_exists:=0;
29        select count(gid) into v_exists from t_good where upper(gid)=v_gid
   and gstocks>=v_onum;
30        if v_exists>0 then
31          update t_good set gstocks=gstocks-v_onum where upper(gid)=
   v_gid ;
32        else
33          raise_application_error(-20013,v_gid||'商品编号不正确或者库存不
   够，请重新确认！');
34        end if;
35        fetch cur_items into v_gid,v_onum;
36      end loop;
37      update t_main_order set ostate='2' where  omid=i_omid;
38      commit;
39      dbms_output.put_line('订单审核成功，转入发货');
40      exception
41        when others then
42          dbms_output.put_line(SQLERRM);
43   rollback;
44   end;
45   /
```

过程已创建。

调用测试及结果：

```
SQL>  exec p_checkorder('000000000003');
ORA-20013: G03001 商品编号不正确或者库存不够，请重新确认！

SQL>  exec p_checkorder('000000000002');
订单审核成功，转入发货
SQL>  exec p_checkorder('000000000002');
订单不是待审核的状态！
SQL>  exec p_checkorder('000000000005');
订单为空单，不能审核！
```

总结：

① 在程序中，要判断数据是否存在，若采用简单的 select 语句来测试，如判断订单是否存在，使用了 select omid into v_exists from t_main_order where omid=i_omid;语句，那么当这个订单不存在的时候，就会触发 no_data_found 异常，不会进入已定义的错误提示，故在程序中，如果要检测数据是否存在，同时想进入程序控制的定义错误规则，一般采用 select 列中给列加汇总计算函数，如 count()、max()等，这样不会触发 no_data_found 异常，如果找不到数据，则返回 0 或者 null,这是一个编程中实用的小技巧，所以在这里使用 select count(omid) into v_exists from t_main_order where omid=i_omid;语句。

② 在循环体中，判断商品编号是否正确以及库存是否够使用了 select 语句，如果觉得逻辑复杂，则读者可以分开进行判断。

算法改进设计：

上面过程中定义了两个变量来存储游标指针指向的数据记录值，如果这些数据记录值有很多个，而不是一两个，那么需要定义很多个变量来对应，这样是不是很麻烦呢？下面使用 Oracle 中提供的游标记录类型来解决这个问题。

游标记录类型： 通过使用记录变量可以简化单行数据的处理，可以使用%ROWTYPE 基于游标定义记录变量，当基于游标定义记录变量时，记录成员名称为 select 语句选择列表的列名，所以在查询列中，如果有计算列，则必须定义列别名。例如，gid_record cur_items%rowtype;就定义了 gid_record 为游标 cur_items 的记录类型，fetch cur_items into gid_record;语句将一条记录赋值给 gid_record 记录变量，通过 gid_record.gid 来引用这条记录中的 gid 列值。具体应用见代码实现部分。

代码实现：

```
SQL> create or replace procedure p_checkorder
  2  (i_omid in t_main_order.omid%type) as
  3  v_exists number:=0;
  4  v_checked char:='';
  5  cursor cur_items is select upper(gid) gid,onum from t_order_items where
     omid=i_omid;
  6  gid_record cur_items%rowtype;--使用记录类型
  7  begin
  8  --------鉴于本书篇幅，这部分不再重复
  9   open cur_items;
 10   fetch cur_items into gid_record;
 11   while cur_items%found loop
 12      v_exists:=0;
 13      select count(gid) into v_exists from t_good where upper(gid)=gid_
         record.gid and gstocks>=gid_record.onum;
 14      if v_exists>0 then
 15        update t_good set gstocks=gstocks-gid_record.onum where
           upper(gid)=gid_record.gid ;
 16      else
 17        raise_application_error(-20013,gid_record.gid||'商品编号不正确
     或者库存不够，请重新确认！');
 18      end if;
 19      fetch cur_items into gid_record;
 20    end loop;
 21    update t_main_order set ostate='2' where  omid=i_omid;
 22    commit;
 23    dbms_output.put_line('订单审核成功，转入发货');
 24    exception
 25      when others then
 26        dbms_output.put_line(SQLERRM);
```

```
27  rollback;
 28  end;
 29  /
过程已创建。
```

算法改进设计：

大多数时候使用游标时采取以上步骤，总结如下。

（1）定义游标。

（2）打开游标。

（3）开始循环。

（4）从游标中取值，那一行被返回。

（5）处理提取的数据，返回步骤（3）进行循环。

（6）关闭循环。

（7）关闭游标。

可以简单地把这一类代码称为游标用于循环。但还有一种循环与这种类型不相同，这就是FOR 循环，用于 FOR 循环的游标按照正常的声明方式声明，它的优点在于不需要显式地打开、关闭、取数据，测试数据的存在、定义存放数据的变量等，这些工作都由 Oracle 系统自动完成。游标 FOR 循环的语法格式如下。

```
FOR record_name IN
(corsor_name[(parameter[,parameter]...)]
| (query_difinition)
LOOP
statements
END LOOP;
```

代码实现：

```
SQL>  create or replace procedure p_checkorder
  2  (i_omid in t_main_order.omid%type) as
  3  v_exists number:=0;
  4  v_checked char:='';
  5  cursor cur_items is select upper(gid) gid,onum from t_order_items where omid=i_omid;
  6  items_record cur_items%rowtype;--使用记录类型
  7  begin
  8    --鉴于本书篇幅，此部分不再重复
  9  for items_record in cur_items loop
 10     v_exists:=0;
 11          select  count(gid)  into  v_exists  from  t_good  where upper(gid)=items_record.gid and gstocks>=items_record.onum;
 12     if v_exists>0 then
 13       update t_good set gstocks=gstocks-items_record.onum where upper(gid)=items_record.gid ;
 14     else
 15       raise_application_error(-20013,items_record.gid||'商品编号不正确或者库存不够，请重新确认！');
```

227

```
16      end if;
17   end loop;
18   update t_main_order set ostate='2' where  omid=i_omid;
19   commit;
20    dbms_output.put_line('订单审核成功，转入发货');
21   exception
22     when others then
23       dbms_output.put_line(SQLERRM);
24 rollback;
25 end;
26 /
过程已创建。
```

总结： 因为 FOR 循环简单方便，初学的读者在使用中往往忽视了对游标本身的处理过程的理解，所以建议在初学阶段使用 while 循环，这样便于理解游标的概念、特点和处理过程，便于在实际应用中应用好游标。

8.4.6   实训练习

（1）将任务 7 和任务 8 使用一个过程来实现，并且考虑库存的最高库存限额，如果系统业务要求采购以后超出最高库存限额，则抛出自定义异常，应该怎么设计？如果系统规则要求不抛出异常，只是要求在输出的时候将超出最高限额的商品以"××，××，××商品已经超出最高库存限额，请注意！"格式输出，又应该如何设计呢？

（2）请编写过程来实现订单主表数据的添加，订单编号使用自定义函数实现，输入用户 ID 和备注，状态为'1'，日期使用默认值，订单金额为 null。

（3）请编写过程来实现订单明细数据的添加，输入参数为订单编号、商品编号、数量（默认为1）、备注（默认为 null），单价使用 8.3.2 小节中的订单商品销售单价函数来获取。

（4）编写修改采购单明细数据的过程，输入参数为采购单号和商品编号，根据采购单编号和商品编号修改其他输入参数值，其他输入参数为单价、数量和备注，设置默认值可以使其修改其中的任何列，设置输出参数，返回成功修改的数据行数，如果修改不成功，则返回错误代码。

（5）编写根据采购单号删除采购单的过程，过程中先检查这个采购单是否已经审核，如果已经审核，则不能删除。

（6）请读者自己总结存储过程的特点，并对比存储函数的特点，结合自己的理解分析分别适合使用存储函数和过程来实现的业务的特点。

8.5   触发器在系统业务中的应用

触发器是编译好的、存储在数据库中的特殊存储过程，其特殊之处在于前面的过程在需要的时候使用语句调用才能完成相应的功能，而触发器是满足条件以后自动触发执行的。

使用触发器可以轻松实现数据库中跨越相关表的级联添加、修改和删除，实现比 CHECK

约束更复杂的数据完整性，实现自定义的错误信息等功能。

可以在表、用户和数据库上创建触发器，如果要在自己的表和自己的用户上创建触发器，则必须具有 CREATE TRIGGER 系统权限；如果要在其他用户表或者其他用户上创建触发器，则必须具有 CREATE ANY TRIGGER 系统权限；如果要创建数据库级的触发器，则必须具有 ADMINISTER DATABASE TRIGGER 系统权限。

创建触发器的基本语法格式如下。

```
CREATE [OR REPLACE] TRIGGER [模式.]触发器名
    {BEFORE | AFTER | INSTEAD OF}
    {DML 事件 | DDL 事件 | DATABASE 事件}
ON {[模式.]表 | [模式.]视图 | DATABASE}
    [FOR EACH ROW [WHEN 触发条件]]
[DECLARE
  --声明变量;]
BEGIN
  --触发器执行代码;
  [EXCEPTIOIN
  --异常处理代码;]
END;
```

根据触发器的功能与特点，其分为 DML 触发器、替代触发器和系统触发器，因为本书的重点在于项目应用开发，所以在此主要介绍 DML 触发器，替代触发器只简单介绍，系统触发器不做介绍，有兴趣的读者可自行阅读相关资料进行自学。

8.5.1　任务 11：更新采购单据总金额

任务 11：采购单上的总金额，应该根据采购单明细数据自动更新，即在每次新增、修改、删除采购单明细数据以后更新主单上的总金额。任务分为 3 个子任务。

1. 子任务 1：添加采购明细更新总金额

在情境 6 中，使用了 update 语句来更新采购单的总金额，但这个操作读者会觉得很麻烦。而且如果没有及时执行此操作就会缺失最新的总金额信息，如果能够在单据维护的过程中，根据明细数据的变化而自动更新，那就很方便了。这里使用会根据条件自动触发执行的触发器来实现这个功能。

算法设计：

（1）创建一个触发器 tr_pinsertrefreshamount，用来在采购单添加明细数据后更新总金额：create or replace trigger tr_pinsertrefreshamount。

（2）这个触发器自动执行的条件是什么？答案是当在采购单明细表中添加了一条数据以后执行。这个条件应该如何使用 SQL 语句表达呢？其实就是按照一定的语法使用英语表达出来，即 after insert on t_procure_items for each row ，也就是说，在 t_procure_items 表上执行了 insert 操作以后，每插入一条数据就会执行一次，这种触发器被称为行级触发器，即操作每影响一行就自动触发一次，对应这种分类的是语句级触发器，请读者自行实践该类触发器。

（3）满足上面条件以后需要做什么呢？满足条件后，要根据添加的那条记录的采购单价和采购数量来更新采购单的总金额，即在采购单总金额上加上这条记录的采购单价*采购数量。

（4）在程序中如何知道添加的那条记录中的值呢？在 Oracle 触发器中，有两个特殊的伪记录——:NEW 和:OLD，之所以称其为伪记录，是因为它们不是真实的记录，但是使用起来就像在过程中使用的记录变量一样方便，它们被当做 trigger_table%rowtype 来处理，只是不需要用户定义，在触发器中，满足了 insert、update、delete 操作条件以后就可以根据情况来使用:NEW 和:OLD 记录类型如引用所添加的记录值（:NEW），修改之前的记录值（:NEW）和修改以后的记录值（:OLD），以及删除的记录值（:OLD）。这里，需要获取添加的那条采购单明细记录中的采购单价和采购数量就可以使用:NEW.piprice 和:NEW.pinum 来引用。

（5）需要注意的是，要更改总金额的是哪个采购单。应该是用户添加的这条明细数据的采购单号对应的采购单，故用户还需要使用:NEW.pmid 引用采购单号来确定采购单。

根据这些分析设计，来实现此功能。

代码实现：

```
SQL> create or replace trigger tr_pinsertrefreshamount
  2  after insert on t_procure_items
  3  for each row
  4  begin
  5     update t_main_procure
  6     set pamount =nvl(pamount ,0)+:new.pinum*:new.piprice
  7     where pmid=:new.pmid;
  8  end;
  9  /
触发器已创建
```

调用测试及结果：

触发器编译以后，可添加一些数据来查看在幕后操作的触发器的功能。首先添加一张新的采购单，总金额初始为 null，然后在这个采购单里添加一条明细数据，查询以后发现总金额变成了新添加的明细采购商品的单价*数量，当继续添加新的记录后，总金额在原来的基础上加上了新添加的明细采购金额，至此，可以看出实现了添加数据自动更新单据总金额的功能。

```
SQL> insert into t_main_procure(pmid,sid,pstate,pmemo)
  2  values(f_createPMID,'000003','1','触发器更新总金额');
已创建 1 行。
SQL> select pmid,pamount from t_main_procure where pmemo like '%触发器%';
PMID            PAMOUNT
------------ ----------
P20130700006

SQL> insert into t_procure_items values('P20130700006','G03001',198.9,
30,null);
已创建 1 行。
SQL> select pmid,pamount from t_main_procure where pmemo like '%触发器%';
PMID            PAMOUNT
```

```
------------ ----------
P20130700006      5967

SQL> insert into t_procure_items values('P20130700006','G04001',98.9,12,
null);
    已创建 1 行。
SQL> select pmid,pamount from t_main_procure where pmemo like '%触发器%';
PMID           PAMOUNT
------------ ----------
P20130700006     7153.8
```

下面来实现修改和删除明细数据更新总金额的触发器。

2. 子任务 2：修改明细数据更新总金额

算法设计：

在修改明细数据的触发器中，当修改的是备注时还需要更新总金额吗？答案是否定的，只有当修改的是明细中的单价和数量列时才需要更新总金额，所以在这个触发器中可以为 update 操作指定修改哪些列，即 update of pinum,piprice。

```
SQL> create or replace trigger tr_pupdaterefreshamount
  2 after update of pinum,piprice on t_procure_items
  3 for each row
  4 begin
  5    update t_main_procure
  6    set pamount =nvl(pamount ,0)-:old.pinum*:old.piprice +:new.pinum*:
new.piprice
  7    where pmid=:new.pmid;
  8 end;
  9 /
触发器已创建
```

调用测试及结果：

```
SQL> select pmid,pamount from t_main_procure where pmemo like '%触发器%';
PMID           PAMOUNT
------------ ----------
P20130700006     9142.8
SQL> select gid,piprice,pinum from t_procure_items where pmid='P20130700006';
GID       PIPRICE    PINUM
------ ---------- ----------
G03001    198.9        40
G04001     98.9        12
SQL> update t_procure_items set pinum=50 where pmid='P20100700006' and
gid='G03001';
    已更新 1 行。
SQL> select pmid,pamount from t_main_procure where pmemo like '%触发器%';
PMID           PAMOUNT
------------ ----------
P20130700006    11131.8
```

3. 子任务 3：删除明细数据更新总金额

算法设计：

在删除触发器中，要减去删除的采购商品的金额，使用：OLD 来引用删除的数据记录，而且条件中的采购单号也必须是：OLD 中的。

```
SQL> create or replace trigger tr_pdeleterefreshamount
  2  after delete on t_procure_items
  3  for each row
  4  begin
  5     update t_main_procure
  6     set pamount =nvl(pamount ,0)-:old.pinum*:old.piprice
  7     where pmid=:old.pmid;
  8  end;
  9  /
触发器已创建
```

总结：

① 通过以上测试实现了 after DML(insert/update/delete)触发器的基本功能，有的读者可能会有疑问：为什么不像过程那样在程序中更改数据以后执行 commit 操作呢？请读者特别注意，在触发器中不能像过程中那样使用事务控制语句（commit 和 rollback），因为触发器中的程序操作是提交还是回滚都不是由触发器决定的，而应该由触发该触发器的主体语句所在的程序来控制。

② 对于:NEW 和:OLD 来说，insert 操作中只有:NEW，没有:OLD，如果使用:OLD 引用了列值也不会出错，只是值为 null；delete 操作中只有:OLD，没有:NEW，如果使用:NEW 引用了列值也不会出错，只是值为 null；update 操作中修改之前的记录用:OLD，修改之后的记录用:NEW。在 before 触发器中，可以通过:NEW 引用列进行赋值，但是 after 触发器就不可以，如以下触发器中多了一条赋值语句就会提示出错（本赋值语句仅为说明错误问题，没有实际的意义），因为 insert 语句已经被处理了，不能再通过这种方式来修改数据值。

```
SQL> create or replace trigger tr_pinsertrefreshamount
  2  after insert on t_procure_items
  3  for each row
  4  begin
  5     update t_main_procure
  6     set pamount =nvl(pamount ,0)+:new.pinum*:new.piprice
  7     where pmid=:new.pmid;
  8     :new.pmid:='test';
  9  end;
 10  /
create or replace trigger t_pinsertrefreshamount
第 1 行出现错误：
ORA-04084：无法更改此触发器类型的 NEW 值
```

③ 这 3 个触发器都是建立在表 t_procure_items 上的，一个表上创建的触发器太多，会影

响表的操作性能，管理上也很麻烦。Oracle 提供了组合触发器的功能，可以将以上 3 个触发器组合为一个触发器，能够组合的触发器条件是必须在同一个表上，同时必须全部是 before 或者 after 的。可以分别使用 inserting、updating 和 deleting 来判断执行的是什么操作。

```
SQL> create or replace trigger tr_prefreshamount
  2  after insert or update of piprice,pinum or delete on t_procure_items
  3  for each row
  4  begin
  5    if inserting then
  6      update t_main_procure
  7      set pamount =nvl(pamount ,0)+:new.pinum*:new.piprice
  8      where pmid=:new.pmid;
  9    elsif updating then
 10      update t_main_procure
 11      set pamount =nvl(pamount ,0)-:old.pinum*:old.piprice
         +:new.pinum*:new.piprice
 12      where pmid=:new.pmid;
 13    elsif deleting then
 14      update t_main_procure
 15      set pamount =nvl(pamount ,0)-:old.pinum*:old.piprice
 16      where pmid=:old.pmid;
 17    end if;
 18  end;
 19  /
触发器已创建
```

注意:

① 一旦创建了组合触发器，就应该将原来的 3 个触发器删除或者设为无效，否则会出现全部触发的影响，读者可以自行测试。

② 删除表格会将触发器一起删除，所以如果是重建的表格，则触发器也需要重建，对于 truncate 语句截断的表格，触发器不需要重建。

4. 补充任务

在任务 6 中采购单的添加功能中，添加数据的语句如下。

```
  6      insert into t_main_procure values
  7      (f_createPMID(),i_sid,default,null,'1',i_pmemo);
```

这里，实际上采购单号的赋值采用函数的调用生成，故和过程的操作关联不大，为了方便，可以把这个功能用触发器来实现，即在添加数据语句中不管采购单号（即不给该列赋值），设计一个触发器，在添加数据之前，调用函数给采购单号列赋值，但是这个触发器应该再多加一个条件，即当采购单号为 null 的时候，因为有时候不想要函数编号，而需要自行输入，所以可以在触发器的 begin 之前用 when（条件）来设置条件，而且在 when 中设置条件，如果与:NEW 和:OLD 有关，则前面的冒号是不需要的。

```
SQL> create or replace trigger tr_insertmainprocure
  2  before insert on t_main_procure
  3  for each row
  4  when (new.pmid is null)
  5  begin
  6    :new.pmid:=f_createpmid;
  7  end;
  8  /
触发器已创建
```

原来过程语句修改如下。

```
SQL> create or replace procedure p_insertmainprocure
  2   (i_sid  in  t_main_procure.sid%type,i_pmemo  in  t_main_procure.
pmemo%type )
  3  is
  4  begin
  5   insert into t_main_procure values
  6    (null,i_sid,default,null,'1',i_pmemo);
  7     commit;
  8   exception
  9    when others then
 10       dbms_output.put_line(sqlerrm);
 11        rollback;
 12   end;
 13  /
过程已创建。
```

调用该过程以后的结果如下。

```
SQL> exec p_insertmainprocure('000002','编号用触发器调用函数实现');
PL/SQL 过程已成功完成。
SQL> select pmid,sid,pmemo from t_main_procure  where pmid like '触发器调
用函数%';
PMID        SID    PMEMO
P20130700007 000002 编号用触发器调用函数实现
```

总结： 在 before 的行级触发器中，可以给:NEW 引用列进行赋值，而且在触发器中，可以使用 when 来对触发器触发的条件进行更多的设置，以便在系统开发中更加便利地使用触发器。

所谓 before 触发器是指在语句执行之前先执行触发器，再执行本语句，如果是 after，则先执行语句，再执行触发器，故读者可以根据这个特点自己总结在什么情况下适合使用 before，什么情况下适合使用 after。

8.5.2　任务 12：检验要删除的采购单

任务 12：对于采购单而言，如果是已经审核的单据，则不能删除。

要实现这个要求，应该在执行删除采购单操作之前检查该单据是否已经审核，如果已经审核，则取消删除操作。

算法设计：

在表采购单上设计一个删除之前的触发器，检查要删除采购单的状态是否为'2'，如果是，则抛出自定义异常，删除操作就会被系统自动取消。

代码实现：

```
SQL> create or replace trigger tr_deletemainprocure
  2  before delete on t_main_procure
  3  for each row
  4  begin
  5    if :old.pstate='2' then
  6      raise_application_error(-20014,:old.pmid||'单据已经审核，不能删除');
--异常
  7    end if;
  8  end;
  9  /
触发器已创建
```

调用测试及结果：

```
SQL> delete from t_main_procure where pmid='P00000000003';
delete from t_main_procure where pmid='P00000000003'
*
第 1 行出现错误：
ORA-20014: P00000000003 单据已经审核，不能删除
ORA-06512: 在 "SHOPPING_DBA.TR_DELETEMAINPROCURE", line 3
ORA-04088: 触发器 'SHOPPING_DBA.TR_DELETEMAINPROCURE' 执行过程中出错
```

总结： 只要触发器抛出异常，那么触发这个触发器的语句就不会被执行，而是取消，不需要开发人员进行干预，这项功能对于系统开发中一些过程化的约束条件非常有用，如对于添加数据的约束，如果在定义表中很难表达，则可以使用触发器来实现约束，不满足约束的抛出自定义异常即可。

8.5.3　任务 13：视图添加数据

任务1：针对采购单，建立视图（采购单编号、供应商编号、供应商名称、联系人、联系电话、采购日期），即采购单中包含了供应商的基本信息，现在想通过视图来添加新的采购单，如果输入的供应商不存在，则当做新的供应商添加到供应商表中。

建立的视图是一个两表连接的视图，如果在这样的视图上执行 insert 操作，则会提示错误信息：

```
SQL> create or replace view v_main_procure(采购单编号,供应商编号,供应商名称,
联系人,联系电话,采购日期) as select
  2  pmid,a.sid,sname,scontact,sphone,pdate
```

```
  3  from  t_main_procure a,t_supplier b
  4  where a.sid=b.sid;
```
视图已创建。
```
SQL> insert into v_main_procure values('tr001','tr01','广州东软','liqiang',
'88888',sysdate);
  insert into v_main_procure values('tr001','tr01','广州东软','liqiang',
'88888',sysdate)
  *
```
第 1 行出现错误:
ORA-01776: 无法通过连接视图修改多个基表

也就是说，不能在多表连接的视图上插入数据，但是系统又要求实现类似的功能，实际上，要执行这条 insert 语句要做两个 insert 操作，一是添加采购单主表，二是如果供应商不存在，再添加供应商信息，所以可以使用 Oracle 提供的 instead of 触发器来实现。

算法设计:

设计一个触发器 tr_insertvmainprocure，触发的条件是当在这个视图上执行 insert 的时候，要采用其他语句来代替它，其他语句就是触发器中的程序内容，即添加采购单主表的数据，再判断供应商是否存在，如果不存在，再添加新的供应商信息。

代码实现:

```
SQL> create or replace trigger tr_v_main_procure
  2  instead of insert on v_main_procure
  3  for each row
  4  declare
  5  v_p number :=0;
  6  begin
  7      insert into t_main_procure(pmid,sid) values(:new.采购单编号,:new.
供应商编号);
  8   select count(sid) into v_p from t_supplier where sid=:new.供应商编号;
  9   if v_p=0 then
  10      insert into t_supplier values(:new.供应商编号,:new.供应商名称,:new.
联系人,:new.联系电话,null);
  11   end if;
  12  end;
  13  /
```
触发器已创建

调用测试及结果:

再次在视图上执行 insert 语句，由于视图拥有一个替换 insert 语句的触发器，因此此次并没有出错，而是执行触发器中的操作，在采购单和供应商表中都添加了数据。

```
SQL> insert into v_main_procure values('tr001','tr01','广州东软','liqiang',
'88888',sysdate);
已创建 1 行。
SQL> select pmid,sid from t_main_procure where pmid='tr001';
PMID      SID
```

```
------------ ------
tr001       tr01
SQL> select sid,sname,scontact from t_supplier where sid='tr01';
SID    SNAME                SCONTACT
------ -------------------- --------------------
tr01   广州东软              liqiang
```

8.5.4　实训练习

（1）创建触发器，当订单明细数据添加、修改和删除以后，实时更新订单的总金额。

（2）创建触发器，已审核的采购单的明细数据不能再添加、修改和删除。

（3）创建触发器，非待处理的订单的明细数据不能添加、修改和删除。

（4）创建触发器，订单在完结状态之前不能参与评价。

（5）编写程序，对于订单来说，当状态修改为取消的时候，如果原来的状态是待处理，则不需要做任何事情；如果原来的状态是发货中，则将订单明细中的订单数量重新恢复到商品表的库存中。

8.5.5　技能拓展

由于本书篇幅有限，不能对触发器的其他应用进行详述，在触发器的类型中，除了行级的DML触发器以外还有语句级的DML触发器、DDL触发器、数据库级的触发器，如可以创建一个禁止删除表的触发器，一旦执行 drop table 操作，触发器就抛出不能删除表对象的异常，drop 操作就会被取消；再如数据库的系统管理员想做一个用户登录和退出的日志记录，即当用户登录以后或者退出以前，将用户名、IP 地址、时间等信息记录在用户日志表中。请有兴趣的读者详阅相关资料，进行操作测试。

8.6　查看用户程序对象

（1）可以通过数据字典 user_objects 查看当前用户的自定义函数、过程和触发器对象的基本信息，先查看数据字典的结构。

```
SQL> desc user_objects;
名称                              是否为空?    类型
--------------------------- -------- ----------------------------
OBJECT_NAME                              VARCHAR2(128)
SUBOBJECT_NAME                           VARCHAR2(30)
OBJECT_ID                                NUMBER
DATA_OBJECT_ID                           NUMBER
OBJECT_TYPE                              VARCHAR2(19)
CREATED                                  DATE
LAST_DDL_TIME                            DATE
TIMESTAMP                                VARCHAR2(19)
```

```
STATUS                                          VARCHAR2(7)
TEMPORARY                                       VARCHAR2(1)
GENERATED                                       VARCHAR2(1)
SECONDARY                                       VARCHAR2(1)
```

其中，OBJECT_NAME 指的是对象的名称，OBJECT_TYPE 指的是对象的类型，通过查看表中的数据，这些对象为 FUNCTION/PROCEDURE/TRIGGER 类型，CREATED 表示创建的日期，STATUS 表示这些对象是否有效。

可以使用 user_source 数据字典查询自己感兴趣的函数、过程和触发器的代码，例如：

```
SQL> desc user_source;
名称                                是否为空?      类型
-------------------------------- -------- --------------------------
NAME                                           VARCHAR2(30)
TYPE                                           VARCHAR2(12)
LINE                                           NUMBER
TEXT                                           VARCHAR2(4000)
```

其中，NAME 为对象的名称，TYPE 同前面介绍的 OBJECT_TYPE，LINE 表示代码的行号，如摘取的代码段一样，TEXT 表示每一行的代码。

（2）选择想要查看的函数的一些信息。

```
SQL> select object_name,created,object_type,status from user_objects
where object_type='FUNCTION';
OBJECT_NAME     CREATED         OBJECT_TYPE      STATUS
------------    --------------  ---------------  -------
F_SUMOAMOUNT    22-7月 -10      FUNCTION         VALID
F_GOODPRICE     22-7月 -10      FUNCTION         VALID
F_CREATEPMID    22-7月 -10      FUNCTION         VALID
```

选择想要查看的过程的一些信息。

```
SQL> select object_name,created,object_type,status from user_objects where
object_type='PROCEDURE';
OBJECT_NAME            CREATED         OBJECT_TYPE      STATUS
----------------      --------------  ---------------  --------
P_INSERTMAINPROCURE    23-7月 -10      PROCEDURE        VALID
P_UPDATETMAINPROCURE   23-7月 -10      PROCEDURE        VALID
P_UPDATETINGOODS       23-7月 -10      PROCEDURE        INVALID
P_UPDATEMAINPROCURE    23-7月 -10      PROCEDURE        VALID
P_CHECKMAINPROCURE     23-7月 -10      PROCEDURE        VALID
P_PROCUREUPDATESTOCKS  26-7月 -10      PROCEDURE        VALID
P_CHECKORDER           26-7月 -10      PROCEDURE        VALID
已选择 7 行。
```

选择想要查看的触发器的一些信息。

```
SQL> select object_name,created,object_type,status from user_objects where
object_type='TRIGGER';
```

```
OBJECT_NAME              CREATED        OBJECT_TYPE        STATUS
------------             --------------  -----------------  -------
TR_INSERTMAINPROCURE     28-7月 -10      TRIGGER            VALID
TR_PUPDATEREFRESHAMOUNT  28-7月 -10      TRIGGER            VALID
TR_PDELETEREFRESHAMOUNT  28-7月 -10      TRIGGER            VALID
TR_PINSERTREFRESHAMOUNT  28-7月 -10      TRIGGER            VALID
TR_PREFRESHAMOUNT        28-7月 -10      TRIGGER            VALID
TR_DELETEMAINPROCURE     28-7月 -10      TRIGGER            VALID
TR_V_MAIN_PROCURE        28-7月 -10      TRIGGER            VALID
已选择 7 行。
```

（3）如果想要查看某个具体的对象的代码，则可以这样查询（以查询 F_CREATEPMID 为例）。

```
SQL> select text from user_source where name='F_CREATEPMID';
TEXT
--------------------------------------------------------------------
function f_createPMID
 return char
 is
 v_pmid t_main_procure.pmid%type ;
 begin
   select substr(max(pmid),-5) into v_pmid
   from t_main_procure      --查询当月采购单的最后 5 位编号
    where substr(pmid,2,6)=to_char(sysdate,'yyyymm');
   if v_pmid is null then   --如果当月没有单据，则从 1 开始编号
   v_pmid:='P'||to_char(sysdate,'yyyymm')||'00001';
    else
   v_pmid:='P'||to_char(sysdate,'yyyymm')||
         trim(to_char(to_number(v_pmid)+1,'00000'));
--如果当月有单据，则在原来最后的单据编号上加 1
   end if;
   return v_pmid;
 exception  --运行错误
  when others then
  dbms_output.put_line(SQLERRM);
  return null;
 end;
已选择 20 行。
```

总结：可以通过 user_objects 数据字典查询自定义函数的基本信息，可以通过 user_source 来查询对应的函数的代码。

网上购物系统的数据导入导出

背景：Smith 把数据库的导入导出需求交给 Jack，同时为 Jack 提供了任务清单。

9.1 任务分解

9.1.1 任务清单

任务清单 9

公司名称：××××科技有限公司

项目名称：网上购物系统　　　　　　　　　项目经理：Smith

执行者：Jack　　　　　　　　　　　　　　时间段：　7 天

任务清单：

1. 根据生产数据库中的数据，构建一个开发数据库，以便开发人员开发新的功能时使用。
2. 构建开发数据库时，不能影响生产数据库的正常运行。
3. 需要把生产环境里属于 oltper 用户的对象转移到开发数据库里的 dever 用户下，以供开发人员使用。
4. 由于开发环境与生产环境在表空间上存在差异，因此生产环境中，oltper 用户所拥有的对象都放在 oltper_tbs 表空间里。当这些对象转移到开发环境中时，需要放入 dever_tbs 表空间中。
5. 生产数据库里的有些数据已经通过应用程序生成了文本文件，这些文本文件里的数据也需要导入到开发数据库里，以供开发人员使用。

9.1.2 任务分解

在管理数据的过程中，不可避免地需要在多个数据库之间迁移数据。例如，将测试库中的有关应用系统的配置数据发布到产品库上，或者将 OLTP 数据库的数据加载到数据仓库中等。在 Oracle 11g R2 数据库中，存在很多用于迁移数据的方式。这里主要介绍数据泵（Data Pump）以及 SQL Loader 工具。对于该情境来说，主要包含如下典型任务。

（1）使用数据泵导出 oltper 用户的数据。

（2）使用数据泵把导出的数据再导入到开发环境中。

（3）使用 SQL Loader 工具把文本文件导入到开发环境相关的表中。

9.2　目录对象

目录对象与表、索引等类似，都是数据库中的一种对象，表示数据库所在的服务器上的文件系统里的目录结构。目录对象能够让用户在数据库的操作中，对某个指定目录下的文件进行读取和写入操作。例如，需要在 PL/SQL 程序中，将某个表的数据全都提取出来，并写入到某个目录下的文件里；或者在 PL/SQL 程序中，把某个目录下的文件里的数据全都读取出来，并进行相关的处理以后，再插入到对应的表里。

使用目录对象以后，在 PL/SQL 程序中不需要再对文件系统路径进行硬编码，目录对象所对应的文件系统路径可以随时变化，只要目录对象的名称不变化，引用目录对象的程序就不需要修改。目录对象只能被 sys 用户拥有。

可以使用 Database Control 来管理目录对象，如图 9-1 所示。

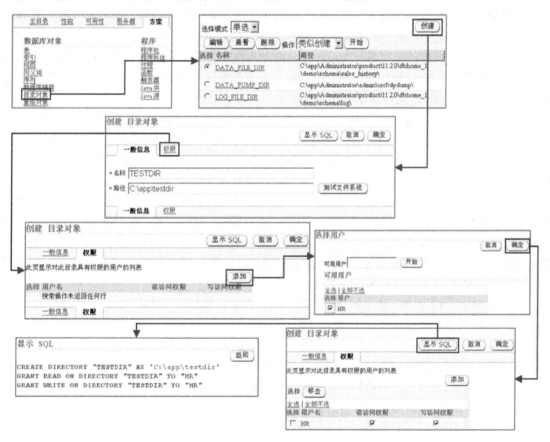

图 9-1　创建目录对象

（1）进入 Database Control 的主页以后，选择"方案"选项卡，然后单击"目录对象"链接。

（2）单击"创建"按钮，开始创建目录对象。

输入目录对象的名称（这里是 TESTDIR，注意在图形界面中创建目录对象的时候需要使用大写字母），并输入该目录对象所对应的路径（这里是 C:\app\testdir）。

（3）可以对目录对象进行授权，从而控制数据库中的哪些用户能够对 C:\app\testdir 目录下的文件进行读取或写入操作。单击"权限"链接，并单击【添加】按钮，从而选择用户。

（4）选择 HR 用户，并单击【确定】按钮。

（5）选中"读访问权限"复选框，表示 HR 用户可以对 C:\app\testdir 目录下的文件进行读取操作。同时选中"写访问权限"复选框，表示 HR 用户可以对 C:\app\testdir 目录下的文件进行写入操作。

（6）设置完毕以后可以单击【显示 SQL】按钮，来查看创建目录对象的语法。

（7）单击【确定】按钮，完成对目录对象的创建。

9.3 任务 1：导出导入 dump 文件数据

从 10g 开始，Oracle 数据库引入了一个全新的、用于快速迁移数据的方式：数据泵。数据泵包括导出数据泵和导入数据泵，导出数据泵能够把表中的数据生成特定格式的文件（通常称这种文件为 dump 文件），而导入数据泵则能读取导出的 dump 文件并将其中的数据导入到目标数据库中。导出数据泵的工具名称为 expdp，而导入数据泵的工具名称为 impdp。这里要特别注意，数据泵是一个位于服务器端的工具，通过数据泵导出的 dump 文件只能位于数据库服务器端，而不能将该 dump 文件导出到客户端中。

数据泵在导出导入数据时，本质是通过访问数据库中的 DBMS_DATAPUMP 包来实现的。在导出导入数据时，数据泵通常会采用直接路径（直接读取数据块的方式），因为这种方式速度最快。但是遇到有些表的时候，如簇表（Cluster 表）或具有加密列的表时，无法采用直接路径方式，这时数据泵会自动转换为外部表的方式来导出或导入数据。

当使用数据泵迁移大批量的数据时，可能会消耗很长的时间。消耗的时间越长，迁移数据的任务被中断的可能性就越大。有可能是用户主动中断的，也有可能是数据库或其他故障导致了异常中断等。而数据泵则为此提供了一个很有价值的功能：在迁移数据的任务中断以后，只要数据泵工作时所使用的元数据没有被破坏，用户就仍然可以使用数据泵重新挂接原来的任务，并从中断的那个点开始继续执行被中断的任务。

在数据泵运行过程中，会用到一个关键的表：主表（Master Table，MT）。在 MT 中，保存了整个数据泵运行过程中的相关信息。这些信息包括要处理的所有的对象信息（包括这些对象的名称、大小尺寸等）、当前正在导出或导入的对象信息等。在启动数据泵的时候，如果用户指定了任务名称，则该 MT 的名称等于任务名称。如果在启动导出或导入任务时，连接数据库所采用的用户名下已经存在相同名称的表，则数据泵任务会由于创建 MT 失败而失败。这时，要么手工将该同名的表删除，要么重新指定一个新的任务名称。如果没有指定任务名称，则数据泵会自动为 MT 生成一个名称。

使用数据泵进行数据迁移的优点如下。

（1）可以只处理某些对象、或者不处理某些对象、或者只处理某些对象中满足指定条件的数据等。

（2）在不实际执行导出操作的情况下，估计整个导出工作需要占用多少磁盘空间。

（3）通过数据库链接，将远程数据库导出到转储文件中。

（4）通过数据库链接，直接将远程的、位于其他主机上的数据库中的数据导入到当前数据库中，从而实现跨平台的数据迁移。

（5）在导入时，可以修改导入数据所在的 schema 名称、表空间名称及数据文件名称。

（6）通过采样，导出部分数据。

（7）只导出元数据（如表结构等），而不导出实际的数据。在导出元数据的过程中，还可以指定是否要启用压缩功能。

（8）可以进行并行操作。

数据泵在将数据导出到服务器端时，通过指定目录对象，来控制生成的转储文件应该存放在服务器端的哪个目录下。同时，在导入数据的时候，也必须通过指定目录对象的方式来找到要导入的 dump 文件。

9.3.1　导出数据泵

当导出数据泵（expdp）在执行导出操作时，首先创建 MT，并把要导出的对象的信息插入 MT，然后开始执行实际的导出任务。当所有对象都导出以后，将 MT 一起导出到 dump 文件中，最后删除 MT。如果导出任务异常终止，则 MT 会被保留，需要用户手工删除该 MT。

在执行导入时，impdp 首先把 MT 从 dump 文件中读出，并写入到目标数据库中；然后读取 MT 中所记录的对象信息，并根据读取出来的对象名称，将这些对象从转储文件中提取出来，并插入到目标数据库中。

在使用数据泵时，可以通过命令行的方式执行，也可以通过指定参数文件的形式执行。通常建议使用参数文件的形式，因为这种形式能够使用数据泵的所有功能。在讲解数据泵的功能时，也会使用参数文件的形式。

数据泵具有以下 4 种数据传输模式。

（1）表模式：可以导出某个用户下指定的表，授权的用户可以导出其他用户下的表。

（2）用户模式：导出某个指定的用户下的所有对象，授权的用户可以导出其他用户下的所有对象。

（3）数据库模式：可以导出除了 sys 用户以外的、数据库中所有的对象，只有已授权的用户才能在该模式中执行导出。

（4）可传输表空间模式：如果要导出某个指定表空间中的所有对象，则可以使用该模式。通过使用该模式，可以将一组表空间从一个数据库快速地转移到另一个数据库里。其速度相对于普通的导入/导出来说，要快得多。其原因在于在传输表空间时，只需要复制数据文件，然后将表空间的结构信息导入到目标数据库即可。

输入下面的命令显示导出数据泵和导入数据泵的参数信息：

```
C:\>expdp help=y
C:\>impdp help=y
```

可以看到 expdp 和 impdp 的命令选项是比较多的，也比较类似。只要掌握了常用的命令选项，其他选项也会很容易掌握。下面通过举例来说明 expdp 的常见用法。

1. 导出某个或某几个指定的表

在前面创建的 TESTDIR 目录对象所指向的路径下，创建一个参数文件，如名为 exp_par.txt，并在该文件中输入下面的内容。

```
userid=hr/Welcome1
directory=testdir
dumpfile=employees.dmp
tables=(employees)
job_name=exp_job
logfile=exp_job.log
```

在该参数文件中，指定了如下参数。

① userid：表示在导出时，连接到源数据库使用的用户名和密码。MT 会在该用户下被创建。

② directory：表示所导出的 dump 文件所在的文件系统路径，必须使用目录对象的形式来指定该路径。例如，这里指定的是 testdir，它就是在本书的 9.1 节中创建的目录对象，指向了 C:\app\testdir 路径。

③ dumpfile：表示所导出的 dump 文件的名称。

④ tables：表示要导出的表，可以指定多个表，不同的表名之间用逗号隔开。

⑤ job_name：本次导出任务的名称，在导出时创建的 MT 的名称就是该参数所指定的名称。

⑥ logfile：表示导出时生成的日志文件的路径和名称。

可以指定该参数来完成导出任务，如下所示。

```
C:\>expdp parfile=C:\app\testdir\exp_par.txt
```

在导出过程中，可以连接到源数据库中，会发现在 HR 用户下新建了一个名为 exp_job 的表，导出任务结束以后，该表即被删除了。

2. 导出某个或某几个用户所拥有的对象

编辑一个参数文件，内容如下。

```
userid=system/Welcome1
directory=testdir
dumpfile=hr_oe.dmp
schemas=(hr,oe)
job_name=exp_job
```

在这些参数中，schemas 表示要导出哪些用户所拥有的对象，如这里要导出 hr 用户和 oe 用户所拥有的对象。执行导出命令时，仍然使用 parfile 参数，即：

```
C:\>expdp parfile=C:\app\testdir\exp_par.txt
```

3. 导出整个数据库

编辑一个参数文件，内容如下。

```
userid=system/Welcome1
directory=testdir
dumpfile=whole_db%U.dmp
full=y
parallel=4
job_name=exp_job
```

在该参数文件中，通过指定 full 参数等于 y 表示导出整个数据库，同时，由于导出的数据量比较大，因此指定了 parallel 参数，表示启用多个进程同时导出，这里启用了 4 个并行进程同时导出。当启动多个进程导出时，每个进程会产生一个 dump 文件，因此在指定 dumpfile 参数时，需要指定%U，表示在生成的文件名中扩展为双字符、固定宽度、从 01 开始的单调递增的整数，这样 4 个进程生成的 4 个 dump 文件的命名类似于 whole_db01.dmp、whole_db02.dmp、whole_db03.dmp 和 whole_db04.dmp 等。执行导出命令时，与前面所说的一样，要使用 parfile 参数，即：

```
C:\>expdp parfile=C:\app\testdir\exp_par.txt
```

下面来了解一些有关数据泵的高级用法。

（1）通过指定 filesize 参数，从而控制生成的导出文件的大小。

```
userid=system/Welcome1
directory=testdir
dumpfile=whole_db%U.dmp
full=y
filesize=2G
job_name=exp_job
```

这里使用 filesize=2G 参数指定了生成的每个 dump 文件最大不超过 2GB。

（2）指定不导出某些对象。使用该选项时必须使用参数文件，即：

```
userid=system/Welcome1
directory=testdir
dumpfile=hr.dmp
schemas=hr
exclude=table:"like 'EMPLOYEES%'"
job_name=exp_job
```

参数 exclude 说明，除了那些以 EMPLOYEES 开头的表不用导出以外，所有对象都要导出。注意，这里所指定的表名是大小写敏感的，必须使用大写的表名，否则不起作用。在 exclude 参数中，table 后面的部分采用的是 where 条件的书写方式。

再如，如果不导出 employees 和 departments 这两个表，则参数文件设置如下。

```
userid=system/Welcome1
directory=testdir
dumpfile=hr.dmp
schemas=hr
exclude=table:"in ('EMPLOYEES','DEPARTMENTS')"
job_name=exp_job
```

（3）只导出指定类型的对象（如只导出存储过程等）。使用该选项时必须使用参数文件，即：

```
userid=system/Welcome1
directory=testdir
```

```
dumpfile=hr.dmp
schemas=hr
include = function
include = procedure
include = package
include = view:"like 'PRODUCT%'"
job_name=exp_job
```

该参数文件说明，只导出 HR 和 OE 用户下的所有的函数、存储过程、包以及名称以 PRODUCT 开头的视图。其他没有指定的对象不导出。

（4）只导出数据，不导出表的定义。

通过设定 content 参数来控制导出哪些数据。该参数有以下 3 个取值。

① METADATA_ONLY：表示只导出对象的定义信息。

② DATA_ONLY：表示只导出表中的实际数据。

③ ALL：表示导出对象的定义信息及实际的数据。默认为 ALL。

例如，设置参数文件如下。

```
userid=system/Welcome1
directory=testdir
dumpfile=hr.dmp
schemas=hr
content=metadata_only
job_name=exp_job
```

以上参数文件只导出 HR 用户下对象的定义信息。

（5）只导出符合指定条件的数据行。

必须采用参数方式完成，如下所示。

```
userid=hr/Welcome1
directory=testdir
dumpfile=employees.dmp
tables=(employees)
query=employees:"where department_id =40 order by employee_id"
job_name=exp_job
```

该参数说明，将 HR 用户下的 employees 表中部门号为 40 的所有雇员信息导出。

（6）对数据库中的数据进行采样以后，导出采样的数据。

有时候，要导出的源数据库可能很大，但是导出的数据只是进行一些功能性的测试，并不需要所有数据。这时可以使用采样的方式，从源数据库里只抽取一定比例的数据，用来测试。这样既可以减少导出所花费的时间，又可以节省导入时所需要的磁盘空间。例如，设置参数文件如下。

```
userid=system/Welcome1
directory=testdir
dumpfile=hr.dmp
schemas=hr
```

```
sample=20
job_name=exp_job
```

这里的 sample=20 表示对 HR 用户下所有的表，随机抽取 20%的数据进行导出。还可以针对某个特定的表进行采样导出，如下所示。

```
userid=system/Welcome1
directory=testdir
dumpfile=hr.dmp
schemas=hr
sample=employees:30
job_name=exp_job
```

这表示在导出 HR 用户下的表时，只针对 employees 表取样 20%并导出，而其他表全部导出。

9.3.2　导入数据泵

导入数据泵（Impdp）的使用与导出数据泵类似，可以在 impdp 后面跟上参数，也可以将这些参数配置写入参数文件。它的很多参数与 expdp 是一样的。

在使用导入数据泵时，比较常用的选项为转换参数。转换参数包括以下几个。

（1）REMAP_DATAFILE：用于在不同文件系统的平台之间，转换数据文件路径。例如，指定 remap_datafile='DB2$:[HRDATA.PAYROLL]users.f':'/db2/hrdata/payroll/users.f'，说明将对象从 VMS 文件系统上的文件 DB2$:[HRDATA.PAYROLL]users.f 中转移到 UNIX 系统上的'/db2/hrdata/ payroll/users.f'中。

（2）REMAP_TABLESPACE：用于将对象从一个表空间导入另一个表空间。例如，指定 remap_tablespace=source_tbs:target_tbs，说明导出文件中的对象位于 source_tbs 表空间，将这些对象导入到 target_tbs 表空间中。

（3）REMAP_SCHEMA：用于将对象从一个用户下导入到另一个用户下。例如，指定 remap_schema=source_user:target_user，说明导出文件中的对象位于 source_user 用户下，将其导入到 target_user 用户下。

（4）REMAP_TABLE：其格式为 remap_table=source_table:target_table，表示导入之前表的名称为 source_table，导入以后表的名称被修改为 target_table。

下面来看一些比较简单的、使用数据泵导入数据的例子。这里仍然使用参数文件的形式来说明 impdp 的使用方法。

1. 导入某个指定的表

参数文件的内容如下。

```
userid=hsj/Welcome1
directory=testdir
dumpfile=emp.dmp
tables=(emp)
remap_schema=hr:hsj
remap_tablespace=users:example
job_name=exp_job
```

先把 HR 用户下的 emp 表导出到 emp.dmp 文件中，再执行上面的命令进行导入，将 emp 表导入到 HSJ 用户下。同时，在源数据库中，emp 表位于 users 表空间；而导入到目标数据库时，将其导入到 example 表空间中，然后执行下面的导入命令。

```
C:\>impdp parfile=C:\app\testdir\imp_par.txt
```

2. 导入某个用户所拥有的对象

使用的参数文件如下。

```
userid=system/Welcome1
directory=testdir
dumpfile=hr_oe.dmp
schemas=(hr)
remap_schema=hr:hsj
job_name=exp_job
```

在使用该参数文件进行导入之前，需要先把 HR 和 OE 用户中的数据导出到 testdir 目录对象所指定路径的 hr_oe.dmp 文件中（参考 9.2.1 小节来了解如何导出）。再把 hr_oe.dmp 文件中的属于 HR 用户的对象提取出来，并导入到 HSJ 用户下。最后执行下面的导入命令进行实际的导入。

```
C:\>impdp parfile=C:\app\testdir\imp_par.txt
```

3. 导入表的同时修改表的名称

使用的参数文件如下。

```
userid=system/Welcome1
directory=testdir
dumpfile=hr_oe.dmp
schemas=(hr)
remap_schema=hr:hsj
remap_table=employees:emp
job_name=exp_job
```

该参数文件中，通过 remap_schema=hr:hsj 参数在把 HR 用户的对象导入到 HSJ 用户下，再通过 remap_table=employees:emp 参数把导入的 employees 表重命名为 emp。

4. 导入整个数据库

使用的参数文件如下。

```
userid=system/Welcome1
directory=testdir
dumpfile=whole_db.dmp
full=y
job_name=exp_job
```

导入整个数据库的参数文件与导出整个数据库时所使用的参数文件几乎完全一致，都是通过指定 full=y 来说明导入整个数据库的。执行下面的导入命令可进行实际的导入。

```
C:\>impdp parfile=C:\app\testdir\imp_par.txt
```

有关导入数据泵的高级用法方面，与导出数据泵类似，使用 include、exclude 来控制要导入的对象，使用 query 来控制要导入的数据行，使用这些参数时，也需要通过参数文件进行。例如：

```
userid=system/Welcome1
directory=testdir
dumpfile=hr_oe.dmp
schemas=(hr)
exclude=table:"in ('EMPLOYEES','DEPARTMENTS')"
remap_schema=hr:hsj
job_name=exp_job
```

该例中，将 HR 用户下除了 employees 表和 departments 表以外的所有对象都导入 HSJ 用户下。

使用导入数据泵时，也可以使用 content 参数来控制只导入数据（data_only），或者只导入定义信息（metadata_only），或者定义信息和数据都导入（all），默认为 all。

如果要使用数据泵进行跨平台的数据传输，如将 Linux 平台上的数据库（即源数据库）的数据导入到 Windows 平台上的数据库中（即目标数据库），则可以通过数据库连接（db link）完成。

数据库连接可以认为是从一个数据库到另一个数据库的连接通道。利用该通道，可以在当前数据库中，发出 SQL 语句，将该 SQL 语句传递到另一个数据中执行，并将执行的结果返回到当前数据库中。

可使用下面的语句创建一个数据库连接，在该例中，当前目标数据库为 orcl，在 Windows 平台上；而远程的源数据库为 prod，在 Linux 平台上。可以在 orcl 中创建一个数据库连接，使其指向 prod。

```
SQL> create database link prod connect to hsj identified by hsj using 'prod';
```

其中，connect to 部分表示在连接到另一个数据库（这里指 prod）时，采用的用户名和密码；using 部分表示使用的连接字符串的名称，即这里的 prod 必须写入当前主机的 tnsnames.ora 文件。

如果当前数据库中的初始化参数 global_name 为 true，则要求数据库连接的名称与远程数据库的全局数据库名相同。具体的全局数据库名可以使用下面的 SQL 语句查询。

```
SQL> select * from global_name;
```

创建完数据库连接以后，编辑参数文件 imp_par.txt，该文件的内容如下。

```
Userid="/ as sysdba"
network_link = prod
remap_schema = hsj:hr
remap_tablespace = example:users
schemas = hsj
job_name = cross_network
```

该参数文件说明，将远程数据库中（这里指 prod）的 HSJ 用户下的对象全部导出（schema=hsj）。再通过数据库连接（network_link=orcl），将 HSJ 用户下的数据导入到当前数据库中（这里指 orcl）的 HR 用户下（remap_schema = hsj:hr）。在导入过程中，HSJ 用户下的对象所在的表空间为 example，而导入到当前数据中时，会将它们导入到 users 表空间下。最后，在目标数据库所在的主机上（这里指 Windows 服务器）调用导入数据泵执行导入工作。

```
C:\>impdp parfile=imp_par.txt
```

9.3.3 思考与提高

在了解了如何使用 expdp 以后，可以来实现前面任务清单中的导出任务了。从任务需求可以看出，需要使用 expdp 工具进行 schema 级别的导出。先创建一个目录对象，如 workingdir，指向 C:\workingdir，再编辑一个如下的导出参数文件。

```
userid=system/Welcome1
directory=workingdir
dumpfile=oltper.dmp
schemas=oltper
job_name=exp_job
```

执行如下命令，把 oltper 用户下的对象全部导出。

```
C:\>expdp parfile=C:\workingdir\exp_par.txt
```

使用该导出参数文件把 oltper.dmp 文件导出以后，把该文件复制到开发环境中，然后进行导入。由于导入的时候要求把该 dump 文件里的内容导入到 dever 用户下，同时这些对象在生产数据库中是存储在 oltp_tbs 表空间里的，因此在转移到开发环境里以后，需要将其存储到 dever_tbs 表空间里，故编辑以下导入参数文件。

```
userid=system/Welcome1
directory= workingdir
dumpfile=oltper.dmp
schemas=(oltper)
remap_schema=oltper:dever
remap_tablespace=oltper_tbs:dever_tbs
job_name=imp_job
```

执行如下命令，把 dump 文件导入到开发环境中。

```
C:\>impdp parfile=C:\workingdir\imp_par.txt
```

这里介绍了数据泵的最基本的功能，即把期望的数据从一个数据库转移到另一个数据库里。而事实上，数据泵工具可以实现很多功能，如数据库的迁移工作。

数据库迁移过程中，需要考虑的一个最重要的问题是如何使数据库的宕机时间最短。因为数据库迁移时，数据库服务器的宕机是不可避免的。这是在迁移数据库之前必须仔细考虑的问题。

对于数据库迁移来说，有很多种方式，如可以直接复制文件，或者通过 RMAN 工具等。而数据泵也是一个可以使用的功能。如果允许宕机的时间很长，那么可以简单地对数据库进行全库导出，并把导出的 dump 文件进行导入即可。如果源平台与目标平台一致，如都是 Windows 平台或者都是 UNIX 平台等，则也可以考虑使用可传输表空间的方式进行数据库迁移。这种方式的特点是只把数据库里的对象的定义信息（即元数据）导出到 dump 文件里，然后把该 dump 文件与数据文件一起传输到目标主机上，最后把包含对象定义信息的 dump 文件导入到目标数据库中。由于在用数据泵的过程中，没有抽取出实际的数据，而只是从数据字典里抽取出了对象的定义信息，因此整个导出和导入的速度会非常快。这种情况下，可以使宕机时间比较短。

除了数据泵工具以外，在 10g 之前使用导出导入（exp/imp）工具来处理数据在不同数据库之间的迁移工作。exp/imp 工具属于客户端的工具，即该工具把数据导出到客户端的计算机中，而不是导出到服务器端。导入时，也是把客户端的计算机中存放的导出文件导入到服务器端的数据库里。

有关利用数据泵工具进行数据迁移，以及如何使用 exp/imp 工具的相关内容，读者可以自己参考 Oracle 的在线帮助进行了解。

9.3.4　实训练习

请导出 HR 用户下的所有的对象，具体说明如表 9-1 所示。

表 9-1　HR 用户下的对象说明

说　明	设　置
连接到数据库的用户名和密码	system/oracle
导出模式	schema
导出用户	HR
日志文件名	exphr.log
导出文件所在的目录	C:\expfiles
导出文件名称	hrexp.dmp
Job 名称	exphr

使用如表 9-2 所示的说明信息，在当前数据库中创建 hrdev 用户。

表 9-2　hrdev 用户的信息

说　明	设　置
用户名	hrdev
密码	Welcome1
默认表空间	USERS
默认临时表空间	TEMP
角色	dba

创建 hrdev 用户以后，使用如表 9-3 所示的说明信息，把 hrexp.dmp 文件导入到该用户下。

表 9-3 说明信息

说　　明	设　　置
连接到数据库的用户名和密码	system/oracle
导入模式	schema
导入用户	hrdev
导入表空间	USERS
日志文件名	imphrdev.log
导入文件所在的目录	C:\impfiles
导入文件名称	hrexp.dmp
Job 名称	imphrdev

　　在导入时需要注意，导出的 hrexp.dmp 文件是从 HR 用户导出的，同时 HR 用户下的所有 segment 都位于 EXAMPLE 表空间。而导入时，需要导入到 hrdev 用户下，同时所有导入的 segment 都导入到 USERS 表空间中。因此，在导入时，需要用到 remap_schema 和 remap_tablespace 这两个参数。导入完毕以后，在 hrdev 用户下对导入的对象进行验证。

9.4　任务 2：导入导出其他类型的文件数据

9.4.1　SQL*Loader 原理

　　有时候可能会使用文本文件进行数据的迁移。例如，有两家公司，A 公司的业务系统需要与 B 公司的业务系统进行数据交换。这时通常会采用文本文件的形式，每隔一段时间（如 10min），从 A 业务系统里把数据取出，并生成文本文件，上传到一个 FTP 服务器上，而 B 公司则每隔一段时间从 FTP 服务器上下载 A 公司所上传的文本文件。B 公司把该文本文件下载以后，再把文本文件里的数据导入到 B 公司的系统里。这时可以使用 SQL*Loader 把下载下来的文本文件的数据导入到 B 公司的业务系统的相关表里。

　　SQL*Loader 的工作原理如图 9-2 所示。

　　使用 SQL*Loader 时，首先要有一个包含数据的文本文件，该文件也称数据文件。然后需要提供一个控制文件，SQL*Loader 的核心是控制文件，该控制文件也是一个文本文件。在控制文件里定义了指导 SQL*Loader 工作的一些关键信息，如文本文件里的记录插入到哪个表里，以及如何插入到表里，其方法有直接追加记录到表里，或者先把表里的记录删除，再插入数据到表里等；再如文本文件里的每一条记录包含哪些字段等。

　　通过控制文件，SQL*Loader 才能知道文本文件里的数据是如何组织的。在图 9-2 中，"字段解析"过程表示 SQL*Loader 通过读取控制文件以后，确定文本文件里的每一个列是如何组织的。最常见的做法是使用逗号（","）来分隔每个列，即每个列之间用逗号隔开。如果 SQL*Loader 发现有些记录不符合指定的字段解析方法，如控制文件里指明了数据文件中只包含 4 个列，但是有一条记录通过逗号分隔以后得到了 5 个列，则该记录被认为是拒绝被插入的记录，从而可以放入到另外一个文本文件里，该文本文件称为 Bad File。导入完毕以后，需要检查 Bad File 里的记录，并调查为何该文件里的记录没能被导入到数据库里。

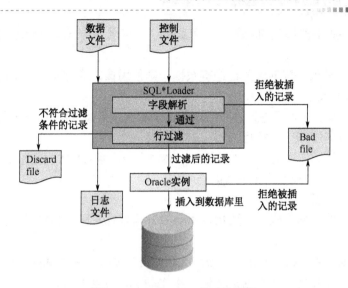

图 9-2　SQL*Loader 的工作原理

同时，还可以在控制文件里设置过滤条件，这样 SQL*Loader 在导入数据时，就可以把那些符合用户指定条件的记录导入到数据库里。对于数据文件里那些不满足用户指定条件的记录，则会自动放入到一个特殊的文本文件里，该文件称为 Discard File。

过滤后的记录，则会被 SQL*Loader 插入到数据库里。在插入的时候，SQL*Loader 提供了以下两种方法。

（1）传统路径插入：这种方式使用 insert 语句进行插入。SQL*Loader 会把数据文件里的字段解析出来，把每条记录的各个字段放入一个数组。当数组里的记录达到一定的量以后，SQL*Loader 会使用 insert 语句把该数组里所有的记录都插入到指定的表里。这个过程相当于普通的 insert 语句执行的过程，会通过 commit 来提交事务。整个插入工作会在数据库服务器端完成。在 SQL*Loader 导入数据的过程中，其他用户也可以同时对被导入的表进行 DML 操作。默认使用传统路径插入。

（2）直接路径插入：这种方式会使用直接路径 API，从而把数据传递给 Oracle 服务器的加载引擎。加载引擎会根据传入的数据构建一个数组结构，并根据该数组结构来格式化 Oracle 数据块以及相关的索引条目。最后把这些新格式化后的数据块添加到要导入的表里。由于直接路径插入的方式跳过了很多数据处理过程，因此要比传统路径插入快得多。但是直接路径插入有很多限制，如簇表不能用直接路径方式进行插入。在 SQL*Loader 导入数据的过程中，会对被导入的表进行锁定，因此其他用户在 SQL*Loader 导入结束之前，不能对该表进行 DML 操作。

在把某条记录插入表的时候，如果由于违反表的约束而导致插入失败，则该记录也会被写入 Bad File。当 SQL*Loader 开始运行时，会产生日志文件，并把运行过程中的详细信息写入到日志文件里，包括字段解析过程、成功插入了多少条记录等。

在使用 SQL*Loader 时，最重要的任务就是编辑控制文件，控制文件中主要指定了如下信息。

① 数据文件所在的路径和名称。

② Bad File 和 Discard File 的路径和名称。

③ 把数据插入到表中有如下 4 种方式。

a）APPEND：如果被加载的表里已经有数据，则使用该方式，表示把文本文件里的记录添加到表中。

b）PLACE：如果被加载的表里已经有数据，则使用该方式时先把表中的全部记录删除，再把文本文件里的记录添加到表中。

c）UNCATE：该方式表示先把表中的全都记录截断，类似发出 truncate table XXX 的 SQL 语句，再把文本文件里的记录添加到表中。

d）INSERT：使用该选项时，被加载的表中必须为空，再把文本文件里的记录添加到表中。如果表中已经有记录了，则使用该方式时会报错。

④ 被加载数据的表的名称。

⑤ 数据文件里的数据格式，主要指定了列的分隔方式，同时指定了数据文件里的列与表的列的对应关系。

⑥ 如果有需要，可以添加 when 短语，从而对文本文件里被加载的记录进行过滤。

注意：也可以不在控制文件里指定数据文件、Bad File 以及 Discard File 所在的路径和名称，而直接在 SQL*Loader 命令行后面添加参数来指定这些文件的路径和名称。

9.4.2 SQL*Loader 使用举例

先来看一个比较简单的例子，在 HR 用户下创建一个测试表，语句如下。

```
SQL> connect hr/Welcome1
已连接。
SQL> create table sldr_test(id number,name varchar2(10));
表已创建。
```

手工编辑一个文本文件，该文本文件的名称假设为 C:\app\test.txt，该文件中的内容如下。

```
1,This
2,is
3,testing
```

在创建控制文件时，可以使用 Database Control 的图形界面来完成，如图 9-3 所示。

图 9-3 使用 EM 进行数据泵导出

在图 9-3 中，选择"数据移动"选项卡，单击"从用户文件加载数据"链接，在弹出的页面中选中"自动生成控制文件"单选按钮，单击【继续】按钮，如图 9-4 所示。

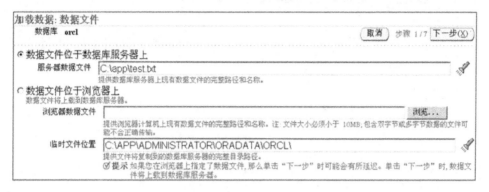

图 9-4　选择数据文件

在图 9-4 中，输入数据文件所在的路径和名称，单击【下一步(X)】按钮，如图 9-5 所示。

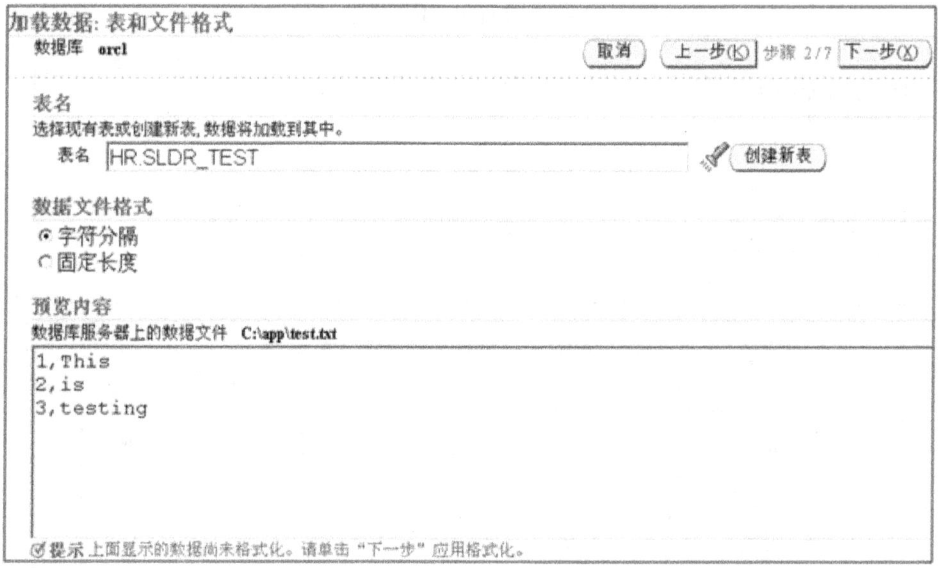

图 9-5　选择表和文件格式

在图 9-5 中，Database Control 会自动打开指定的数据文件，并把其中的内容显示出来。这里需要指定要加载数据的表名，注意在指定表的名称时需要有用户名称。输入表名"HR.SLDR_TEST"。同时指定数据文件里的字段使用特定的字符进行分隔，即使用逗号进行分隔单击【下一步(X)】按钮，如图 9-6 所示。

在图 9-6 中，需要指定文本文件里的每个字段的分隔符为逗号。其他设置保留默认值即可，单击【下一步(X)】按钮，如图 9-7 所示。

在图 9-7 中，指定使用"常规方式"，即使用传统路径方式进行导入，单击【下一步(X)】按钮，如图 9-8 所示。

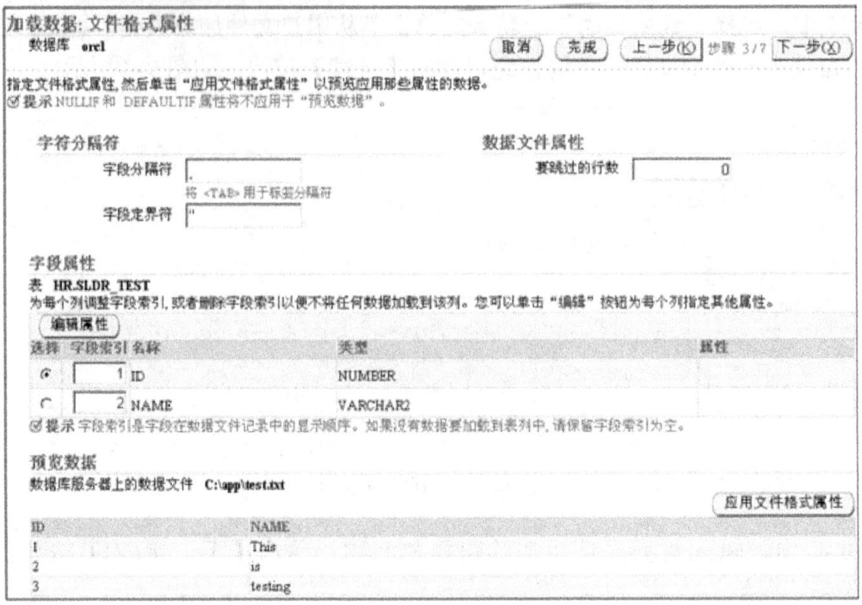

图 9-6　设置文件格式属性

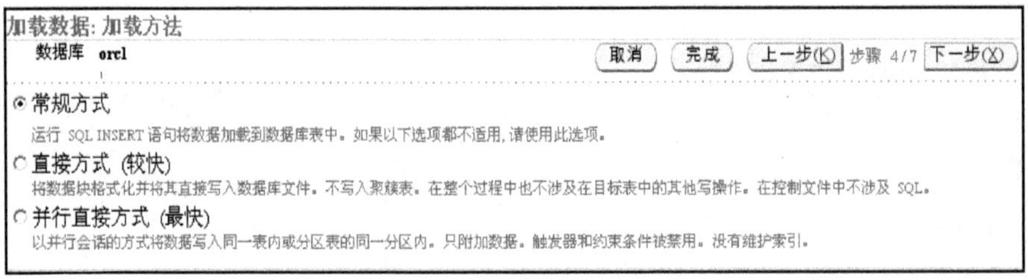

图 9-7　选择加载方法

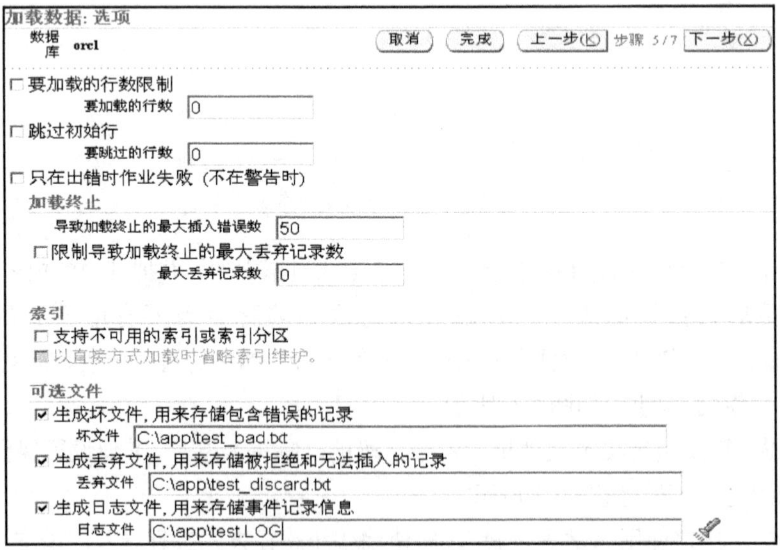

图 9-8　设置加载数据的选项

在图 9-8 中，指定坏文件为"C:\app\test_bad.txt"；指定丢弃文件为"C:\app\test_discard.txt"；指定日志文件为 "C:\app\test.LOG"，单击【下一步(X)】按钮，如图 9-9 所示。

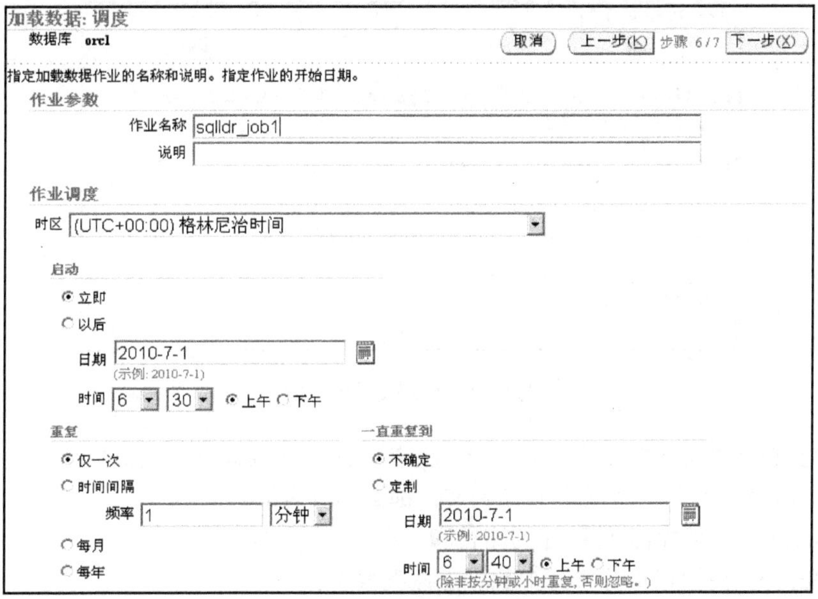

图 9-9   指定作业名称

在图 9-9 中，指定作业名称以后，选择"立即"启动，单击【下一步(X)】按钮，如图 9-10 所示。

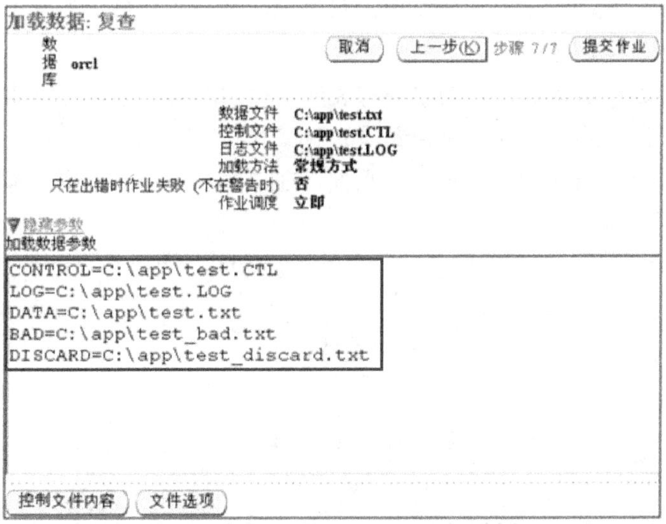

图 9-10   显示参数

在图 9-10 中，单击"显示参数"链接，可以看到 Database Control 在调用 SQL*Loader 的时候，所使用的参数设置，如图 9-10 的框选区域。其中，CONTROL 参数表示控制文件的路径和名称；LOG 参数表示日志文件的路径和名称；DATA 参数表示数据文件所在的路径和名称；BAD 参数表示坏文件所在的路径和名称；DISCARD 参数表示丢弃文件所在的路径和名称。

注意：这里并没有把数据文件、坏文件以及丢弃文件写入到控制文件中。

单击【控制文件内容】按钮来查看所生成的控制文件的内容，如图 9-11 所示。

图 9-11　控制文件的内容

从图 9-11 所示的控制文件的内容来看，控制文件主要包含以下几部分。

① LOAD DATA：这一行是所有控制文件都必须具有的。

② INFILE：表示数据文件所在的路径和名称。

③ APPEND：使用追加的方式把数据加载到表里。

④ INTO TABLE：把数据插入到哪个表里。

⑤ FIELDS TERMINATED BY ','：表示文本文件里的字段使用逗号进行分隔。

⑥ OPTIONALLY ENCLOSED BY""：表示如果发现有使用双引号括起来的字段，那么该双引号里的所有字符都作为同一个字段的值。例如，数据文件里有一条记录：4, "a,b"，那么 SQL*Loader 就会认为 "a,b" 不是两个字段，尽管其中有一个逗号，但是由于使用了双引号括起来了，因此它是一个字段的值。

⑦ 最后一部分表示文本文件里的字段与表的字段的映射关系，即文本文件里的第一个列对应到表里的 ID 字段，第二个列对应到表里的 NAME 字段。

单击【确定】按钮回到图 9-11 所示的页面，在该页面上单击【提交作业】按钮，开始运行 SQL*Loader 任务，如图 9-12 所示。

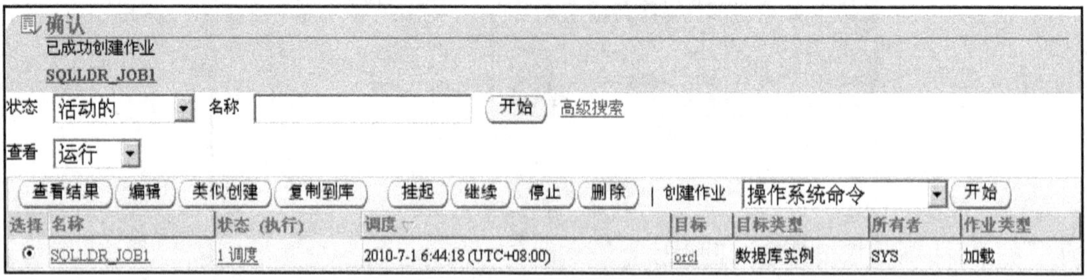

选择	名称	状态 (执行)	调度	目标	目标类型	所有者	作业类型
⊙	SQLLDR_JOB1	1 调度	2010-7-1 6:44:18 (UTC+08:00)	orcl	数据库实例	SYS	加载

图 9-12　运行任务

可以单击 "名称" 字段的 "SQLLDR_JOB1" 链接，进入该任务，如图 9-13 所示。多次刷新当前页面以后，会看到该任务的状态为 "成功"，说明数据文件导入成功结束。

图 9-13　导入成功

随后进入数据库，连接到 HR 用户下，查看 sldr_test 表，会发现数据已经插入到该表中。同时，可以打开日志文件 C:\app\test.LOG，其中详细记录了 SQL*Loader 工作过程的详细信息。

在初步了解了控制文件的样式以后，可以来看一个更加复杂的例子。

```
SQL> connect hr/Welcome1
已连接。
SQL> create table sldr_test2(id number,name varchar2(10),createdate date);
表已创建。
```

同时，文本文件的内容如下。

```
1,Bob,"2001-03-04"
2,James,"2004-09-12"
3,Mike,"2010-01-23"
4,Lily,"2008-11-10"
```

编辑的控制文件的内容如下。

```
LOAD DATA
INFILE 'C:\app\test_sqlldr.txt'
BADFILE 'C:\app\test_sqlldr.bad'
DISCARDFILE 'C:\app\test_sqlldr.discard'
APPEND
INTO TABLE HR.SLDR_TEST2
FIELDS TERMINATED BY ',' OPTIONALLY ENCLOSED BY '"'
 (
ID INTEGER EXTERNAL,
NAME CHAR,
CREATEDATE date "yyyy-mm-dd"
 )
```

由于在文本文件的数据记录中增加了一个日期类型的列 createdate，因此在导入日期数据的时候，需要在控制文件里指定该日期数据的格式。除此以外，控制文件里的其他内容没有任何变化。使用下面的命令来执行 SQL*Loader。

```
C:\>sqlldr hr/Welcome1 control=C:\app\test_control.txt
```

该命令会使用传统路径插入一条记录，即 id 列的值为 2 的记录。如果要使用直接路径插入，则添加 direct=y 参数，即：

```
C:\>sqlldr hr/Welcome1 direct=y control=C:\app\test_control.txt
```

如果需要在控制文件里指定过滤条件，从而只把符合指定条件的记录加载到表里，则需要添加 WHEN 短语，如下所示。

```
LOAD DATA
INFILE 'C:\app\test_sqlldr.txt'
BADFILE 'C:\app\test_sqlldr.bad'
DISCARDFILE 'C:\app\test_sqlldr.discard'
APPEND
INTO TABLE HR.SLDR_TEST2
WHEN ID='2'
FIELDS TERMINATED BY ',' OPTIONALLY ENCLOSED BY '"'
 (
ID INTEGER EXTERNAL,
NAME CHAR,
CREATEDATE date "yyyy-mm-dd"
 )
```

这里的 WHEN 短语表示只把文本文件里 ID 为 2 的记录加载到表里。注意，WHEN 短语里的 "2" 需要添加单引号。

如果数据文件的某些记录中间的列为空值，如将前面的数据文件的内容修改如下。

```
1,Bob,"2001-03-04"
2,James,"2004-09-12"
3,Mike,"2010-01-23"
4,,"2008-11-10"
5,Lily,"2009-10-08"
```

则这时用于导入的控制文件的内容与原来的控制文件没有任何区别，仍然为

```
LOAD DATA
INFILE 'C:\app\test_sqlldr.txt'
BADFILE 'C:\app\test_sqlldr.bad'
DISCARDFILE 'C:\app\test_sqlldr.discard'
APPEND
INTO TABLE HR.SLDR_TEST2
FIELDS TERMINATED BY ',' OPTIONALLY ENCLOSED BY '"'
 (
ID INTEGER EXTERNAL,
NAME CHAR,
CREATEDATE date "yyyy-mm-dd"
 )
```

在导入完毕以后，ID 为 4 的记录的第二列为空，如下所示。

```
SQL> select * from sldr_test2;
      ID NAME                    CREATEDATE
---------- --------------------- ---------------
       1 Bob                     04-3月 -01
       2 James                   12-9月 -04
       3 Mike                    23-1月 -10
       4                         19-11月-09
       5 Lily                    10-11月-08
```

但是如果数据文件里存在最后若干列为空的记录，例如：

```
1,Bob,"2001-03-04"
2,James,"2004-09-12"
3,Mike,"2010-01-23"
4,Tom
5,Lily,"2009-10-08"
```

如果使用前面的控制文件进行导入，会发现 ID 为 4 的记录没有插入到表里，如下所示。

```
SQL> select * from sldr_test2;

      ID NAME                    CREATEDATE
---------- --------------------- ---------------
       1 Bob                     04-3月 -01
       2 James                   12-9月 -04
       3 Mike                    23-1月 -10
       5 Lily                    10-11月-08
```

同时，会发现该记录被放入到 C:\app\test_sqlldr.bad 中，也就是说，ID 为 4 的这条记录会作为无法处理的记录而被放入坏文件里。这时必须在控制文件里添加 TRAILING NULLCOLS 短语，生成的控制文件的内容如下。

```
LOAD DATA
INFILE 'C:\app\test_sqlldr.txt'
BADFILE 'C:\app\test_sqlldr.bad'
DISCARDFILE 'C:\app\test_sqlldr.discard'
APPEND
INTO TABLE HR.SLDR_TEST2
FIELDS TERMINATED BY ',' OPTIONALLY ENCLOSED BY '"'
TRAILING NULLCOLS
(
ID INTEGER EXTERNAL,
NAME CHAR,
CREATEDATE date "yyyy-mm-dd"
)
```

注意：TRAILING NULLCOLS 短语所在的位置（已用粗体显示），然后用这样的控制文件进行导入，会发现 ID 为 4 的记录被插入到了表中，如下所示。

```
SQL> select * from sldr_test2;

        ID NAME                  CREATEDATE
---------- -------------------- ---------------
         1 Bob                   04-3月 -01
         2 James                 12-9月 -04
         3 Mike                  23-1月 -10
         4 Tom
         5 Lily                  10-11月-08
```

9.4.3 思考与提高

SQL*Loader 的功能非常强大，可以处理很多复杂的文本文件。例如，如果某个文本文件里的一条记录被分割成了两或者多行，则可以在 SQL*Loader 的控制文件里指明 concatenate 或者 continueif 参数；如果某个文本文件里的数据需要同时加载到多个表里，则可以在控制文件里使用多表加载的方式来实现。有关 SQL*Loader 的高级用法，需要参考 Oracle 的在线帮助文档里的 Utilities 相关章节。

9.4.4 实训练习

在 HR 用户下使用如下 SQL 命令创建 prods 表。

```
create table prods
(prod_id integer,
prodname varchar2(50),
prodprice number(8,2),
expiredate date
);
```

准备如下数据文件，该数据文件所在路径为 C:\loaddata，名称为 prods.data。

```
1001,Oracle Database 10g,45.45,
1002,Oracle9i Database,55.78,
1003,Oracle8.0 Database,67.14,14-FEB-2011,
1004,Oracle Application Server 10g,92.87,
1005,Oracle Internet Application Server 9i,10.95,
1006,Oracle JDeveloper,78.78,
```

按照如表 9-4 所示的说明信息把该数据文件加载到数据库里。

表 9-4 说明信息

说　　明	设　　置
控制文件	手工编辑
连接到数据库的用户名密码	hr/hr
加载表	hr.prods

说　明	设　置
数据文件	C:\loaddata\prods.data
Job 名称	ldr_job
日志文件	prods.log
坏文件	prods.bad
丢弃文件	prods.dis
加载方式	传统路径加载

　　加载完毕后检查 prods.log，确认加载成功，确认 hr.prods 表中的记录数是否等于数据文件中的记录数。

网上购物系统的数据备份与恢复

背景：Smith 要求 Jack 对网上购物系统的数据库定期备份，并且确保生成的备份可以用于恢复数据库，同时为 Jack 提供了任务清单。

10.1　任务分解

10.1.1　任务清单

任务清单 10

公司名称：×××× 科技有限公司

项目名称：<u>网上购物系统</u>　　　　　　　项目经理：<u>Smith</u>

执行者：<u>Jack</u>　　　　　　　　　　　　时间段：　<u>7 天</u>

任务清单：
1. 网上购物系统必须一周 7 天，每天 24 小时都处于运行状态。
2. 该网上购物系统的数据库具有最大的可用性，不能丢失数据，要求每天对数据库进行完全备份。

10.1.2　任务分解

对于数据库应用系统来说，最重要的任务就是确保数据不丢失。如果由于种种原因而导致数据文件丢失，那么必须能够通过各种方式把丢失的数据重新构建出来。而这正是备份和恢复要完成的工作，即备份数据库和恢复数据库。

备份指的是对数据库的数据进行复制的过程，可以分为两种情况：物理备份和逻辑备份。物理备份指的是对数据文件、控制文件、归档日志文件的备份。而逻辑备份则是对数据库内部的逻辑对象（如表等）进行的备份，主要通过数据泵导出工具完成。恢复则指在数据库数据损坏的情况下，使用备份将受损的数据恢复回来的过程。

为了应对各种可能造成数据丢失的情况，必须定期对数据库进行备份。数据备份是进行恢复的前提条件。如果没有备份，则没有办法进行恢复。

Oracle 数据库的备份和恢复可以使用如下两种方法来实现。

（1）手工方式：手工备份和恢复是一个比较复杂的过程，不但在备份过程中会产生较多的归档日志，消耗过多资源，而且每个备份文件位于哪个目录下，什么时间备份的等，都需要手工记录下来。

（2）使用 Recovery Manager 工具：一般将其简称为 RMAN。这是一款非常有价值的工具，极大地把系统管理员从烦琐的备份恢复工作中解放出来。RMAN 具有非常多的优点，如能备份数据文件、归档日志文件、控制文件及初始化参数；它能自动维护备份相关的元数据，包括备份文件的名称、完成备份时的 SCN 等；它在备份时以数据块为单位，只备份使用过的数据块，因此节省了对备份介质的空间占用；它能对备份出来的文件进行压缩，进一步节省了备份介质的空间占用；在备份过程中，它会自动检测是否出现了损坏的数据块；它还能进行增量备份，节省了完成备份所需要的时间等。

RMAN 的使用非常灵活，命令选项非常多，因此，在本情境中，只集中介绍常用的 RMAN 命令。更为详细的 RMAN 命令，需要查阅 Oracle 的官方文档。

10.2　RMAN 工具

10.2.1　归档模式

对于生产环境来说，通常需要在数据库处于运行状态的情况下，对数据库进行备份。这种备份称为热备份。这就必须把数据库设置为归档模式。如果数据库处于非归档模式下，则在备份时，必须关闭数据库，然后把所有数据文件、控制文件复制到备份介质上。非归档模式下可以对联机日志文件进行备份，也可以不备份联机日志文件。

在归档模式下，所有数据变化全都可以通过归档日志文件的形式保留下来，因此发生物理损坏时，能够将数据库完全恢复到发生物理损坏的那个时间点上，不会发生数据丢失。

采用以下步骤将数据库设置为归档模式。

（1）正常关闭数据库。

```
SQL> shutdown immediate;
```

（2）将数据库启动到 mount 状态。

```
SQL> startup mount;
```

（3）发出设置归档模式的命令。

```
SQL> alter database archivelog;
```

（4）打开数据库。

```
SQL> alter database open;
```

（5）再次正常关闭数据库，并备份所有的数据文件和控制文件。

在将数据库设置为归档模式以后，可以发出如下命令进行确认。

```
SQL> archive log list;
数据库日志模式              存档模式
```

自动存档	启用
存档终点	USE_DB_RECOVERY_FILE_DEST
最早的联机日志序列	13
下一个存档日志序列	15
当前日志序列	15

从该命令的输出中可以看到：

① Database log mode 为 Archive Mode，说明当前的数据库为归档模式。

② Automatic archival 为 Enabled，说明启动了自动归档。

自动归档方式下，当 LGWR 进程把日志信息写入当前联机日志文件时，若发现当前日志文件已经写满了，则切换到下一个新的联机日志文件中继续写日志。这个过程称为日志切换。在发生日志切换的同时，LGWR 进程会触发归档进程（名为 ARCn），将当前已经写满了的联机日志文件进行归档，归档也就是把该日志文件复制到指定的路径下。默认会放在闪回恢复区，也就是 USE_DB_RECOVERY_FILE_DEST 的含义。闪回恢复区所在的路径由 db_recovery_file_dest 初始化参数决定，如下所示。

```
SQL> show parameter db_recovery_file_dest
NAME                          TYPE              VALUE
------------------ ------------------ --------------------------------
db_recovery_file_dest    string            C:\app\Administrator\flash_
recovery_area
db_recovery_file_dest_size      big integer       3852M
```

从输出可以看到，闪回恢复区所在的路径为 C:\app\Administrator\flash_recovery_area。同时，db_recovery_file_dest_size 参数表示可以在闪回恢复区下使用多大的空间，这里是 3852MB。如果在闪回恢复区存放的文件总容量超过 3852MB，则 Oracle 数据库会报错。

注意：闪回恢复区里可以存放的文件类型包括归档日志文件、RMAN 备份文件、初始化参数文件、联机日志文件、控制文件、数据文件等。一般会把 RMAN 备份文件以及归档日志文件放在闪回恢复区。

当然，也可以不把归档日志文件放在闪回恢复区，而放在其他目录下。通过初始化参数 log_archive_dest_N 来设置，这里的 N 为 1～10。也就是说，可以为联机日志文件最多生成 10 个副本，如下所示。

```
SQL> alter system set log_archive_dest_1='location=C:\app\Administrator\
oradata\orcl\archive';
```

location 属性说明把归档日志文件放在本地的 C:\app\Administrator\oradata\orcl\archive 目录下。如果要把归档日志文件放回到快速闪回区中，则执行下面的语句。

```
SQL> alter system set log_archive_dest_1='location=USE_DB_RECOVERY_FILE_
DEST';
```

如果归档日志文件放在闪回恢复区，则生成的归档日志文件的名称由 Oracle 数据库自动生成，用户不能控制这些归档日志文件的名称。当把归档日志文件放在其他目录下时，可以控制所生成的归档日志文件的名称，该名称由初始化参数 log_archive_format 决定。该参数可以设置的值如下。

（1）%s：日志序列号。

（2）%S：固定长度的日志序列号，不足位数在左边以 0 补齐。

（3）%t：日志线程号。

（4）%T：固定长度的日志线程号，不足位数在左边以 0 补齐。

（5）%a：激活 ID。

（6）%d：数据库 ID。

（7）%r：resetlogs 生成的 ID。

可以把这些参数值组合起来使用，Windows 平台下的默认值为 ARC%S_%R.%T，如下所示。

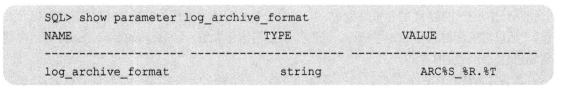

```
SQL> show parameter log_archive_format
NAME                             TYPE                   VALUE
-------------------- ---------------------- ----------------------------
log_archive_format               string                 ARC%S_%R.%T
```

10.2.2　RMAN 体系架构

使用 RMAN 进行备份恢复的过程中，其体系结构如图 10-1 所示。

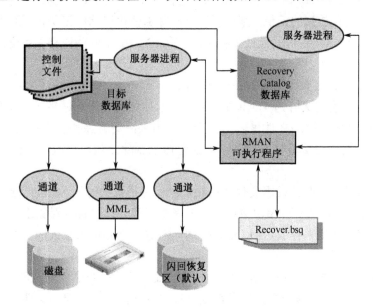

图 10-1　RMAN 的体系结构

在 RMAN 中，需要备份的数据库称为目标数据库。而 RMAN 作为一个客户端的应用程序，需要建立到目标数据库的客户端连接，并在目标数据库上创建对应的服务器进程及 session。于是，在 RMAN 里输入各种命令，将其从客户端传递到服务器端，由服务器进程负责执行。注意，RMAN 只能使用专用连接方式建立到目标数据库的连接，不能使用共享连接的方式。

在备份的过程中，RMAN 读取目标数据库上的控制文件，从而获得目标数据库里包含哪些数据文件，归档日志文件分布在哪里等信息，以指导 RMAN 完成备份和恢复的具体操作。

当 RMAN 获得了需要备份的文件列表以后，在将数据备份到备份介质上时，需要建立到这些备份介质的通道。一旦建立信道，数据就会从该通道备份到指定的备份介质上。每次备份恢复时，都可以通过 RMAN 创建多个通道以加快处理速度。

　　RMAN 将通道作为目标数据库上的服务器进程，会为每个通道创建一个对应的服务器进程，也就是会为每个通道创建一个 session。同时，通道的类型决定了要把数据备份到哪种介质上。一般有两种通道类型：磁盘和磁带。如果分配的通道为磁盘类型，则说明要将数据备份到磁盘上。也可以通过分配磁盘类型的通道，将数据备份到闪回恢复区里，这也是 RMAN 的默认配置；如果分配的通道为磁带，则需要通过借助 MML（Media Management Library），使 RMAN 可以把要备份的数据通过 MML 传递到磁带上。

　　正是由于在 RMAN 的备份过程中，会产生较多的服务器进程（包括 RMAN 客户端以及通道），所以需要相对较多的内存资源。同时，一些初始化参数，如 sessions、processes 等，可能需要进行一定程度的增加。

　　备份过程中产生的元数据，包括备份文件的名称、路径、完成备份的时间、检查点 SCN 等用来描述备份文件的数据，所存放的地点称为 RMAN 信息库。RMAN 信息库可以存放在两个地方：目标数据库的控制文件，或者恢复目录（Recovery Catalog）。

　　可以将控制文件里存放的数据分为两类：可删除的记录（包括归档日志文件的历史记录以及 RMAN 备份的元数据）和不可删除的记录（包括数据文件列表和联机日志文件列表等）。如果需要在控制文件里存放新的记录，则可以通过删除那些可删除的记录，从而为新的记录提供可用的空间。如果 RMAN 备份的元数据被删除，则 RMAN 不能获得有关备份的信息，也就不能进行恢复了。

　　可以通过设置初始化参数 controlfile_record_keep_time 来决定控制文件中可删除的记录所占用的空间。该参数默认值为 7，单位是天，表示控制文件中记录的 RMAN 的元信息最少保留 7 天。Oracle 会根据控制文件里可用空间的大小来决定删除哪些 RMAN 元信息。如果可用空间不足，则会把那些保留时间超过 7 天的元信息删除，从而释放一定的空间来容纳新的元信息。

　　为了让备份信息以及归档日志文件的历史记录保留更长的时间，Oracle 还提供了恢复目录来存放 RMAN 信息库。恢复目录由数据库里的多个表和存储过程等对象组成，这些对象位于同一个用户下。由于用表来存放 RMAN 备份的元数据，因此可以永久地保留下去，而不用删除历史记录来释放空间。

　　恢复目录是可选的配置，不是必需的。其中的数据从目标数据库的控制文件中同步过来。也就是说，RMAN 的元数据始终必须要存放一份在目标数据库的控制文件里，并不会因为配置了恢复目录，就不能控制文件里记录备份的元数据了。如果还配置了恢复目录，那么在使用 RMAN 完成备份恢复操作以后，会将控制文件里的 RMAN 元数据同步到恢复目录里。但默认情况下，控制文件里的元数据保留的时间有限，而恢复目录里可以保留更长时间的元数据。不仅如此，恢复目录还可以同时为多个目标数据库服务，因此可以在同一个恢复目录里保留多个目标数据库相关的 RMAN 元数据。

　　如果要使用恢复目录，则在使用 RMAN 时，还必须建立到恢复目录所在数据库的连接，并在恢复目录所在数据库中创建对应的服务器进程和 session。

　　RMAN 工具本身是由两部分组成的：RMAN 可执行程序和名为 recover.bsq 的脚本文件。

RMAN 可执行程序也就是命令行接口，提供了一个交互式的界面，能够解释用户输入的命令，并显示返回结果。其本质是一个命令解释程序，在备份和恢复的过程中，完成的实质性工作很少，大部分都是协调工作。

备份恢复的实质性工作是由目标数据库上的程序包完成的，而对目标数据库上的相关包的调用要借助于 recover.bsq 脚本文件。该文件位于%ORACLE_HOME%\ RDBMS\ADMIN 目录下，只要打开该文件，就会发现里面是各种 PL/SQL 脚本块。而事实上，在 RMAN 交互式界面中输入的各种命令，都会被 RMAN 可执行程序转化为对 recover.bsq 文件中各个相关 PL/SQL 块的调用，并将相关的 PL/SQL 块传递到目标数据库上执行，从而完成数据库的备份和恢复操作。因此，可以说 recover.bsq 才是 RMAN 备份恢复中的核心。

在 recover.bsq 文件包含的 PL/SQL 块中，主要调用了目标数据库中的如下两个程序包。

（1）dbms_rcvman：用来读取目标数据库的控制文件信息，并将这些信息传给 RMAN，而 RMAN 就可以获得要备份的文件列表，以及其他所需的信息。

（2）dbms_backup_restore：完成具体的备份恢复工作，并在控制文件里写入备份的元数据，如何时创建的备份、路径、大小等。

由于 RMAN 可以在数据库关闭的情况下对数据库进行备份，因此这两个包都是硬编码在 Oracle 软件里的。在数据库没有启动的时候也能调用执行。只要能够掌握这两个包的用法，甚至可以不使用 RMAN，而直接调用这两个包来完成备份和恢复工作。但 Oracle 对此没有公开的、详细的官方文档。

由于 RMAN 在备份恢复过程中，可能需要启动和关闭目标数据库，因此在与目标数据库建立连接时，必须以具有 sysdba 权限的用户进行连接。如果没有采用操作系统认证，则需要注意密码文件不要丢失，应该定期备份密码文件。

RMAN 在备份时的最小单位是数据块，而不是数据文件。RMAN 在备份时，总是一个数据块一个数据块地读取和写入的，而这与数据库本身存取数据的方式是相同的。RMAN 可以与 DBWn 进程协调一致，如果在备份某个数据块时，发现它是一个脏数据块，那么它可以等 DBWn 进程将内存里的内容刷新到数据文件里以后，再备份该脏数据块。

使用下面的命令启动 RMAN。

```
C:\>rman
恢复管理器: Release 11.2.0.1.0 - Production on 星期五 7月 2 13:42:22 2010
Copyright (c) 1982, 2009, Oracle and/or its affiliates.  All rights reserved.
RMAN>
```

进入 RMAN 以后，使用 connect 命令连接到目标数据库。

```
RMAN> connect target /
连接到目标数据库: ORCL (DBID=1250768759)
```

这里的 target 表示要连接到目标数据库。前面说过，通过 RMAN 连接目标数据库时，需要使用具有 sysdba 角色的用户。因此这里的"/"表示直接以 sys 用户登录到目标数据库。成功连接到目标数据库以后，会显示目标数据库的 ID（DBID 字段）。

也可以在启动 RMAN 的时候连接到目标数据库。

```
C:\>rman target /
恢复管理器: Release 11.2.0.1.0 - Production on 星期五 7月 2 13:44:20 2010
Copyright (c) 1982, 2009, Oracle and/or its affiliates.  All rights
reserved.
连接到目标数据库: ORCL (DBID=1250768759)
RMAN>
```

而事实上，rman 后面可以跟很多参数，输入 rman help 会显示所有参数。

```
C:\>rman help
参数                值                          说明
--------------------------------------------------------------------------
Target          加引号的字符串              目标数据库连接字符串
目录            加引号的字符串              恢复目录的连接字符串
nocatalog       无                          如果已指定，则没有恢复目录
cmdfile         加引号的字符串              输入命令文件的名称
log             加引号的字符串              输出消息日志文件的名称
跟踪            加引号的字符串              输出调试信息日志文件的名称
append          无                          如果已指定，日志将以附加模式打开
debug           可选参数                    激活调试
msgno           无                          对全部消息显示 RMAN-nnnn 前缀
send            加引号的字符串              将命令发送到介质管理器
pipe            字符串                      管道名称的构建块
timeout         整数                        等待管道输入的秒数
checksyntax     无                          检查命令文件中的语法错误
--------------------------------------------------------------------------
单引号和双引号 (' 或 ") 均可用于加引号的字符串。
除非字符串中有空格，否则不用引号。
```

比较常用是在启动 RMAN 时指定 cmdfile 和 logfile，即：

```
C:\>rman target system/Welcome1 cmdfile=C:\daily_backup.cmd logfile=C:\
daily_backup.log
```

这表示启动 RMAN 并连接到目标数据库以后，立即执行 C:\daily_backup.cmd 文件里的命令，该文件里的命令可以是任何合法的 RMAN 命令。同时，RMAN 所有的输出内容都会保存到 C:\daily_backup.log 文件中。

在使用 RMAN 备份数据库时，会产生如下两种类型的备份文件。

1. 备份集

这是默认的备份文件类型。当生成备份集时，RMAN 从各个数据文件里抽取出使用过的数据块，并把这些数据块合并在一起，放在同一个物理文件里，也可以放在多个物理文件里。所产生的物理文件称为备份片。因为有可能一次产生多个备份片，这时这些备份片在逻辑上是属于同一个组的，所以属于同一组的备份片的逻辑组合称为备份集。当然，一个备份集里可能只有一个备份片。一般来说，一个通道会生成一个备份集。例如，如果启动了 3 个通道，那么每个通道会生成一个备份集。

在备份的时候可以指定备份片的大小，如设置每个备份片为 2GB，而要备份的数据文件占

5GB 的空间，则在备份集中会生成 3 个物理文件（即 3 个备份片），两个备份片为 2GB，另外一个备份片为 1GB。

在使用备份集恢复数据文件时，如恢复 1 号数据文件时，RMAN 会从备份集里把属于 1 号数据文件的数据块提取出来，然后合并成 1 号数据文件。

2. 镜像复制

这与手工通过操作系统的复制命令备份数据文件类似，也是一个数据文件生成一个镜像副本文件。不同的只是这个复制过程由 RMAN 进行，而 RMAN 在进行复制时，也是一个数据块一个数据块的复制。在这个复制的过程中，RMAN 能检测出数据块是否出现了损坏。这时，RMAN 生成的镜像副本中，包含使用过的数据块，也包含从来没有用过的数据块。生成镜像副本的好处在于恢复时的速度相对备份集来说要更快一些。

10.3　任务 1：使用 RMAN 备份数据

启用了归档以后，就可以在数据库运行的状态下使用 RMAN 对数据库进行备份了。而使用 RMAN 备份的命令非常简单，如下所示：

```
RMAN> backup database;
```

这表示对整个数据库里所使用过的数据块进行备份。但是这里既没有指定备份所生成的文件所在的路径，也没有分配通道并指定通道的类型，甚至指定生成的备份文件是备份集还是镜像复制。那么为何该备份命令能够成功呢？

这是因为从 Oracle 9i 开始，RMAN 引入了默认配置的概念，也就是针对一些常见的 RMAN 选项，设置了相关的默认值。如果没有在备份命令中指定这些选项的值，则会使用默认值来进行备份。例如，对于 channel 来说，默认会启用磁盘类型的通道；对于备份文件所在的路径来说，会使用闪回恢复区作为备份文件所在的路径；对于生成的备份文件是备份集还是镜像复制来说，默认会生成备份集。类似的默认设置还有很多，可以使用 show all 命令来查看。

```
RMAN> show all;
使用目标数据库控制文件替代恢复目录
db_unique_name 为 ORCL 的数据库的 RMAN 配置参数为：
CONFIGURE RETENTION POLICY TO REDUNDANCY 1; # default
CONFIGURE BACKUP OPTIMIZATION OFF; # default
CONFIGURE DEFAULT DEVICE TYPE TO DISK; # default
CONFIGURE CONTROLFILE AUTOBACKUP OFF; # default
CONFIGURE CONTROLFILE AUTOBACKUP FORMAT FOR DEVICE TYPE DISK TO '%F'; #
default
CONFIGURE DEVICE TYPE DISK PARALLELISM 1 BACKUP TYPE TO BACKUPSET; # default
CONFIGURE DATAFILE BACKUP COPIES FOR DEVICE TYPE DISK TO 1; # default
……
```

注意上面输出中的 "CONFIGURE DEFAULT DEVICE TYPE TO DISK" 部分，该配置说明在备份时，默认会分配磁盘类型的通道。而 "CONFIGURE DEVICE TYPE DISK PARALLELISM 1 BACKUP TYPE TO BACKUPSET" 部分，说明备份时，默认会分配一个（PARALLELISM 1）

到磁盘类型（DEVICE TYPE DISK）的通道，同时生成的备份义件的类型为备份集（BACKUP TYPE TO BACKUPSET）。

也可以只显示某个指定的选项的值，如显示默认备份设备的类型：

```
RMAN> show device type;
db_unique_name 为 ORCL 的数据库的 RMAN 配置参数为:
CONFIGURE DEVICE TYPE DISK PARALLELISM 1 BACKUP TYPE TO BACKUPSET; # default
```

可以使用 configure 命令来修改这些配置参数的默认值，如下所示。

```
RMAN> CONFIGURE CONTROLFILE AUTOBACKUP ON;
```

常用的、比较重要的配置选项如下。

1. 自动备份控制文件

只要用户修改了控制文件的内容，都应该立刻备份控制文件。在 RMAN 中，可以配置自动备份控制文件。这样每次使用 RMAN 进行备份以后都会自动备份控制文件，同时会自动备份 SPFILE。使用下面的命令配置控制文件的自动备份。

```
RMAN> configure controlfile autobackup on;
```

启用了自动备份控制文件以后，还可以配置控制文件的备份所在的路径。在使用 show all 命令显示所有默认配置时，可以看到下面的内容。

```
CONFIGURE CONTROLFILE AUTOBACKUP FORMAT FOR DEVICE TYPE DISK TO '%F'; #
default
```

这表示自动备份的控制文件放在闪回恢复区里，这里的%F 表示生成的备份控制文件名称的格式为 c-IIIIIIIII-YYYYMMDD-QQ。c 为常量，表示控制文件；IIIIIIIII 表示数据库的 DBID；YYYYMMDD 表示生成控制文件备份的日期；QQ 表示序列号，以十六进制表示，从 00 到 FF。也就是说，同一天里，最多能够生成 256 个不同的控制文件的备份。这里要注意，默认情况下，由于控制文件的备份会放到快速闪回区里，而该区域的文件名完全由 Oracle 自动管理，因此%F 不起作用，除非将控制文件备份转移到其他目录下。例如：

```
RMAN> configure controlfile autobackup format for device type disk to
'C:\rman_backup\%F';
```

除了在备份完数据文件以后，自动备份控制文件以外，还可以使用下面的命令来显式地手工备份控制文件。

```
RMAN> backup current controlfile;
```

2. 自动启动某个类型的（磁盘或磁带）通道

这是 RMAN 配置中最重要的部分，也是 RMAN 备份恢复中必须配置的部分。通道表示将数据复制到备份介质的物理通道。通道类型则说明，将数据备份到磁盘上还是磁带上。可以定义复制的通道类型，从而在备份时，自动创建指定类型的通道。

查看复制配置的信道类型：

```
RMAN> show default device type;
RMAN configuration parameters are:
CONFIGURE DEFAULT DEVICE TYPE TO DISK; # default
```

可以看到，RMAN 中默认配置了磁盘类型的通道，这样，每次进行 RMAN 备份恢复时，都会自动创建到磁盘的通道，从而将数据备份到磁盘上。也可以将其改为磁带类型：

```
RMAN> CONFIGURE DEFAULT DEVICE TYPE TO sbt;
```

还可以通过 parallelism 参数来指定同时自动创建多少个通道：

```
RMAN> CONFIGURE DEVICE TYPE DISK PARALLELISM 3;
```

这表示在备份和恢复时，启动 3 个通道，从而加快备份恢复的速度。也可以手工分配通道，但是必须使用 run 模块，如下所示：

```
RMAN> run{
2> allocate channel c1 device type disk format 'C:\rman_backup\%U';
3> backup datafile 4;
4> }
```

注意：在执行 RMAN 命令时，会有两种类型。一种是独立的命令，这表示在 RMAN 提示符下，输入一条命令，立刻执行一条命令，如前面讲到的 configure、show 命令就是独立的命令；另一种是任务形式的命令，这种命令以 RUN{}形式执行，所有要执行的命令全都放在两个 "{}" 之间。执行时，RUN 模块中所有的命令必须全部成功，整个任务才算成功。其中只要有一条命令失败，则整个任务失败并回滚，不会执行其中任何一条命令。

与通道相关的控制选项非常多，包括以下选项。

（1）connect：说明在哪个实例上启动通道，通常用于 RAC 数据库，单实例数据库不需要设置 connect。例如：

```
RMAN> CONFIGURE CHANNEL 1 DEVICE TYPE disk CONNECT 'user/passwd@node1';
```

（2）format：说明通过该通道生成的备份文件的名称格式。比如：

```
RMAN> configure channel device type disk format '%U';
```

注意：在 format 中可以设置的格式如下。

%c：备份片的拷贝数。

%d：数据库名称。

%D：位于该月中的第几天（DD）。

%M：位于该年中的第几月（MM）。

%n：数据库名称，向右填补到最大 8 个字符。

%u：一个 8 个字符的名称，代表备份集与创建时间。

%p：该备份集中的备份片号，从 1 开始到创建的文件数。

%U：一个唯一的文件名，代表%u_%p_%c。

%s：备份集的编号。

%t：备份集的时间戳。

%T：年月日格式(YYYYMMDD)。

（3）maxopenfiles：表示当发出 backup 命令时，一个通道能够处理的文件的最大个数，默认为 8。

4）maxpiecesize：创建的备份片（备份出来的物理文件）的大小。例如：

```
RMAN> configure channel device type disk format '%U' maxpiecesize 2G;
```

（5）parms 'ENV=...'：表示将数据备份到磁带上时，到磁带的通道的一些参数配置，对于不同厂商的磁带设备来说，其 parms 的值也是不同的。

3. 备份的冗余策略

所谓冗余策略，指的是要保留多少个备份文件。可以从以下两个方面来描述冗余策略。

（1）recovery window：这是一个时间度量，表示保留下来的备份，必须能将数据库恢复到指定时间之内的任意一个时间点上。例如，指定 recovery window 为 7，则表示保留的备份文件能够将数据库恢复到最近 7 天中的任何一个时间点上。

使用下面的命令来设置 recovery window：

```
RMAN> configure retention policy to recovery window of 14 days;
```

（2）redundancy：表示要保留的、能够将数据库恢复到最新状态的完整的备份文件的个数。使用下面的命令来设置 redundancy，表示保留 3 个完整的备份。

```
RMAN> configure retention policy to redundancy 3;
```

根据冗余策略，不再需要的备份文件被认为是 obsolete 状态的备份，可以被删除。

4. 默认的备份类型

使用 RMAN 备份数据库时，产生的备份文件有两种类型：

（1）备份集：使用下面的命令设置默认备份文件类型为备份集。

```
RMAN> configure device type disk parallelism 3 backup type to backupset;
```

（2）镜像复制：使用下面的命令设置默认备份文件类型为镜像复制。

```
RMAN> configure device type disk parallelism 3 backup type to copy;
```

5. 备份片的最大尺寸

默认情况下，RMAN 在备份数据库时，会将该通道所负责的所有数据文件放在同一个备份片上。当需要备份的数据库很大时，可能会造成备份片过大。而在某些平台上，如 Windows 平台的 FAT32 文件系统，单个文件的大小尺寸是有上限的。因此，需要控制单个备份片的大小尺寸不超过操作系统的上限。设定备份片最大尺寸的方法如下。

```
RMAN> configure channel device type disk maxpiecesize 1024M;
```

这表示单个备份片最多不超过 1024MB。如果当前通道要备份的数据文件占用了 4GB 的空间，那么在生成备份集时，会在同一个备份集下生成 4 个备份片。

在使用 RMAN 进行备份时，其语法格式是非常灵活的。例如，在备份整个数据库，可以使用下面的 RMAN 命令：

```
RMAN>        backup        as        backupset        database        format
'C:\rman_backup\whole_backup_ %U';
```

这表示备份整个数据库，生成的备份文件类型为备份集，同时指定生成的备份片的名称格式为 whole_backup_%U，备份片放在 C:\rman_backup 目录下。

也可以只备份某个表空间，如备份 users 表空间：

```
RMAN> backup as backupset tablespace users format 'C:\rman_backup\tbs_
users_%U';
```

还可以只备份某个数据文件，如只备份 6 号数据文件。备份时也可以指明具体的文件名称。

```
RMAN> backup as backupset datafile 6 format 'C:\rman_backup\df_#6_%U';
```

如果在备份时，需要加快备份速度，则可以启动多个通道，这些通道同时工作，每个通道负责备份一批数据文件。有两种方式可以启动多个通道，一种方式是使用前面介绍过的 RMAN 的 parallel 配置参数，如下所示。

```
RMAN> CONFIGURE DEVICE TYPE DISK PARALLELISM 3;
新的 RMAN 配置参数：
CONFIGURE DEVICE TYPE DISK PARALLELISM 3 BACKUP TYPE TO BACKUPSET;
已成功存储新的 RMAN 配置参数
```

这样每次用户发出 backup 命令以后，RMAN 默认会生成 3 个通道同时备份。至于每个通道备份哪些数据文件，则由 RMAN 自动控制。其原则是每个通道扫描的数据块的个数大致相同。

另外一种并行备份的方式是手工分配通道，如下所示。

```
RMAN> run{
2> allocate channel c1 device type disk format 'C:\rman_backup_1\%U';
3> allocate channel c2 device type disk format 'C:\rman_backup_2\%U';
4> backup as backupset
5> (datafile 1,4,5 channel c1)
6> (datafile 2,3,6,7 channel c2);
7> sql 'alter system archive log current';
8> }
```

在该例中，手工分配了两个通道，通道名称分别为 c1 和 c2，并且每个通道指向了不同的备份路径。在备份时指定，通道 c1 负责备份 1、4、5 这三个数据文件；而通道 c2 负责备份 2、3、6、7 这四个数据文件。备份完所有的数据文件以后，发出 SQL 命令，对当前的联机日志文件进行归档。

注意：如果希望在 RMAN 里把 SQL 语句发送到目标数据库上执行，则采用的形式为 sql '<SQL Statement>';。

也可以不指定通道的文件格式，而使用如下方式，将备份集放在同一个目录下。

```
RMAN> run{
2> allocate channel c1 device type disk;
3> allocate channel c2 device type disk;
4> backup as backupset format '/u01/backup/%U'
5> (datafile 1,4,5 channel c1)
6> (datafile 2,3,6,7 channel c2);
7> sql 'alter system archive log current';
8> }
```

也可以不具体指定哪个通道负责哪些数据文件，而由 RMAN 自己决定哪个通道负责备份哪些数据文件，如下所示。

```
RMAN> run{
2> allocate channel c1 device type disk;
3> allocate channel c2 device type disk;
4> backup as backupset format '/u01/backup/%U'
5> (database) ;
6> sql 'alter system archive log current';
7> }
```

这样，RMAN 会根据每个通道扫描的数据块的个数大致相同的原则，来指定每个通道需要扫描哪些数据文件。

也可以使用 RMAN 的 copy 命令来生成镜像复制，如下所示。

```
RMAN> copy datafile 5 to 'C:\rman_backup\datafile_#5.bck';
```

除了要备份数据文件以外，还必须对归档日志文件进行备份。在使用 RMAN 备份归档日志文件时，RMAN 首先会自动进行一次日志切换，然后对归档日志文件进行备份。

在备份归档日志文件时，可以采用多种方式来指定要备份哪些归档日志文件。常用的方式包括指定时间、日志序列号等。例如，指定备份最近 5 天以来所有的归档日志文件，如下所示。

```
RMAN> backup archivelog from time 'sysdate - 5';
```

也可以指定备份那些日志序列号大于 300 的所有的归档日志文件，如下所示。

```
RMAN> backup archivelog from sequence 300;
```

还可以指定备份所有的归档日志文件，如下所示。

```
RMAN> backup archivelog all;
```

当备份完毕归档日志文件以后，就没有必要再把这些归档日志文件保留在归档路径下。因此可以指定，当 RMAN 成功备份完归档日志文件以后，把那些成功备份的的归档日志文件从归档路径下删除，如下所示。

```
RMAN> backup archivelog all delete input;
```

在备份数据文件时，也可以选择同时备份归档日志文件。例如：

```
RMAN> backup database plus archivelog;
```

这表示备份完毕所有数据文件以后，再备份所有归档日志文件。或者：

```
RMAN> backup tablespace example plus archivelog;
```

这表示备份完毕 users 表空间以后，再备份所有归档日志文件。

如果在进行备份之前，手工删除了某些归档日志文件，则备份时，由于 RMAN 会根据目标数据库的控制文件里所记录的归档日志文件列表，查找所有的归档日志文件。因此会发生找不到需要备份的归档日志文件的现象，这时 RMAN 会报错，备份失败。可以使用下面的方法，使得 RMAN 在备份某个归档日志文件时，没有发现该归档日志文件，不要发出错误消息，而是直接跳过该归档日志文件。

```
RMAN> backup database plus archivelog skip inaccessable;
```

还可以在该命令后面添加 delete input，如下所示。

```
RMAN> backup database plus archivelog skip inaccessable delete input;
```

这时，先备份所有数据文件，然后备份所有能够访问的归档日志文件，备份完毕以后将所有成功备份的归档日志文件从归档路径下删除。

注意：尽管可以同时备份数据文件和归档日志文件，但是归档日志文件不会与数据文件放在同一个备份集里，至少会产生两个备份集，一个备份集放数据文件，另一个存储归档日志文件。因为数据文件所在的备份集以数据块为最小单位，而归档日志文件所在的备份则以文件系统块为最小单位。

在使用 RMAN 备份完数据库以后，可以使用 list 和 report 命令来查看有关这些备份文件的元信息。

list 命令来显示有关备份集的信息。该命令可以从控制文件或恢复目录中获取备份的信息，其命令选项非常丰富。

（1）显示当前数据库里所有的备份。

```
RMAN> list backupset;
备份集列表

====================
BS 关键字  类型 LV  大小        设备类型      经过时间        完成时间
------- ---- -- ---------  ----------  -----------  -----------
    2    Full   74.11M      DISK       00:01:10     02-7 月 -10
BP 关键字: 2      状态: AVAILABLE    已压缩: NO      标记: TAG20100702T145822
段名:C:\APP\ADMINISTRATOR\FLASH_RECOVERY_AREA\ORCL\BACKUPSET\
2010_07_02\O1_MF_NNNDF_TAG20100702T145822_62V3K27T_.BKP
备份集 2 中的数据文件列表
文件 LV  类型 Ckp SCN    Ckp 时间              名称
    ---- -- ---- ---------- ---------- ----
    3    Full 1302262     02-7 月-10   C:\APP\ADMINISTRATOR\ORADATA\ORCL\
                                      UNDOTBS01.DBF
    5    Full 1302262     02-7 月-10   C:\APP\ADMINISTRATOR\ORADATA\ORCL\
                                      EXAMPLE01.DBF
......
```

该命令的输出显示了备份集的详细信息。从该输出中可以看到，备份集编号为 2，"类型"

列的值说明是一个完全备份，该备份大小为 74.11MB。从"设备类型"列上可以看出这是在磁盘上生成的备份。生成该备份花费了 1 分 10 秒。这个备份是可用（因为"状态"列的值为 AVAILABLE）的，且不是压缩的（"已压缩"字段为 NO）。该备份位于闪回恢复区域里，包含了来自 3 号和 5 号数据文件的数据块。

从输出中可以看到有关归档日志文件和控制文件的备份信息。

（2）显示某个特定备份集的信息。例如，下面的命令只把 7 号备份集的信息显示出来。

```
RMAN> list backupset 2;
```

（3）也可以显示针对某个表空间或者某个数据文件的备份信息。

```
RMAN> list backup of tablespace example;
RMAN> list backup of datafile 4;
```

（4）显示数据库或者某个表空间的镜像复制的信息。

```
RMAN> list copy of database;
RMAN> list copy of tablespace example;
```

（5）显示有关归档日志文件的备份信息。

```
RMAN> list backup of archivelog all;
RMAN> list backup of archivelog from time='sysdate-5';
```

（6）显示有关控制文件和 spfile 的备份信息。

```
RMAN> list backup of controlfile;
RMAN> list backup of spfile;
```

（7）显示有关控制文件的镜像复制的信息。

```
RMAN> list copy of controlfile;
```

（8）大多数 list 命令可以在末尾使用 summary 参数，表示以汇总形式显示有关备份的信息。

```
RMAN> list backup summary;
备份列表
===============
```

关键字	TY	LV	S	设备类型	完成时间	段数	副本数	压缩	标记
2	B	F	A	DISK	02-7月-10	1	1	NO	TAG20100702T145822
3	B	F	A	DISK	02-7月-10	1	1	NO	TAG20100702T145822
4	B	F	A	DISK	02-7月-10	1	1	NO	TAG20100702T145822
5	B	F	A	DISK	02-7月-10	1	1	NO	TAG20100702T145822
6	B	F	A	DISK	02-7月-10	1	1	NO	TAG20100702T145822

其中，TY 表示类型，该列值为 B 说明为备份。LV 列表示备份类型，该列值为 F 表示完全备份、值为 A 表示归档日志、值为 0 和 1 表示增量备份。S 列说明备份的可用状态（A 表示 available，X 表示 expired）。"设备类型"列说明备份所在的存储设备是磁带还是磁盘。"段数"列说明备份集里包含的备份片的个数。"副本数"列则说明复制的个数。"压缩"列说明该备份是否使用了压缩。"标记"列说明该备份的标记。

可以以汇总形式显示某个表空间的备份信息。

```
RMAN> list backup of tablespace example summary;
```

（9）列出过期的备份。所谓过期的备份指的是备份的文件已经丢失（如手工从操作系统里删除了备份文件），而备份的元数据里仍然记录了这些备份的信息。需要先使用下面的命令让 RMAN 检查并标识出当前有哪些已经过期的备份集。

```
RMAN> crosscheck backupset;
```

再使用下面的命令显示那些被标识为过期的备份。

```
RMAN> list expired backup;
```

最后，使用下面的命令删除这些过期的备份：

```
RMAN> delete noprompt expired backupset;
```

List 命令只是简单地将 RMAN 元数据检索并显示出来，同时 RMAN 还提供了 report 命令。该命令具有一定的分析功能，能够回答诸如哪些数据文件还需要备份，哪些备份是可以被删除的等问题。report 命令的使用方式如下。

① 显示数据库的结构，包括数据文件所在的路径以及大小等信息。

```
RMAN> report schema;
```

② 如果设置了冗余策略，则使用下面的命令，将那些根据冗余策略可以丢弃的备份文件显示出来。

```
RMAN> report obsolete;
```

找出那些可以丢弃的备份文件以后，发出下面的命令将这些备份文件物理删除。

```
RMAN> delete noprompt obsolete;
```

更常用的命令是 report need backup，用于显示哪些文件需要进行备份。该命令分别有以下的选项：

```
RMAN> report need backup incremental 3;
```

该命令显示那些在进行恢复时，需要应用的增量备份的个数超过 3 个的所有数据文件。应该针对该命令所输出的数据文件进行完全备份，因为若需要应用的增量备份个数太多，会减慢恢复所需要的时间。

```
RMAN> report need backup days 3;
```

以上命令显示那些最近 3 天以来没有备份过的数据文件。

```
RMAN> report need backup redundancy 3;
```

以上命令显示那些没有 3 个完整备份的数据文件。

```
RMAN> report need backup recovery window of 3 days;
```

以上命令表示，如果要恢复到 3 天前的状态，还需要备份哪些数据文件。

这里要注意，使用 report need backup 命令显示哪些数据文件需要备份时，都是以完全恢复为基础的，即将数据库恢复到以最新状态为前提条件时。

10.4 任务 2：使用 RMAN 恢复数据

在使用 RMAN 恢复数据库时，包括以下两个步骤。

（1）使用 restore 命令，读取备份文件里的数据块，根据数据块所属的数据文件，把这些数据块合并起来，得到相应的数据文件，从而完成还原工作。

（2）使用 recover 命令，把那些自从备份以来生成的归档日志文件及联机日志文件应用到还原出来的数据文件中，从而把数据库从备份的时间点恢复到最新的时间点。

在 RMAN 进行 recover 前，没有必要手工恢复那些需要应用的归档日志文件。因为 RMAN 在恢复过程中，会自动将需要用到的归档日志文件从备份中还原到其备份时所在的路径下，也可以还原到指定的路径下。

数据库恢复包括如下两种类型的恢复。

（1）完全恢复：表示把数据库恢复到发生介质故障之前的时间点的状态。在这种恢复类型中，数据没有任何丢失。

（2）不完全恢复：表示把数据库恢复到历史上的某个时间点。例如，在 9 点的时候做了一个误操作，10 点的时候发现了该误操作，于是可以利用 9 点之前做的备份，把数据库恢复到 8 点 59 分的状态。这样就相当于撤销了 9 点时的误操作。但是 9 点到 10 点这段时间内对数据库所做的操作也会被撤销。

注意：不完全恢复的过程比较复杂，不在本书中进行讨论。

如果 spfile 和控制文件都丢失了，那么必须先还原 spfile，再还原控制文件。

（1）启用了自动备份控制控制文件，且备份集位于闪回恢复区域。

如果启用了自动备份控制控制文件，那么每次备份数据库时，都会自动备份控制文件和 spfile，并将这两种文件放在同一个备份集里。如果丢失了 spfile，则需要还原该文件，那么实例至少要启动到 nomount 阶段，控制文件可以不用打开。在启动实例时，需要借助一个参数文件，该参数文件的内容不需要很完整，只要能将数据库启动到 nomount 阶段即可。例如，该参数文件只有以下两个参数。

```
db_name=orcl
sga_target=500M
```

再发出下面的命令启动数据库到 nomount 阶段即可。

```
SQL> startup pfile=C:\init_temp.ora nomount;
```

由于默认情况下，控制文件和 spfile 所在的备份集位于闪回恢复区里。而该区域里的文件名都是随机生成的，因此，要从其中恢复 spfile，必须仔细找到 spfile 所在的最新的备份集。由于没有元数据，因此查找含有 spfile 的备份集会比较困难，可以按照备份文件的大小尺寸来判断备份文件里是否含有 spfile 及控制文件。一般来说，spfile 和控制文件所在的备份集都比较小，大都在 10MB 以下。找到该备份集（假设为 16j0tq5v_1_1）以后，执行下面的命令即可恢复 spfile。

```
RMAN> restore spfile to 'C:\app\spfile_restore.ora' from 'C:\16j0tq5v_1_
1';
```

这样，即可将 spfile 还原到了 C:\app 目录下，并取名为 spfile_restore.ora。如果不指定 to 'C:\app\spfile_restore.ora'，则会将 spfile 恢复到默认路径（%ORACLE_HOME%\dbs 目录）下。在成功还原 spfile 以后，应当使用还原出来的 spfile 重新启动实例。

如果控制文件丢失，则将实例启动到 nomount 阶段，然后使用类似的命令还原控制文件，如下所示。如果不指定其中的 to 'C:\cntrol02.ctl'，则会将控制文件恢复到初始化参数 control_files 所指定的路径下。

```
RMAN> restore controlfile to 'C:\control01.ctl' from 'C:\backup\16j0tq5v_
1_1';
```

注意：在 Windows 操作系统下运行 Oracle 数据库时，会锁定所有文件，因此直接删除这些文件时会报错，导致无法删除。故模拟控制文件或者数据文件的丢失时，需要使用下面的方式。

这里假设数据文件所在的路径为 C:\oradata\orcl\test01.dbf，手工编辑一个文本文件文件，如名称为 a.txt，所在目录为 C:\。在 DOS 界面中，输入下面的命令。

```
C:\> copy C:\a.txt C:\oradata\orcl\test01.dbf
```

这时会把 a.txt 的内容写入 C:\oradata\orcl\test01.dbf 文件，从而模拟了数据文件遭到破坏。

（2）启用了自动备份控制控制文件，且备份集位于其他指定的路径下（非闪回恢复区域）。

如果用户修改了自动备份控制文件所在的路径，如将其设置为 C:\rman_backup\%F，则在恢复 spfile 时，可以使用下面的命令。

```
RMAN> set dbid=1250768759;
RMAN> run{
2> set controlfile autobackup format for device type disk to
'C:\rman_backup\ %F';
3> restore spfile to 'C:\spfile.ora' from autobackup;
4> }
```

设定 DBID 以后，可以让 RMAN 自动查找最新的、含有控制文件和 spfile 的自动备份文件，并从中恢复 spfile。还原完毕 spfile 以后，可使用类似的命令还原控制文件，如下所示。

```
RMAN> run{
2> set controlfile autobackup format for device type disk to
'C:\rman_backup\ %F';
3> restore controlfile to 'C:\ocntrol02.ctl' from autobackup;
4> }
```

（3）没有启用自动备份控制文件。

如果没有启用自动备份控制文件，则每次备份 1 号数据文件（即系统表空间）时，都会强制备份控制文件和 spfile。所以，只要找到含有控制文件的备份片，如该备份片为 C:\rman_backup\16j0tq5v_1_1，然后运行下面的命令即可还原 spfile。

```
RMAN> restore spfile to 'C:\spfile_restore.ora' from 'C:\rman_backup\
16j0tq5v_1_1';
```

再使用类似的命令还原控制文件，如下所示。

```
RMAN> restore controlfile to 'C:\control03.ctl' from 'C:\rman_backup\
16j0tq5v_1_1';
```

在了解了如何恢复 spfile 和控制文件以后，下面来介绍有关数据文件的恢复。

进行归档模式下的完全恢复的前提是，必须具有自从备份以来所有的归档日志文件。如果缺少归档日志文件，或者联机日志文件丢失，则只能进行不完全恢复。如果丢失控制文件，则可以通过手工创建控制文件或者按照前面所描述的方式从以前的备份中恢复控制文件，再进行恢复。

下面对各种恢复场景进行介绍。

（1）一个控制文件被损坏，还有至少一个控制文件可以使用。

当数据库实例确认某个控制文件被损坏，无法再进行写入的时候（如 control01.ctl 文件无法继续使用），数据库实例会被异常崩溃（类似 shutdown abort 操作）。这时可以对当前可以使用的控制文件（如 control02.ctl）进行复制和粘贴，从而得到一个新的文件，将该文件重命名为无法使用的控制文件的名称。这里，就是将新粘贴的文件重命名为 control01.ctl。

最后，正常启动数据库，SMON 进程会自动进行实例恢复，完成实例恢复以后，数据库即可恢复为正常状态。

（2）某个联机日志文件组里一个联机日志文件丢失或者损坏，该组里还有一个联机日志文件在正常运行。

当丢失某个日志文件成员、或者某个日志文件成员的格式被破坏导致无法继续使用时，只要联机日志文件组里至少还有一个日志文件成员在正常运行，则整个数据库实例就不会崩溃，而是会在告警日志文件里记录那些无法继续使用的联机日志文件成员。当管理员收到这些告警信息以后，先确定无法继续使用的联机日志文件成员所属的日志文件组，例如，在告警日志文件里看到如下信息。

```
Wed Jul 07 16:52:40 2010
Errors in file c:\app\administrator\diag\rdbms\orcl\orcl\trace\orcl_
arc0_2364.trc:
ORA-00313: open failed for members of log group 1 of thread 1
Errors in file c:\app\administrator\diag\rdbms\orcl\orcl\trace\orcl_
arc0_2364.trc:
ORA-00313: open failed for members of log group 1 of thread 1
Archived Log entry 8 added for thread 1 sequence 22 ID 0x4a8ca377 dest 1:
Wed Jul 07 16:52:40 2010
Errors in file c:\app\administrator\diag\rdbms\orcl\orcl\trace\orcl_
m000_2676.trc:
ORA-00316: log 1 of thread 1, type 0 in header is not log file
ORA-00312: online log 1 thread 1: 'C:\APP\ADMINISTRATOR\ORADATA\ORCL\
REDO01B.LOG'
Checker run found 1 new persistent data failures
```

从这里的输出信息可以看到，受损的联机日志文件成员属于 1 号日志文件组，然后执行下面的 SQL 语句来检查 1 号日志文件组的状态。

```
SQL> select group#,status from v$log;
   GROUP# STATUS
---------- --------------------------------
        1 CURRENT
        2 INACTIVE
        3 INACTIVE
```

如果确定 1 号日志文件组的 STATUS 字段为 CURRENT 或者 ACTIVE，则发出下面语句。

```
SQL> alter system switch logfile;
系统已更改。
SQL> alter system checkpoint;
系统已更改。
```

直到确认 1 号日志文件组的 STATUS 字段为 INACTIVE，可以发出下面的语句，重建 1 号日志文件组。

```
SQL> alter database clear logfile group 1;
```

（3）非系统表空间损坏，而控制文件和联机日志文件没有损坏。

这时如果数据库为打开状态，则只需要进行表空间级别的恢复。如下所示，这里假设 users 表空间损坏。

```
RMAN> run{
2> sql 'alter tablespace example offline immediate';
3> restore tablespace example;
4> recover tablespace example;
5> sql 'alter tablespace example online';
6> }
```

恢复表空间之前，必须先将表空间设置为离线状态；然后通过 restore 命令还原 example 表空间所包含的所有数据文件；再发出 recover 命令，通过应用归档日志文件，从而恢复 example 表空间。恢复完毕以后，将 example 表空间设置为在线状态。

如果数据库为关闭状态，则先将数据库启动为 mount 状态，然后等受损的表空间的所有数据文件离线以后，将数据库启动为打开状态，再执行上面的这段程序即可。

（4）某个非系统数据文件损坏，而控制文件和联机日志文件没有损坏。

如果某个非系统数据文件损坏，则可以进行数据文件级别的恢复操作。如果数据库处于打开状态，则执行下面的语句，这里假设 6 号数据文件损坏。

```
RMAN> run{
2> sql 'alter database datafile 6 offline';
3> restore datafile 6;
4> recover datafile 6;
5> sql 'alter database datafile 6 online';
6> }
```

先将数据文件离线，然后对该数据文件进行恢复。可以指定数据文件号进行恢复，也可以像下面这样指定数据文件名称进行恢复。

```
RMAN> run{
2> sql "alter database datafile 'C:\app\Administrator\oradata\orcl\users01.
dbf' offline";
3> restore datafile 'C:\app\Administrator\oradata\orcl\users01.dbf';
4> recover datafile 'C:\app\Administrator\oradata\orcl\ users01.dbf';
5> sql "alter database datafile 'C:\app\Administrator\oradata\orcl\users01.
dbf' online";
6> }
```

如果在非系统数据文件损坏时，数据库已经关闭，则先将数据库启动为 mount 状态，然后等受损的数据文件离线以后，将数据库启动为打开状态，再执行上面的这段程序即可。

（5）系统表空间的数据文件损坏，而控制文件和联机日志文件没有损坏。

如果系统表空间损坏，则只能先将数据库启动为 mount 状态，然后进行数据文件级别的恢复操作。具体实现过程如下。

```
RMAN> run{
2> sql 'alter database datafile 1 offline';
3> restore datafile 1;
4> recover datafile 1;
5> sql 'alter database datafile 1 online';
6> }
```

（6）如果所有数据文件丢失，而控制文件和联机日志文件没有损坏。

这时必须进行数据库级别的恢复。将数据库启动为 mount 阶段，执行下面的命令。

```
RMAN> run{
2> restore database;
3> restore database;
4> alter database open;
5> }
```

10.5 任务 3：使用闪回功能

闪回是从 Oracle 10g 开始推出的一个非常有价值的特性，其目的在于当出现逻辑错误（如用户误删除了表，或者系统管理员误删除了用户等）时，能够非常快速地完成对业务数据的恢复。

注意：这里强调的是逻辑错误，如果是数据块损坏或者联机日志文件损坏等类似的物理错误，则闪回不能提供帮助，必须采用介质恢复。

在 Oracle 10g 之前，如果出现了逻辑错误（如用户删除了表中的一些数据），那么要想恢复这些被删除的数据，只能在测试环境中，使用数据库的全备份，进行不完全恢复，将数据库恢复到删除表数据之前的一个时间点上，然后将被误删的数据导出，再导入到生产库中。这个过程比较复杂，实施起来不方便，表现在如下 3 个方面。

（1）只要进行不完全恢复，就必须先还原所有数据文件。如果数据库很大，恢复这些数据文件就会消耗较长的时间。这也就意味着生产库中发生错误的数据也要保留很长时间以后，才能被修复。

（2）只需要恢复被误删的表即可，但是在进行不完全恢复时，会应用所有的重做记录，将那些没有错误的表也重新恢复一遍，从而消耗了额外的资源。

（3）不完全恢复的操作步骤相对复杂，比较容易出错。

正是基于此，从 Oracle 10g 数据库开始，才会引入闪回的新特性。闪回操作在恢复用户的逻辑错误时，克服了上面的问题。

（1）不需要还原所有的数据文件。

（2）只恢复被误操作的数据，不会对正确的数据进行任何的操作。

（3）执行闪回操作的命令非常简单，没有复杂且容易出错的步骤。

10.5.1　闪回数据库

顾名思义，闪回数据库就是当出现逻辑错误时，能够将整个数据库回退到出错前的那个时间点上。可以使用闪回数据库的场景通常如下。

（1）系统管理员误删除了用户。

（2）用户截断了表。

（3）用户错误地执行了某个批处理的任务，或者该批处理任务的脚本编写有误，使得多个表的数据发生混乱，无法采用闪回表的方式进行恢复。

实现闪回数据库的基础是闪回日志。只要配置了闪回数据库，就会自动创建闪回日志。这时，只要数据库里的数据发生变化，Oracle 就会将数据被修改前的旧值保存在闪回日志里。当需要闪回数据库时，Oracle 就会读取闪回日志里的记录，并应用到数据库上，从而将数据库回退到历史上的某个时间点的状态。

要启用闪回数据库，必须按照下面 4 个步骤进行。

（1）将数据库配置为归档模式。

（2）由于闪回日志必须放在闪回恢复区里，因此必须配置闪回恢复区（flash recovery area，以下简称 FRA），也就是设置 db_recovery_file_dest 和 db_recovery_file_dest_size 初始化参数。有关 FRA 的配置参见 10.1.1 小节。

（3）配置闪回保留时间。闪回保留时间表示数据库最多能够将数据库闪回到多长时间之前，如果设定为 24 小时，那么说明数据库只会保留最近 24 小时内所发生的改变前的值，24 小时之前的值都被覆盖。该保留时间通过下面的初始化参数进行控制。

```
SQL> show parameter db_flashback_retention_target
NAME                                 TYPE        VALUE
------------------------------------ ----------- ----------------------------
db_flashback_retention_target        integer     1440
```

该参数以 min 为单位，默认为 1440min，也就是 24h。如果要保留最近 48h 的改变前的值，则发出下面的命令。

```
SQL> alter system set db_flashback_retention_target=2880;
```

闪回数据保留的时间越长，则闪回日志就越大。这个时间只是说明 Oracle 会尽量将改变前的值保留到该参数所指定的时间长度，如果 FRA 中出现了空间压力，则 Oracle 会自动删除闪回日志。这也就意味着，在闪回数据库时，并不一定能够闪回到指定的时间。

（4）启动闪回数据库。将数据库关闭，并启动为 mount 状态，然后发出如下命令。

```
SQL> alter database flashback on;
```

当启用闪回数据库以后，Oracle 就会在 FRA 区域里根据需要自动创建和删除闪回日志。闪回日志的管理完全由 Oracle 自动进行，不需要人工干预。如果要关闭闪回数据库，则同样在 mount 状态下，发出如下命令。

```
SQL> alter database flashback off;
```

一旦关闭闪回数据库，则 FRA 区域里的所有闪回日志都被自动删除。

在配置完闪回数据库以后，如果确实需要进行闪回数据库操作，则可以通过 RMAN 进行，也可以通过 SQL Plus 进行。下面来看一个进行闪回数据库例子。

```
SQL> select to_char(sysdate,'yyyy-mm-dd hh24:mi:ss') as "the time drop
user" from dual;
the time drop user
-------------------
2010-07-02 17:36:53
SQL> drop user hr cascade;
```

在删除用户以后，会发现 HR 用户不应该被删除，于是开始进行闪回数据库的操作。

```
SQL> shutdown immediate;
SQL> startup mount exclusive;
SQL> flashback database to timestamp to_date('2010-07-02 17:36:53','yyyy-
mm-dd hh24:mi:ss');
```

这样即可将数据库闪回到被删除用户之前的那个时间点上。闪回数据库结束以后，应该先以 read only 模式打开数据库，确认闪回以后的数据是正确的数据。如果打开数据库以后发现闪回的时间点有误，那么可以关闭数据库并启动为 mount 状态，再次以新的闪回时间点来执行闪回。如果数据正确，则需要关闭数据库，并以 resetlogs 方式打开数据库。

```
SQL> alter database open read only;
SQL> select username from dba_users where username='HR';
USERNAME
------------------------------
HR
SQL> shutdown immediate;
SQL> startup mount;
SQL> alter database open resetlogs;
```

注意：即便以 resetlogs 打开数据库，当前闪回日志里的内容也会保留，仍然可以闪回到以 resetlogs 打开数据库时的那个时间点之前的某个状态。之所以要以 read only 模式打开数据库并对数据进行确认，主要是考虑到一旦以 resetlogs 打开数据库，数据库的数据就会被终端用户修改，这时很难校验闪回以后的数据是否正确。另外，如果将闪回数据库与 Data Guard 结合，则当主数据库中发生逻辑损坏时，可以不闪回主数据库，而对物理备用数据库进行闪回，然后以 read only 模式打开物理备用库，将需要恢复的数据导出以后，再将物理备用库恢复到最新的状态。

当然，在闪回数据库时，也可以指定具体的 SCN，如下所示。

```
SQL> flashback database to scn 1311682;
```

在闪回数据库时，假设当前时间点为 B，要闪回到的历史时间点为 A。需要注意的是，在从 A 到 B 的这段时间里，如果恢复或重建了控制文件，或者删除了某个表空间，或者收缩了某个数据文件，那么闪回到 A 点的操作会失败。

10.5.2　闪回删除

Oracle 10g 之前，一旦删除一个表，该表就会从数据字典中被删除。如果要恢复该表，则必须从备份中进行不完全恢复。而到了 Oracle 10g 以后，当删除表时，Oracle 默认只是在数据字典里对被删除的表进行了重命名，并没有真的把表从数据字典里删除。而用于维护表被删除前的名称与删除后系统生成的名称之间的对应关系的数据字典表，被称之为回收站。当删除表时，表上的相关对象，如索引、触发器等，也会一起进入回收站。

如果要显示回收站里的信息，可以查询 dba_recyclebin 视图，该视图里显示了数据库中所有被删除的表及其相关的对象；也可以查询 user_recyclebin 视图，该视图则显示了在回收站中属于当前登录用户的被删除的对象信息；也可以直接发出 show recyclebin 的 SQL Plus 命令，该命令会显示回收站中属于当前登录用户的被删除的表的信息。

```
SQL> connect hr/Welcome1
Connected.
SQL> drop table t1;
SQL> show recyclebin
ORIGINAL NAME    RECYCLEBIN NAME                      OBJECT TYPE  DROP TIME
---------------- ----------------------------------- ------------ -----------
T1        BIN$/Ln+BrfnRxGjsfFoVyS/WA==$0 TABLE   2010-07-02:17:43:17
SQL>  select   original_name,object_name,type,ts_name,droptime,related,
space from user_recyclebin;
SQL>  select   original_name,object_name,type,ts_name,droptime,related,
space from user_recyclebin;
ORIGINA  OBJECT_NAME                    TYPE  TS_NAME  DROPTIME      RELATED SPACE
-------  ----------------------------   ----- -------- ------------- ------- -------
IDX_T1  BIN$KHSGsbrWRV++oK1H7Gumjg==$0 INDEX USERS 2010-07-02:17:43:17
75144    8
T1       BIN$/Ln+BrfnRxGjsfFoVyS/WA==$0  TABLE USERS 2010-07-02:17:43:17
75144    8
```

可以看到，表 T1 上存在一个索引 idx_t1。当删除该表时，索引也被改了名称。在 user_recyclebin 视图中，original_name 表示对象被删除前的名称，object_name 表示对象被删除以后由系统自动赋予的名称。这时，用户仍然能够从 user_segments 以及 user_objects 里看到被删除的对象。也就是说，它们只是被改了名称而已，所占用的空间在物理上并没有被释放。可以直接利用系统自动赋予的新名称进行查询，如下所示。

```
SQL> select segment_name,blocks from user_segments
  2  where segment_name='BIN$/Ln+BrfnRxGjsfFoVyS/WA==$0';
SEGMENT_NAME                                            BLOCKS
----------------------------------------------------   -------------
BIN$/Ln+BrfnRxGjsfFoVyS/WA==$0                               8
```

尽管空间没有从物理上被释放，但是在逻辑意义上，从用户看起来，空间已经被释放了。要恢复被删除的表，使用如下命令即可。

```
SQL> flashback table t1 to before drop;
```

尽管表 T1 被恢复，但表 T1 所相关的对象，如索引等，仍然为其在回收站里的名称。

```
SQL
INDEX_NAME
------------------------------
BIN$KHSGsbrWRV++oK1H7Gumjg==$0
```

因此，应该对该索引进行重命名，如下所示。

```
SQL> alter index "BIN$KHSGsbrWRV++oK1H7Gumjg==$0" rename to idx_t1;
索引已更改。
SQL> select index_name from user_indexes where table_name='T1';
INDEX_NAME
-------------------------------------------------------------
IDX_T1
```

有时，在恢复表 T1 时，可能会发现，系统中已经存在另一个表，其名称也是 T1。因此，在闪回的时候，可以选择将闪回后的表 T1 重命名，如为 t2，如下所示。

```
SQL> flashback table t1 to before drop rename to t2;
```

在回收站中可能会存在相同的表名。如先删除表 T1，然后又新建了一个表，名称也是 T1。若要删除这个新的表 T1，那么此时，闪回该如何进行？

```
SQL> show recyclebin
ORIGINAL NAME    RECYCLEBIN NAME                OBJECT TYPE   DROP TIME
---------------  -----------------------------  -----------   -----
T1               BIN$HdtNqiISTgqczPO3fx0GDw==$0 TABLE         2010-07-02:17:53:39
T1               BIN$jQQknVltQNCA/G2O9CE3Sw==$0 TABLE         2010-07-02:17:50:26
```

这时，如果直接发出 flashback table t1 to before drop 命令，则会按照先进后出的方式来闪回表。在上例中，会将第一条记录所对应的表 T1 闪回。也可以在闪回时，直接引用表被删除以后生成的新的名称，从而明确指示要闪回哪个表，如下所示。

```
SQL> flashback table " BIN$jQQknVltQNCA/G2O9CE3Sw==$0" to before drop;
```

如果不确定回收站里哪个表是应该被闪回的表，则可直接引用被删除以后生成的新的名称，只是在应用这种名称时，由于含有特殊字符，因此必须添加双引号，如下所示。

```
SQL> desc "BIN$jQQknVltQNCA/G2O9CE3Sw==$0"
名称                                          是否为空？ 类型
------------------------------ -------- ------------------------------
ID                                                     NUMBER
NAME                                                   VARCHAR2(10)
SQL> select count(*) from "BIN$jQQknVltQNCA/G2O9CE3Sw==$0";
  COUNT(*)
------------------
        37
```

通过直接引用被删除以后生成的新的名称，就能够查询回收站里各个表结构如何，以及包含怎样的数据，从而帮助用户确定应该闪回哪个表。

既然被删除的对象所占用的空间没有在物理上被释放，那么该物理空间如何进行回收呢？Oracle 通过如下两种方式进行回收。

1. 自动回收

当表空间出现空间压力时，Oracle 会首先使用表空间中、不属于回收站中的对象所占用的可用空间；如果这部分空间用完，仍然存在空间方面的压力，则释放回收站中最旧的那些对象所占用的空间，直到释放完毕回收站里所有的空间；若空间仍然不够用，则会对数据文件进行扩展（前提是数据文件上定义了自动扩展属性）。

2. 手工回收

可以使用 purge 的命令来释放回收站里的对象所占用的空间，如下所示。

```
SQL> show recyclebin
ORIGINAL NAME    RECYCLEBIN NAME                  OBJECT TYPE   DROP TIME
------------     -------------------              -------------- ----------
T1           BIN$HdtNqiISTgqczPO3fx0GDw==$0     TABLE      2010-07-02:17:53:39
T1           BIN$jQQknVltQNCA/G2O9CE3Sw==$0     TABLE      2010-07-02:17:50:26
SQL> purge table t1;
SQL> show recyclebin
ORIGINAL NAME    RECYCLEBIN NAME                  OBJECT TYPE   DROP TIME
--------  ------  ----------------              ------------------ --------
T1           BIN$jQQknVltQNCA/G2O9CE3Sw==$0     TABLE      2010-07-02:17:50:26
```

可以使用 purge table 命令清除指定的表。如果回收站里存在两个表 T1，那么发出 purge table t1 的命令时，只是清除了最旧的那个表 T1 所占用的空间（根据 drop time 字段）。还可以发出如下命令。

```
SQL> purge index idx_t1;          --清除某个索引所占用的空间
SQL> purge tablespace users;      --清除回收站中属于 users 表空间的对象所占用的空间
SQL> purge user_recyclebin;       --清除回收站中属于当前用户的所有对象所占用的空间
SQL> purge dba_recyclebin;        --清除回收站中所有对象所占用的空间
```

当删除表时，也可以选择绕过回收站而直接把表在物理上删除，如下所示。

```
SQL> drop table t1 purge;
SQL>  select  original_name,object_name,type,ts_name,droptime,related,
space from user_recyclebin;
no rows selected
```

可以看到，在 drop 命令中添加 purge 选项，回到了 Oracle 10g 之前的删除方式，将对象物理删除，这样就没有办法进行恢复了。

当发出删除用户（drop user hsj cascade）命令以及删除表空间（drop tablespace users including contents）命令时，也同样不会将用户下的对象或者表空间中的对象放入回收站，而是从物理上删除，不能恢复。

10.5.3 闪回表

所谓闪回表，就是将表里的数据回退到历史上的某个时间点，如回退到用户误修改数据之前的时间点，从而将误修改的数据恢复回来。在这个操作过程中，数据库仍然可用，而且不需要额外的空间。

闪回表利用的是 undo 表空间里记录的数据被改变前的值。因此，如果闪回表时所需要的 undo 数据，因保留的时间超过了初始化参数 undo_retention 所指定的值，从而导致该 undo 数据被其他事务覆盖，则不能恢复到指定的时间。

由于闪回表的操作会修改表里的数据，因此有可能引起数据行的移动。例如，某一行数据当前在 A 数据块里，而在把表闪回到以前某个时间点时，在那个时间点上，该行数据位于 B 数据块。于是在闪回表的操作中，数据行从当前的 A 数据块转移到了 B 数据块，因此在闪回表之前，必须启用数据行的转移特性，如下所示。

```
SQL> alter table t1 enable row movement;
```

然后可以对表 T1 进行闪回，例如：

```
SQL> select to_char(sysdate,'yyyy-mm-dd hh24:mi:ss') from dual;
TO_CHAR(SYSDATE,'YYYY-MM-DDHH24:MI:SS'
---------------------------------------
2010-07-02 19:52:57
SQL> select count(1) from t1;
  COUNT(1)
----------
       107
SQL> delete t1;
SQL> commit;
SQL> select count(*) from t1;
  COUNT(*)
----------
        0
```

发现误删除了表 T1 中的数据，开始进行闪回，如下所示。

```
SQL> flashback table t1 to timestamp to_date('2010-07-02 19:52:57','yyyy-
mm-dd hh24:mi:ss');
闪回完成。
SQL>select count(*) from t1;
 COUNT(*)
----------
       107
```

在闪回表的操作中，假设当前时间点为 B 点，需要将表 T 闪回到历史上的 A 点，则此时需要注意，如果从 A 点到 B 点这段时间里，对表 T 进行了任何 DDL 命令，则闪回表操作失败。同时，sys 用户下的表不能进行闪回操作。

10.5.4　闪回版本查询

表中的任何一条记录被事务修改一次就会产生一个版本数据。Oracle 提供了闪回版本查询，从而可以使用户很清楚地看到数据行的整个变化过程，这里的变化都是已经提交了的事务引起的变化，没有提交的事务引起的变化不会显示。闪回版本查询利用的是 undo 表空间中记录的 undo 数据。

进行闪回版本查询的 SQL 语句如下。

```
select [ Pseudocolumns ]…
from …
  versions between
  { scn | timestamp { expr | minvalue } and { expr | maxvalue } }
  [ as of { scn | timestamp expr } ]
where [ Pseudocolumns… ]…
```

其中，Pseudocolumns 表示伪列，Oracle 为闪回版本查询提供了以下伪列。

（1）versions_starttime：事务开始时的时间。

（2）versions_startscn：事务开始时的 SCN。

（3）versions_endtime：事务结束时的时间。

（4）versions_endscn：事务结束时的 SCN。

（5）versions_xid：事务的 ID。

（6）versions_operation：事务进行的操作类型，包括插入（显示为 I）、删除（显示为 D）和更新（显示为 U）。

如果希望显示数据行的所有变化，则使用 versions between minvalue and maxvalue。as of scn | timestamp expr 表示只显示那些发生的时间全都小于等于指定的 scn 或指定的时间点的事务。例如：

```
SQL> desc t1
 名称                                是否为空?        类型
 --------------------------- -------- ----------------------------
 ID                                              NUMBER
 NAME                                            VARCHAR2(10)
```

```
SQL> select count(*) from t1;
  COUNT(*)
----------
         0
SQL> insert into t1 values(1,'oracle');
SQL> insert into t1 values(2,'www');
SQL> commit;
SQL> update t1 set name='oracle_u' where id=1;
SQL> commit;
SQL> delete t1 where id=1;
SQL> commit;
SQL> select versions_starttime "VST",versions_startscn "VSS",
      versions_ endtime "VET",
   2 versions_endscn "VES",versions_xid "VXID",versions_
      operation "VOP",id,name
   3 from t1 versions between scn minvalue and maxvalue;
VST                 VSS      VET              VES      VXID         V  ID NAME
------          ------- --------------   ------- ----------    -- -- -----
2010-07-02 20:04:40  1315088              04001B00E5030000  D  1 oracle_u
2010-07-02 20:04:31 1315083 2010-07-02 20:04:40  1315088  08000A0060040000
                 U 1 oracle_u
2010-07-02 20:04:13  1315067              0A000D00B6030000  I  2  www
2010-07-02 20:04:13 1315067 2010-07-02 20:04:31  1315083  0A000D00B6030000
                 I 1 oracle
```

默认情况下，查询结果以事务发生的时间先后顺序，由大到小排列，越晚发生的事务排在越前面。从输出结果可以很明显地看出表 T1 中数据行的变化过程。

闪回版本查询不支持外部表、临时表、X$表（动态性能视图的基表）及视图。

10.5.5　闪回事务查询

闪回事务查询指的是一个视图：flashback_transaction_query。同时，它也是一个诊断工具，利用它能够显示哪些事务引起了数据的变化，并为此提供了供撤销事务的 SQL 语句。闪回事务查询利用的是 undo 表空间中的 undo 数据。

使用 10.5.4 小节闪回版本查询中用到的例子，如下所示。

```
SQL> select operation, undo_sql
   2 from flashback_transaction_query
   3 where table_name='T1' and table_owner='HR'
   4 order by start_timestamp desc;
OPERATION    UNDO_SQL
--------------- -----------------------------------------
DELETE       insert into "HR"."T1"("ID","NAME") values ('1','oracle_u');
UPDATE   update "HR"."T1" set "NAME" = 'oracle' where ROWID =
         'AAASWOAAEAAAAIzAAA';
INSERT       delete from "HR"."T1" where ROWID = 'AAASWOAAEAAAAIzAAA';
INSERT       delete from "HR"."T1" where ROWID = 'AAASWOAAEAAAAIzAAA';
```

可以很明显地看到，HR 用户下的表 T1 上曾经发生过 4 条 DML 语句，如果把该视图的 xid 字段也显示出来，则可以发现这 4 条 DML 语句分别属于 3 个事务，分别是 insert、update 和 delete。同时，在 undo_sql 字段里分别提供了撤销这 3 个事务的 SQL 语句。

还可以把闪回版本查询与闪回事务查询结合起来，通过闪回版本查询确定要闪回的事务 ID，然后根据该事务 ID 到闪回版本查询中将撤销所要用到的 SQL 语句提取出来。在 10.5.4 小节中用到的示例，假设要撤销的是最后删除的事务，在前面闪回版本查询的结果中，知道该事务 ID 为 04001B00E5030000。故执行下面的 SQL 语句。

```
SQL> select operation, undo_sql
  2  from flashback_transaction_query
  3  where xid=hextoraw('04001B00E5030000');
OPERATION   UNDO_SQL
----------  ---------------------------------------------------------------
DELETE      insert into "HR"."T1"("ID","NAME") values ('1','oracle_u);
```

这样，只需要简单地将 undo_sql 字段的值复制出来，执行即可。

10.5.6 闪回查询

闪回查询从 Oracle 9i 起引入，但在 Oracle 11g 中，使用闪回查询更加简单，只需要添加 as of 短语即可，其语法如下。

```
select … from <table_name> as of timestamp … where …
select … from <table_name> as of scn … where …
```

闪回查询利用的是 undo 表空间中的 undo 数据。例如：

```
SQL> select * from t1;
ID NAME
-- ----------
 2 www
SQL> select to_char(sysdate,'yyyy-mm-dd hh24:mi:ss') from dual;
TO_CHAR(SYSDATE,'YYYY-MM-DDHH24:MI:SS'
-------------------------------------
2010-07-02 20:16:22
SQL> insert into t1 select rownum+100,substr(object_name,1,10) from
dba_objects where rownum<20;
SQL> commit;
SQL> select count(*) from t1;
  COUNT(*)
----------
    20
```

现在，希望显示表 T1 在插入 19 条记录之前的数据，则可以执行：

```
SQL> select * from t1 as of timestamp to_date('2010-07-02 20:16:22','yyyy-
mm-dd hh24:mi:ss');
```

```
ID NAME
-- ----------
 2 www
```

这时，表 T1 里的数据并没有发生任何变化，只是显示了在历史上的某个时间点上，表 T1 里有哪些数据。还可以把这个时间点的数据取出并放入一个暂存表里，供日后使用，如下所示。

```
SQL> create table t1_pit as
  2  select * from t1 as of timestamp to_date('2007-10-14 22:43:52','yyyy-
mm-dd hh24:mi:ss');
```

10.6 思考与提高

对于 Smith 提出的这样的需求来说，可以过滤出以下几个关键点。

（1）该系统要求每天不间断运行。

（2）数据库具有最大可用性。

（3）每天对数据库进行备份。

可以针对上面总结的 3 个关键点，分别进行分析。数据库不间断运行，同时又要求每天对数据库进行备份，则必须把数据库配置为归档模式。同时要求数据库具有最大可用性，那么需要进行如下配置。

① 控制文件至少要配置为两份，并且每份控制文件应该放在不同的硬盘上。这样万一损坏一份控制文件，还可以通过复制另外一份控制文件的方式恢复丢失的控制文件。

② 至少两组联机日志文件组，并且每组联机日志文件组里包含至少两个日志文件成员，每个成员应该放在单独的硬盘上。这样万一损坏一块硬盘，放在另外一块硬盘上的日志文件成员仍然能够继续工作，数据库不会崩溃，只要重新生成丢失的日志文件成员即可。

③ 启用闪回数据库功能。

对于数据库的每天备份来说，可以按照本情境所介绍的方法创建一个 RMAN 脚本，然后创建一个自动化任务，该任务每天在指定的时间执行下面的命令。

```
rman target system/Welcome1 cmdfile=[你创建的 RMAN 脚本的路径和名称]
logfile=[某日志文件]
```

数据库的恢复相对于备份来说要复杂得多，各种场景下的恢复情况也非常多，特别是不完全恢复的内容，尤其复杂。由于篇幅原因，这里不可能把所有场景都介绍到，如下面的这些场景。

① 丢失所有控制文件，数据文件和联机日志文件都存在。

② 丢失整个联机日志文件组里所有的成员，控制文件和数据文件都存在。

③ 9 点误截断了某些表，10 点发现这个误操作，必须把数据库进行不完全恢复到 8 点 59 分 59 秒的状态。

④ 丢失所有控制文件，同时丢失非 system 表空间的数据文件，联机日志文件都在。

⑤ 丢失所有控制文件，同时丢失 system 表空间的数据文件，联机日志文件都在。

⑥ 丢失整个联机日志文件组里所有的成员，同时丢失非 system 表空间的数据文件，控制文件都在。

⑦ 在把表空间设置为只读以后没有备份数据库，同时丢失所有控制文件，数据文件和联

机日志文件都在。

　　类似上面的场景还有很多，只要掌握了不完全恢复的概念和操作过程，同时熟悉完全恢复的过程，对任何场景都能推导出恢复的过程。

　　由于篇幅原因，这里只介绍了最基本的 RMAN 备份和恢复的概念和方法。其他 RMAN 相关内容可在 Oracle 的在线帮助文档中获得。

10.7　实训练习

1. 备份练习

　　先把数据库设置为归档模式，并启动控制文件的自动备份，自动备份的控制文件放在闪回恢复区内，然后按照如表 10-1 所示的说明对数据库进行备份。

表 10-1　备份说明

说　　明	设　　置
连接到数据库的用户名	sys 用户
备份类型	完全备份
备份模式	联机备份
备份介质	磁盘
备份文件所在的位置	闪回恢复区
是否同时备份归档日志文件	是

　　启动备份任务以后，查看备份日志，确保备份成功。

2. 恢复练习

（1）手工破坏一个控制文件，然后进行恢复。
（2）手工破坏所有控制文件，然后进行恢复。
（3）手工破坏 users 表空间的数据文件，然后进行恢复。
（4）手工破坏 system 表空间的数据文件，然后进行恢复。
注意：按照本情境前面所描述的方法来模拟控制文件、数据文件的损害。

3. 闪回练习

（1）配置数据库，从而启动闪回数据库功能。
（2）记下当前时间，然后删除 HR 用户，包括 HR 用户所拥有的所有数据。
（3）通过闪回数据库，把 HR 用户的数据恢复回来。
（4）恢复 HR 用户的数据以后，记下当前时间。
（5）把 HR 用户的 employees 表的 salary 列全部增加 10%并提交。
（6）查看 HR 用户的 employees 表的 salary 列在更新前的值。
（7）把 HR 用户的 employees 表的 salary 列恢复到更新前的值。

参 考 文 献

[1] 王彬. Oracle 10g简明教程. 北京：清华大学出版社，2006.

[2] 赵元杰. Oracle 10g系统管理员简明教程. 北京：人民邮电出版社，2006.

[3] 滕永昌. Oracle 10g数据库系统管理. 北京：机械工业出版社，2006.

[4] 王海凤. Oracle 11g SQL和PL/SQL从入门到精通. 北京：中国水利水电出版社，2008.

[5] 王东明. Oracle 11g管理备份恢复从入门到精通. 北京：中国水利水电出版社，2008.

[6] 韩思捷. Oracle 数据库技术实用详解. 北京：电子工业出版社，2008.

[7] [美] 凯特. Oracle 9i&10g编程艺术：深入数据库体系结构. 苏金国译. 北京：人民邮电出版社，2006.

[8] 张曜. Oracle 9i中文版基础教程. 北京：清华大学出版社，2002.

[9] 赵松涛. Oracle 9i中文版基础培训教程. 北京：人民邮电出版社，2003.

[10] [美] E. Whalen. 基于Linux平台的Oracle Database 10g管理. 陈曙晖译. 北京：清华大学出版社，2007.

[11] [美] J. Watson，[美] D. Bersinic. OCP认证考试指南全册Oracle Database 10g. 蔡建，梁志敏译. 北京：清华大学出版社，2007.

[12] [美] K. Loney. Oracle Database 10g完全参考手册. 张立浩，尹志军译. 北京：清华大学出版社，2006.

[13] 闪四清. Oracle Database 10g基础教程. 北京：清华大学出版社，2005.

[14] [美] I. Abramson，[美] M. S. Abbey，[美] M. Corey. Oracle Database 10g基础教程. 孙杨译. 北京：清华大学出版社，2004.

[15] [美] J. Price. Oracle Database 10gSQL开发指南. 冯锐，由渊霞译. 北京：清华大学出版社，2005.